全国高等职业教育技能型紧缺人才培养培训推荐教材

# 建筑装饰施工（下）

（建筑装饰工程技术专业）

本教材编审委员会组织编写

主编　陆化来
主审　武佩牛

中国建筑工业出版社

图书在版编目（CIP）数据

建筑装饰施工（下）/陆化来主编．—北京：中国建筑工业出版社，2005

全国高等职业教育技能型紧缺人才培养培训推荐教材．建筑装饰工程技术专业

ISBN 978-7-112-07175-3

Ⅰ．建... Ⅱ．陆... Ⅲ．建筑装饰－工程施工－高等学校：技术学校－教材 Ⅳ．TU767

中国版本图书馆 CIP 数据核字（2005）第 106695 号

全国高等职业教育技能型紧缺人才培养培训推荐教材

### 建筑装饰施工（下）
（建筑装饰工程技术专业）

本教材编审委员会组织编写

主编 陆化来

主审 武佩牛

\*

中国建筑工业出版社出版、发行（北京西郊百万庄）
各地新华书店、建筑书店经销
北京华艺制版公司制版
北京世知印务有限公司印刷

\*

开本：787×1092 毫米 1/16 印张：14 字数：336 千字
2006 年 1 月第一版 2013 年 5 月第五次印刷
印数：8001—9500 册 定价：**20.00** 元
ISBN 978-7-112-07175-3
(13129)

版权所有 翻印必究
如有印装质量问题，可寄本社退换
（邮政编码 100037）

本书是严格按照《高等职业学校技能型紧缺人才培养培训指导方案》进行编写的，它是建设部 2004 年根据社会发展和经济建设要求而组织编写的建筑装饰专业技能型紧缺人才培养培训系列教材之一。

本书以实际工程项目的操作程序进行编写，配有大量图表。共分墙面装饰工程和地面装饰工程两大单元十五个课题和四个实训课题。主要内容涉及墙面、地面装饰施工图识读及放样，墙面、地面各种材料（如石材、陶瓷类饰面、金属饰面、涂料饰面、木质类饰面等），装饰饰面工程中相关材料，工具的种类及使用要求，饰面构造，施工程序及工艺，质量要求及通病防治等。每个课题后配有复习思考题，每个单元后配有两个实训课题。

本书供高等职业院校建筑装饰工程技术专业（两年制）学生使用，也可作为自学用书。

\* \* \*

本书在使用过程中有何意见和建议，请与我社教材中心（jiaocai@china-abp.com.cn）联系。


责任编辑：朱首明　杨　虹
责任设计：郑秋菊
责任校对：刘　梅　关　健

# 本教材编审委员会

**主　任**：张其光

**副主任**：杜国诚　陈　付　沈元勤

**委　员**：（按姓氏笔画为序）

马小良　马松雯　王　萧　冯美宇　江向东　孙亚峰
朱首明　陆化来　李成贞　李　宏　范庆国　武佩牛
钟　建　赵　研　高　远　袁建新　徐　辉　诸葛棠
韩　江　董　静　魏鸿汉

# 序

改革开放以来，我国建筑业蓬勃发展，已成为国民经济的支柱产业。随着城市化进程的加快、建筑领域的科技进步、市场竞争的日趋激烈，急需大批建筑技术人才。人才紧缺已成为制约建筑业全面协调可持续发展的严重障碍。

面对我国建筑业发展的新形势，为深入贯彻落实《中共中央、国务院关于进一步加强人才工作的决定》精神，2004年10月，教育部、建设部联合印发了《关于实施职业院校建设行业技能型紧缺人才培养培训工程的通知》，确定在建筑施工、建筑装饰、建筑设备和建筑智能化等四个专业领域实施技能型紧缺人才培养培训工程，全国有71所高等职业技术学院、94所中等职业学校、702个主要合作企业被列为示范性培养培训基地，通过构建校企合作培养培训人才的机制，优化教学与实训过程，探索新的办学模式。这项培养培训工程的实施，充分体现了教育部、建设部大力推进职业教育改革和发展的办学理念，有利于职业院校从建设行业人才市场的实际需要出发，以素质为基础，以能力为本位，以就业为导向，加快培养建设行业一线迫切需要的高技能人才。

为配合技能型紧缺人才培养培训工程的实施，满足教学急需，中国建筑工业出版社在跟踪"高等职业教育建设行业技能型紧缺人才培养培训指导方案"编审过程中，广泛征求有关专家对配套教材建设的意见，组织了一大批具有丰富实践经验和教学经验的专家和骨干教师，编写了高等职业教育技能型紧缺人才培养培训"建筑工程技术"、"建筑装饰工程技术"、"建筑设备工程技术"、"楼宇智能化工程技术"4个专业的系列教材。我们希望这4个专业的系列教材对有关院校实施技能型紧缺人才的培养培训具有一定的指导作用。同时，也希望各院校在实施技能型紧缺人才培养培训工作中，有何意见及建议及时反馈给我们。

建设部人事教育司
2005年5月30日

# 前　言

本书是建设部2004年根据社会发展和经济建设要求而组织编写的建筑装饰工程技术专业技能型紧缺人才培养培训系列教材之一，它是严格按照《高等职业学校技能型紧缺人才培养培训指导方案》进行编写的。

本教材依据实际工程项目的操作程序进行编写。充分体现了建筑装饰工程技术专业技能型紧缺人才培养培训的特点，以学生为主体，以能力为本位，以就业为导向，并适应现代企业的技术发展。本教材尽量采用新技术、新材料、新工艺和新设备，严格执行现行国家及行业标准，并注意与其他相关课程的衔接配合。每个单元后均配有思考题与习题及相应的实训课题。本书供高等职业院校建筑装饰工程技术专业（两年制）学生使用，也可作为相关专业自学用书。

本教材的教学课时数为100学时，实训课时为2周，各课题学时分配（供参考）见表0-1：

课题学时分配表（供参考）　　　　　　表0-1

| 课　题 | 学　时　数 | 课　题 | 学　时　数 |
| --- | --- | --- | --- |
| 单元1 课题1 | 5 | 实训课题（1或2） | 1周 |
| 单元1 课题2 | 10 | 单元2 课题1 | 5 |
| 单元1 课题3 | 6 | 单元2 课题2 | 6 |
| 单元1 课题4 | 6 | 单元2 课题3 | 9 |
| 单元1 课题5 | 6 | 单元2 课题4 | 8 |
| 单元1 课题6 | 7 | 单元2 课题5 | 6 |
| 单元1 课题7 | 6 | 单元2 课题6 | 6 |
| 单元1 课题8 | 10 | 实训课题（3或4） | 1周 |
| 课题9（*） | 4 | | |

注：表中*号为选修课内容。

本教材由南京建筑高等职业学院（原南京职业教育中心）陆化来主编，其中课题1、课题9、实训课题1、2由陆化来编写，课题2、3、4、5、6、7、8及实训课题2部分由南京建筑高等职业学院冯庭幅编写，课题10、11、12、13、14、15及实训课题3、4由南京建筑高等职业学院甘为众编写。

本书由上海建峰学院武佩牛主审并提出了许多宝贵意见，在此表示衷心感谢。

本书在编写过程中得到了南京建筑高等职业学院的大力支持，同时参考了大量文献资料。编者对于在本书编写过程中给予过支持和帮助的有关同志表示衷心感谢。

由于编者水平有限，书中错误之处在所难免，恳请同行及读者批评指正，并提出宝贵意见，以便修改。

编者<br>2005年

# 目 录

## 单元1 墙面装饰施工

### 课题1 墙面装饰施工图识读 ……………………………………………………… 1
1.1 概述 ……………………………………………………………………………… 1
1.2 室内墙面展开图识读 …………………………………………………………… 3
1.3 墙面装饰装修剖面图识读 ……………………………………………………… 7
1.4 墙面装饰详图 …………………………………………………………………… 8
1.5 墙面装饰施工图放样 …………………………………………………………… 9

### 课题2 抹灰饰面 …………………………………………………………………… 10
2.1 抹灰常用材料 …………………………………………………………………… 10
2.2 抹灰工常用的工具和使用方法 ………………………………………………… 13
2.3 一般抹灰 ………………………………………………………………………… 19
2.4 内墙抹灰 ………………………………………………………………………… 21
2.5 外墙抹灰 ………………………………………………………………………… 25
2.6 台度、踢脚线 …………………………………………………………………… 27
2.7 水磨石抹灰 ……………………………………………………………………… 28
2.8 质量验收标准及检验方法 ……………………………………………………… 32
2.9 质量通病及防治措施 …………………………………………………………… 34

### 课题3 陶瓷饰面 …………………………………………………………………… 36
3.1 材料种类与要求 ………………………………………………………………… 36
3.2 常用工、机具 …………………………………………………………………… 37
3.3 施工程序 ………………………………………………………………………… 37
3.4 施工工艺要求 …………………………………………………………………… 38
3.5 饰面工程施工质量要求及检验方法 …………………………………………… 44
3.6 质量通病及防治措施 …………………………………………………………… 46

### 课题4 石材饰面 …………………………………………………………………… 47
4.1 材料种类与要求 ………………………………………………………………… 47
4.2 常用工、机具 …………………………………………………………………… 50
4.3 天然板材施工程序与工艺要求 ………………………………………………… 50
4.4 人造板材施工程序与工艺要求 ………………………………………………… 59
4.5 石材饰面工程质量验收及通病防治方法 ……………………………………… 59
4.6 质量通病与防治措施 …………………………………………………………… 60

### 课题5 玻璃饰面 …………………………………………………………………… 61
5.1 玻璃饰面工程施工的常用材料 ………………………………………………… 61
5.2 玻璃饰面施工的常用工具 ……………………………………………………… 65
5.3 玻璃的裁割与加工 ……………………………………………………………… 65

  5.4　玻璃安装施工 …………………………………………………………… 68
  5.5　镜面玻璃安装 …………………………………………………………… 70
  5.6　成品的保护 ……………………………………………………………… 72
  5.7　玻璃工程安装质量要求及检验方法 …………………………………… 73
  5.8　玻璃工程安装质量通病及防治措施 …………………………………… 73
 课题6　金属饰面 ………………………………………………………………… 75
  6.1　金属装饰板的种类与特点 ……………………………………………… 75
  6.2　施工常用机具 …………………………………………………………… 76
  6.3　铝合金饰面板安装程序与要求 ………………………………………… 76
  6.4　不锈钢板施工饰面板安装程序与要求 ………………………………… 82
  6.5　质量要求及验收标准 …………………………………………………… 87
 课题7　木质饰面 ………………………………………………………………… 88
  7.1　木质饰面的种类 ………………………………………………………… 88
  7.2　施工常用机具 …………………………………………………………… 88
  7.3　人造饰面板安装程序与要求 …………………………………………… 88
  7.4　质量要求及检验方法 …………………………………………………… 92
  7.5　质量通病及防治措施 …………………………………………………… 93
 课题8　涂料饰面 ………………………………………………………………… 93
  8.1　涂料的种类 ……………………………………………………………… 93
  8.2　涂料饰面工程施工的工具、机具 ……………………………………… 94
  8.3　基层处理 ………………………………………………………………… 96
  8.4　涂料施工的基本条件及要求 …………………………………………… 101
  8.5　木质表面涂料施工的主要工序与要求 ………………………………… 103
  8.6　金属表面施涂涂料的主要工序与方法 ………………………………… 107
  8.7　混凝土和抹灰表面施涂涂料的主要工序与方法 ……………………… 109
  8.8　涂料工程质量要求及评定标准 ………………………………………… 115
  8.9　涂料工程的常见质量通病及其防治措施 ……………………………… 117
 课题9　建筑幕墙（*） ………………………………………………………… 120
  9.1　幕墙的组成材料 ………………………………………………………… 121
  9.2　建筑幕墙结构构造类型 ………………………………………………… 122
  9.3　建筑幕墙制作安装程序与工艺要求 …………………………………… 127
  9.4　质量要求及检验方法 …………………………………………………… 132
  9.5　质量通病及防治措施 …………………………………………………… 139
 实训课题1 ……………………………………………………………………… 144
 实训课题2 ……………………………………………………………………… 145
 思考题与习题 …………………………………………………………………… 147

# 单元2　地面装饰施工

 课题1　地面装饰施工图识读 …………………………………………………… 150
  1.1　概述 ……………………………………………………………………… 150
  1.2　地面装饰施工平面图与构造详图 ……………………………………… 150
  1.3　施工图翻样 ……………………………………………………………… 153

| 课题2 地面整体面层的施工 | 157 |
| 2.1 地面整体面层的构造 | 157 |
| 2.2 施工前的准备工作 | 159 |
| 2.3 整体面层地面的施工程序 | 162 |
| 2.4 地面整体面层施工质量检验与评定 | 164 |
| 2.5 施工质量通病与防治 | 166 |
| 课题3 地面石材、陶瓷类面层的施工 | 168 |
| 3.1 地面石材、陶瓷类面层的构造 | 168 |
| 3.2 施工前的准备工作 | 169 |
| 3.3 石材、陶瓷类面层地面的施工程序 | 174 |
| 3.4 地面石材、陶瓷类面层施工质量检验与评定 | 178 |
| 3.5 施工质量通病与防治 | 180 |
| 课题4 竹、木地板的施工 | 181 |
| 4.1 竹、木地板的构造 | 181 |
| 4.2 施工前的准备工作 | 183 |
| 4.3 竹、木地板的施工程序 | 186 |
| 4.4 竹、木地板施工质量检验与评定 | 191 |
| 4.5 施工质量通病与防治 | 192 |
| 课题5 橡胶、塑料类地板的施工 | 193 |
| 5.1 橡胶、塑料类地板的构造 | 193 |
| 5.2 施工前的准备工作 | 193 |
| 5.3 橡胶、塑料类地板的施工程序 | 194 |
| 5.4 橡胶、塑料类地板施工质量检验与评定 | 198 |
| 5.5 施工质量通病与防治 | 199 |
| 课题6 其他地面的施工 | 200 |
| 6.1 其他地面的构造 | 200 |
| 6.2 施工前的准备工作 | 200 |
| 6.3 其他面层地面的施工程序 | 203 |
| 6.4 地面面层施工质量检验与评定 | 206 |
| 6.5 施工质量通病与防治 | 207 |
| 实训课题3 | 207 |
| 实训课题4 | 208 |
| 思考题与习题 | 209 |
| 主要参考文献 | 211 |

# 单元 1　墙面装饰施工

本单元详细介绍了墙体饰面施工中常见的各种材料、种类、构造、施工机具、施工工艺、质量标准、通病防治及施工图。

学员通过本单元的学习和实训练习，能够比较熟练地掌握墙面装饰施工图的识图要领、机具的选择、各种材料的施工程序和工艺要求，并能够按质量要求进行检验，对质量通病进行有效防治。

## 课题1　墙面装饰施工图识读

### 1.1　概　　述

墙面装饰工程同其他装饰项目一样也需要装饰设计图纸，它是法律依据。装饰设计图表现了业主的全部装饰愿望和意图。施工人员不但要会看图，还要完全按图施工。

墙面装饰设计图同其他装饰项目一样也包括平面图、立面图、剖面图和节点详图等。

平面图主要表达地面布置、吊顶和灯具布置情况，图中对墙面的表达只能体现出墙面的位置和平面尺寸，其具体设计内容要在室内墙面展开图中才能体现。

室内墙面展开图相当于人站在房间的中央，向四周看去时得到的正投影图（即立面图）。平时我们所说的立面图是指一个墙面的图样，而室内墙面展开图是指在室内某一墙角处竖向剖开，对室内空间所环绕的墙面依次展开在一个立面上所得到的图样。当墙面装饰不太复杂（凸凹变化不大）或墙面形状比较平坦（没有弧形或曲线）时，正投影图就足以把墙面内容表达清楚。否则，只能采用室内墙面展开图，因为它是采用连续展开的方式绘制的墙面施工图，它的优点是能够完整地看到墙面的装饰内容，对施工放线和材料用量计算十分方便（图 1-1）。

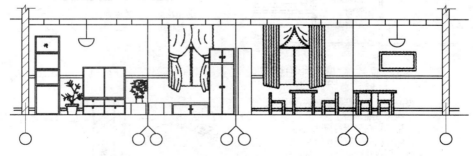

图 1-1　室内装饰展开图

墙面装饰剖面图是用假想平面将墙体某处垂直剖开而得到正投影图，其表现方法与其他装饰剖面图一样。它主要表明上述部位或空间的内部构造情况，或者说是装饰结构与建筑结构、结构材料与饰面材料之间的关系（图 1-2）。

*1*

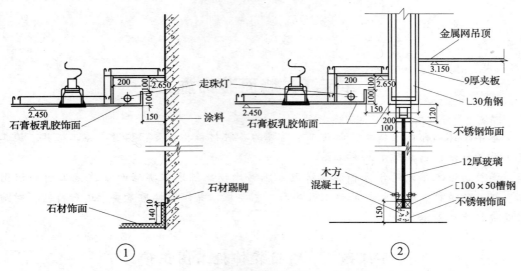

图 1-2 墙面剖面图

墙面构造详图是将墙体装饰构造及构配件的重要部位，按垂直或水平方向剖开，或把局部立面放大而得出的图样（图 1-3）。

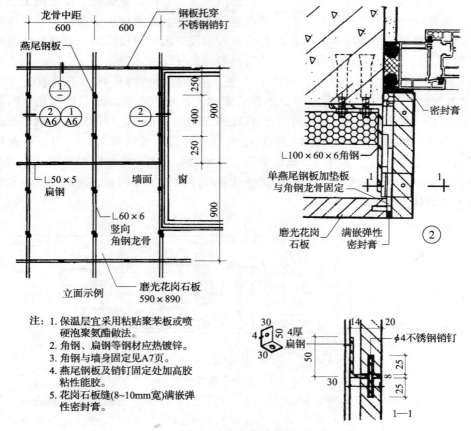

图 1-3 墙面构造详图

## 1.2 室内墙面展开图识读

外墙立面图的表现方法同建筑立面图,在此不做讲解。这里重点介绍室内墙面展开图。

### 1.2.1 看装饰装修立面图

看装饰装修立面图名称,知道来自平面位置。室内装饰装修立面图的产生根源是装饰装修平面图中的索引符号(图1-4起居室中M、N、K、L),M、N、K、L代表起居室四个立面方向。图1-5~图1-8就是按此索引符号绘制成的室内装饰装修立面图,它较剖切符号灵活一些,层次可多可少。学员应学会对照符号进行阅读,或学会按此种符号绘制室内装饰立面图。

### 1.2.2 看绘图比例

看绘图比例,知道图与实物相差倍数。比例既能决定图形大小,又可决定图形是否清楚、全面。大比例图形肯定清楚、细致,近似真实状态,而且尺寸齐全,标高和文字说明完整,能具体指导施工;小比例图形则相反。

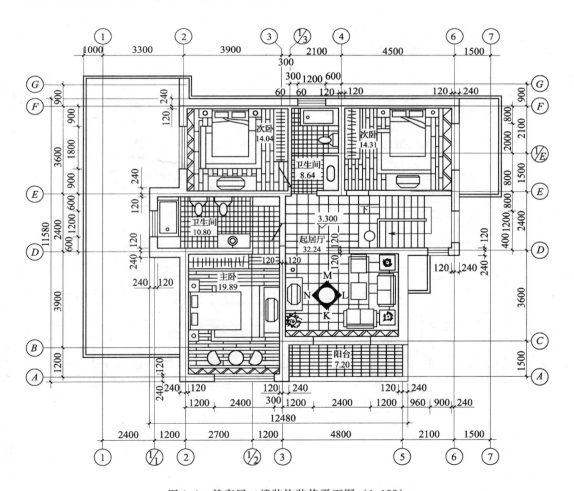

图1-4 某家居二楼装饰装修平面图(1:100)

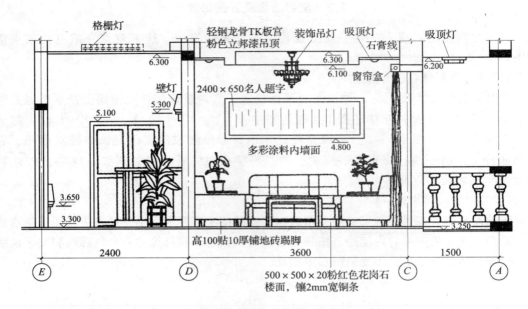

图 1-5　二层起居室 L 方向装饰装修立面图 （1∶30）

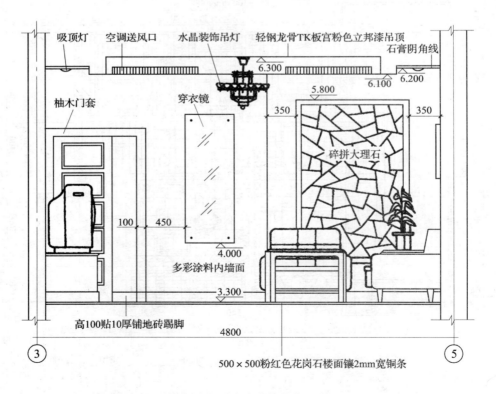

图 1-6　二层起居室 M 方向装饰装修立面图 （1∶30）

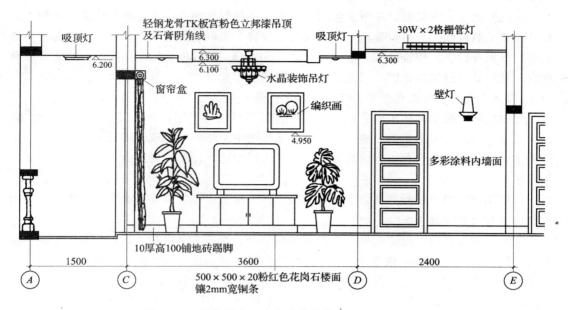

图 1-7 二层起居室 N 方向装饰装修立面图 （1:30）

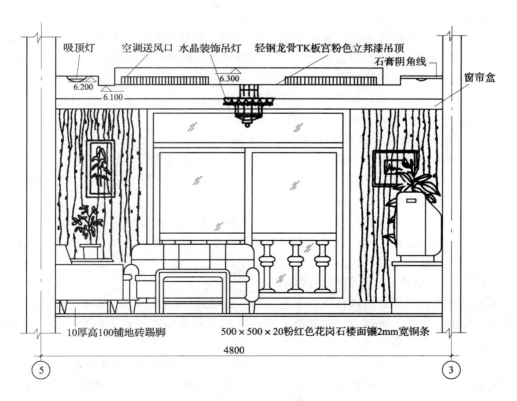

图 1-8 二层起居室 K 方向装饰装修立面图 （1:30）

### 1.2.3 根据轴线编号去找平面位置和朝向

任何图都应画出轴线，不管是纵向、横向，还是附加轴线，都是确定建筑结构构件或配件位置的基准线，它可以确定一个房间具体位置，也可确定一个大型或小型局部的具体位置。如阳台位于二楼轴线Ⓐ、Ⓒ和轴线③、⑤之间。还可根据轴线排列顺序确定方位和朝向。轴线编号是看装饰图不可忽视的重要因素。

### 1.2.4 看图中的尺寸数字、标高与文字说明

图中的尺寸数字是施工的依据，它不见得都注写在一个图内，尤其是前后尺寸距离，立面图中是无法注写出来的，这就需要配合平面图中的细致尺寸或轴线尺寸来确定。立面图的重点是表明高度变化中的内容和尺寸，平面图中的尺寸与相对距离，在此只是重复起辅助明确作用。

立面图中的重点是看标高数字，不管是物体下皮或上皮标高，只要有一个即可推断出全部位置和尺寸（图1-5）。

文字说明是任何专业图都要有的重要组成部分，没有文字说明，只有示意图形，不能解决具体问题，而且也不知道示意图形是什么内容。例如图1-5楼板下皮画了几条线，能猜测到是顶棚，但具体怎么做，有什么要求却不是很清楚。若有文字解释，写出是轻钢龙骨做骨架，用TK板做饰面板，表面刷宫粉色立邦漆，再用型号为GX－07石膏阴角线进行装饰，示意图形就可表达清楚。

### 1.2.5 会区别剖面图中的断面和外形表示

室内装饰装修立面图实际是剖面图。一个房间必须假设切开才能看到内部。楼板、墙体、窗或门有可能被假设切开，被切到的部分一定涉及使用材料，如墙体使用的是砖石，过梁使用的是钢筋混凝土，门的材料是柚木。被剖切的材料轮廓应画粗线，使用什么材料应画材料符号。房屋被切到的部位画成断面、内部画材料图例（参考有关材料图例），而没被切到的部位要画外形，如桌、椅、床，正面的窗或门，墙上字画、壁灯、吊灯、窗帘等。室内装饰立面图肯定会遇到这些内容，阅读时应加以区别。

### 1.2.6 室内装饰装修立面图中的前后应会阅读

一个房间内部的家具、陈设之间一定存在距离，前边的物体要挡住后边的物体，在室内装饰立面图中会遇到这样的问题。前边的物体能画出整个外形，而被遮挡的物体只能画出外露部分。近处的桌、椅，远处的窗和散热器、墙上的字画等，凡是能画出整个外形的物体，都是没被切到的较远的物体，这种远近物体的存在，在装饰立面图中，大多在一个平面内，要想知道它们之间的距离，必须找到产生装饰装修立面图的平面位置，在平面图中才看到前后物体的位置和大小。

### 1.2.7 应学会看出实体装饰和虚体装饰

实体装饰指在房屋建筑构件上作出的装饰，如墙体、柱子、梁、楼板、楼梯。凡在它们表面上作出的装饰，统称为实体装饰。房屋内部空间摆放在地面上的桌、椅、电视柜、沙发、茶几、盆景，墙面上的字画、壁灯、窗帘盒和窗帘，顶棚上的吊灯，这些可移动、可更换的物体，它们又具备各种颜色，统称为虚体装饰。构成各种用途的房间的室内空间，肯定需要实体装饰和虚体装饰。它们在室内装饰装修立面图中，才能构成装饰整体，才能形成室内各方向丰富多采的立面图。从图1-5～图1-8中我们可以领悟到它们的共同点和不同点。

## 1.3 墙面装饰装修剖面图识读

### 1.3.1 看图名，找到对应关系

图1-9来源于某首层平面图，识读时要对应该首层平面图中相应的剖切号来进行。

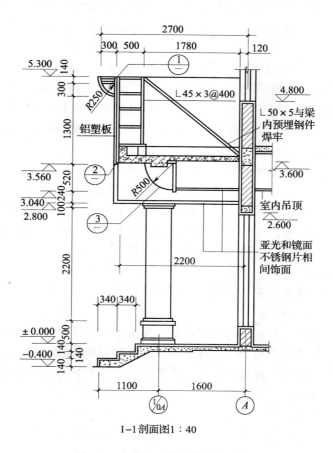

1-1剖面图 1:40

图1-9 室外墙面装饰装修剖面图

### 1.3.2 看比例

看比例，知道剖面图能表现的清楚程度。

### 1.3.3 看轴线号

看轴线编号，找到具体位置。

### 1.3.4 区别承重构件及非承重构件

会区别承重构件与非承重构件。承重墙一般较厚，柱子与梁尺寸较大，不承重的隔墙则很薄。如楼板上表面要装饰楼面，下表面要装饰顶棚、灯饰、吊杆等，没有构件或配件，装饰无从谈起。

### 1.3.5 看剖面图前后关系

应会看出被切到的内容与没被切到的内容。剖面图包括被切到的物体断面和没有被切到的物体外形，两者在图内的表现形式是有差别的，被切到的物体轮廓线应粗，轮廓线内

7

应画出材料符号，没有被切到的物体外形不被剖开，只画外观式样。

### 1.3.6 应学会看出前后关系

剖面图分不出前后，只能表示上下方向和左右方向，但是前边的物体能挡住后边的物体，前边的要画完整外形，后边的物体有被遮挡部分，从剖面图中只能看到这种关系，但是之间距离多少，剖面图中是看不出来的，只有配合平面图才能看到具体距离。有的甚至是几个层次的距离，如教室或剧场的座位，前后有很多排，前边的必然是整个外形，后边的只能表现不被遮挡的部分。

### 1.3.7 应会看出实体装饰和虚体装饰

实体装饰如地面、台阶、楼面、顶棚、墙面、墙裙、踢脚等，都需要做在主体构件上，小图仅有示意符号或画一条细线，大图能分出层次，图形上有的注写装饰材料简称，有的只写表层材料做法。实际哪种做法也不是一个层次，都需要从构件表皮，依次做到最外层的装饰表面，如抹灰墙面、双层木地板、吊顶等。

虚体装饰主要指能移动的物体，如桌、椅、床、沙发、茶几、书柜、电视柜、盆景、装饰画等家具、陈设，它们也是主要的装饰内容。只有装修豪华的房屋，没有家具、陈设，这样的房屋不能形成具体用途。装饰专业图纸中这两大方面内容都有，而且配有尺寸数字、标高、文字说明等。看装饰专业图要会区分实体装饰和虚体装饰，并配合平面图讲出它们的具体位置、做法、物体名称、遮挡问题等。

### 1.3.8 查找详图

知道详图索引号意义，并会查找详图。

### 1.3.9 阅读尺寸与标高

会阅读尺寸与标高。只按比例画的图形，解决不了实际问题，必须配有尺寸数字，才能做出完整工程。尺寸数字有的表示自身尺寸，有的表示间隔距离，应会区分。大型物体或墙面上某一高度、吊灯下皮高度以及在图纸上遇到的标高符号，应看出它们指的是下皮标高，还是上皮标高。

### 1.3.10 会看图例

装饰施工图上所画内容绝大多数都无法按真实情况绘制，而是用图例表示（参考有关图例表）。

### 1.3.11 了解绘图原理

知道和了解绘图原理。我们所看的一切施工图纸，包括所有专业，其中也包括装饰专业图纸。一定要明确和会按照正投影，特别是三面正投影原理来阅读装饰专业图。

## 1.4 墙面装饰详图

在墙面装饰装修平面图、装饰装修立面图、装饰装修剖面图中，由于受比例的限制，其细部无法表达清楚，因此需要详图做精确表达。装饰详图是将墙面装饰构造、构配件的重要部位，以垂直或水平方向剖开，或把局部立面放大画出的图样。

### 1.4.1 装饰详图内容

（1）表明装饰面和装饰造型的结构形式、饰面材料与支撑构件的相互关系。

（2）标明重要部位的装饰构件、配件的详细尺寸、工艺做法和施工要求。

（3）表明装饰结构与建筑主体结构之间的连接方式及衔接尺寸。

（4）表明装饰面板之间的拼接方式及封边、盖缝、收口和嵌条等处理的详细尺寸和做法要求。

（5）表明装饰面上的设施安装方式或固定方法以及设施与装饰面的收口收边方式。

### 1.4.2 装饰详图识读步骤和要点

（1）看详图符号，结合装饰装修平面图、装饰装修立面图、装饰装修剖面图，了解详图来自何部位。

（2）对于复杂的详图，可将其分成几块。如图1-3，从节点②详图可知板与墙之间有空隙，空隙中用双膨胀螺栓固定一L100×60×6角钢龙骨，两块L形扁钢固定在龙骨上，同时将窗口处石板固定，另一单燕尾钢板也固定在龙骨上，将墙面石板钩住，这一处构造比较复杂，因此增加了1-1剖面。

（3）找出各块的主体，如图1-3的主体是一钢筋混凝土基体，花岗石板是它的饰面。

（4）看主体和饰面之间如何连接，如通过图1-3中1-1剖面详图可知石板的固定是用$\phi 4$不锈钢销钉穿在石板孔中实现的。

## 1.5 墙面装饰施工图放样

墙面装饰施工图放样形式多样，因篇幅有限仅以下述"花格"放样为例进行说明。

花格是我国传统的建筑装饰形式。它既能分隔空间又可保持流通，在室内外装饰中起着分隔与联系、采光与通风等多重作用，同时还可美化环境和丰富空间层次，具有很好的装饰效果。常用材料有：预制混凝土、水磨石、竹、木、金属、玻璃等。

图1-10是某酒店混凝土花格窗的施工翻样图。它包括立面图、平面图和一系列节点图。

翻样图在立面图上对不同形状的通花进行了编号，表明该花格窗由这四种通花组合而成。

通花1大样，它的立面形状是正六边形。从图1-10中1-1剖面图可以看出：它是一个中间空的六棱柱，高150mm，为白石米颜色的水磨石做成，内部配有$2\phi 6$的纵筋和$\phi 4$的箍筋，间距为200mm。

通花2实际上是通花1的一半，用以安装在花格窗的两侧，做法同上。

通花4是一个实心的三棱柱和四棱柱的组合体。从图1-10中4-4断面图看，可知它是无筋混凝土做成，矩形外围尺寸是202mm×200mm，突出的棱体也是白石米水磨石，与通花1和通花2色泽一样。

通花3是通花4的一半，做法相同。也是镶嵌在花格窗的两侧，正好填补通花1和通花2之间的空缺。

通过以上识读，可知该花格窗拼砌出来，在阳光下能显现出凹凸效果。

平面图注出了花格窗的水平向尺寸，交待了花格窗的安装方式（与洞口外皮平）。图1-10左侧有一索引符号，详图①表明了该花格窗与墙体连接处的构造处理方法。

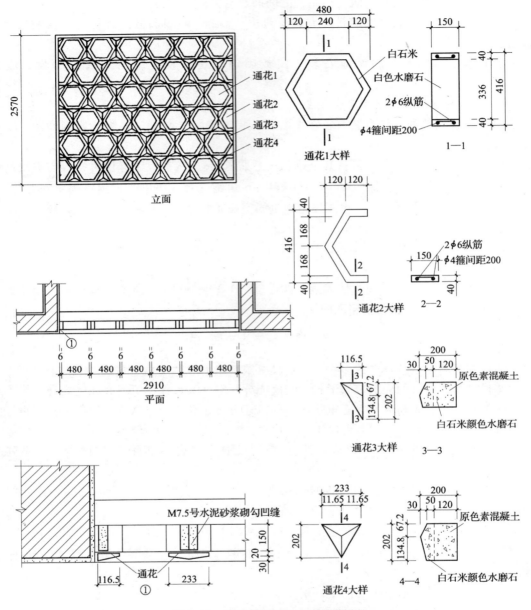

图1-10 某酒店混凝土花格翻样图

# 课题2 抹灰饰面

## 2.1 抹灰常用材料

抹灰工程所用材料，主要有胶结材料、骨料、纤维材料、颜料和化工材料。其用量应根据施工图纸要求计算，并提出进场时间，按施工平面布置图的要求分类堆放，以便检验、选择和加工。

2.1.1 胶结材料

在建筑工程中，将砂、石等散粒材料或块状材料粘结成一个整体的材料，统称为"胶结材料"。胶结材料分有机胶结材料和无机胶结材料两大类。

在抹灰工程中，常用的是无机胶结材料，它又分为气硬性胶结材料和水硬性胶结材料。

(1) 气硬性胶结材料

气硬性胶结材料，是指能在空气中硬化，并能长久保持强度或继续提高强度的材料。

1) 石灰膏

石灰膏是生石灰经加水熟化过滤，并在沉淀池中沉淀而成的。淋制时，必须用孔径3mm×3mm的筛过滤。其熟化时间，常温下一般不少于15d，用于罩面的石灰膏，熟化时间不应少于30d。使用时石灰膏内不得含有未熟化的颗粒和杂质。在沉淀池中的石灰膏，应保留一层水加以保护，防止其干燥、冻结和污染。冻结、风化、干硬的石灰膏，不得使用。生石灰是由石灰石经高温煅烧而成，其主要成分为氧化钙，呈白色或灰色块状，新块相对表观密度为 $800 \sim 1000 kg/m^3$。石灰的质量标准和鉴别方法，见表1-1和表1-2。

石灰质量标准  表1-1

| 指标名称 | | 块灰 | | 生石灰粉 | | 水化石灰 | | 石灰浆 | |
|---|---|---|---|---|---|---|---|---|---|
| | | 一等 | 二等 | 一等 | 二等 | 一等 | 二等 | 一等 | 二等 |
| 活性氧化钙及氧化镁之和（干重%），不少于 | | 90 | 75 | 90 | 75 | 70 | 60 | 70 | 60 |
| 未烧透颗粒含量（干重%），不大于 | | 10 | 12 | | | | | 8 | 12 |
| 每kg石灰的产浆量（L），不小于 | | 2.4 | 1.8 | 暂不规定 | | | | | |
| 块灰内细粒的含量（干重%），不大于 | | 8 | 10 | 暂不规定 | | | | | |
| 标准筛上余量（干重%） | 900孔/cm² 筛不得大于 | 无规定 | | 3 | 5 | 3 | 5 | 无规定 | 无规定 |
| | 4900孔/cm² 筛不得大于 | 无规定 | | 25 | 25 | 10 | 5 | 无规定 | 无规定 |

石灰外观质量鉴别  表1-2

| 特征 | 新鲜灰 | 过火灰 | 欠火灰 |
|---|---|---|---|
| 颜色 | 白色或灰黄色 | 色暗带灰黑色 | 中部颜色比边部深 |
| 重量 | 轻 | 重 | 重 |
| 硬度 | 疏松 | 质硬 | 外部疏松，中部硬 |
| 断面 | 均一 | 玻璃状 | 中部与边缘不同 |

2) 石膏

由生石膏（又称"二水石膏"）在 $100 \sim 190℃$ 的温度下煅烧成熟石膏，经磨细后成为建筑石膏（简称"石膏"），它的主要成分是半水石膏。建筑石膏适用于室内装饰以及隔热保温、吸声和防火等饰面，但不宜靠近60℃以上高温。建筑石膏与适当的水混合，最初成为可塑的浆体，但很快就失去塑性，进而成为坚硬的固体，这个过程就是硬化过程。建筑石膏具有很强的吸湿性，在潮湿环境中，晶体间粘结力削弱，强度显著降低，遇水则晶体溶解而引起破坏，吸水后受冻，将因孔隙中水分结冰而崩裂。所以，建筑石膏的耐水性和抗冻性都很差，不宜在室外装饰工程中使用。

石膏凝结很快,在掺水几分钟后就开始凝结,终凝时间不超过30min。石膏的凝结时间,可以根据施工要求加以调整,如果需要加速凝固,可掺入少量磨细的未经煅烧的石膏。如果需要缓慢凝固,则可掺入为水重0.16%~0.2%的胶或亚硫酸盐、酒精废渣、硼砂等。

各种熟石膏都易受潮变质,其中建筑石膏变质速度较快,所以特别需要防止受潮和长期存放。一般来说,建筑石膏储存3个月后,其强度会降低30%左右。

在建筑工程中,常用的石膏主要有建筑石膏、模型石膏、地板石膏和高硬石膏四种。其主要技术指标,见表1-3。

建筑用熟石膏的技术指标　　　　　　　　　　　　　表1-3

| 技术指标 | | 建筑石膏 | | | 模型石膏 | 高硬石膏 |
| --- | --- | --- | --- | --- | --- | --- |
| 项目 | 指标 | 一等 | 二等 | 三等 | | |
| 凝结时间<br>(min) | 初凝,不早于 | 5 | 4 | 3 | 4 | 3~5 |
| | 终凝,不早于 | 7 | 6 | 6 | 6 | 7 |
| | 终凝,不迟于 | 30 | 30 | 30 | 20 | 30 |
| 细度<br>(筛余量%) | 64 筛孔/皿 2 | 2 | 8 | 12 | 0 | |
| | 900 筛孔/皿 2 | 25 | 35 | 40 | 10 | |
| 抗拉强度<br>(MPa) | 养护1d后,不小于 | 0.8 | 0.6 | 0.5 | 0.8 | 1.8~3.3 |
| | 养护7d后,不小于 | 1.5 | 1.2 | 1.0 | 1.6 | 2.5~5.0 |
| 抗压强度<br>(MPa) | 养护1d后 | 5.0~8.0 | 3.5~4.5 | 1.5~3.0 | 7.0~8.0 | 9.0~24.0 |
| | 养护7d后 | 8.0~12.0 | 6.0~7.5 | 2.5~5.0 | 10.0~15.0 | |
| | 养护28d后 | | | | | 25.0~30.0 |

(2) 水硬性胶结材料

水硬性胶结材料,是指遇水凝结硬化并保持一定强度的材料。在抹灰工程中,常用的是一般水泥和装饰水泥。一般水泥有普通水泥、矿渣水泥、火山灰水泥和粉煤灰水泥;装饰水泥有白水泥和彩色水泥。储存的水泥应防止风吹、日晒和受潮,出厂超过3个月的水泥,应经试验合格后方可使用。

2.1.2　骨料

(1) 砂

砂是由坚硬的天然岩石经自然风化逐渐形成的疏散颗粒,可与石灰、水泥等胶结材料调制成多种建筑砂浆。

砂按其形成条件有河砂、海砂、山砂等,常用的是河砂。砂颗粒的粒径为0.15~5.5mm,平均粒径大于0.5mm的为粗砂,在0.35~0.5mm之间为中砂,在0.25~0.35mm之间为细砂。砂的相对表观密度为1300~1500kg/m³。抹灰常用的是中砂,使用前要过筛。

砂按其颜色有黄砂、白砂及灰砂。

砂的外观质量要求为:颗粒坚硬洁净,黏土、粉末等含量不超过砂的3%;煤屑、云母等不超过砂的0.5%;三氧化硫含量不超过砂的1%。砂的外观检查方法:用手握之,如感觉其颗粒粗糙,有棱角刺手,且无尘土沾手,表示是好砂。

石英砂分人造石英砂、天然石英砂和机制石英砂三种。人造石英砂和机制石英砂,由石英岩焙烧并经人工或机械破碎、筛分而成，它们比天然石英砂纯净，质量好，而且氧化硅含量高。在抹灰工程中，石英砂常用以配制耐腐蚀砂浆等。

（2）石屑

石屑是粒径比石粒更小的细骨料，主要用于配制外墙喷涂饰面的聚合物浆。常用的有松香石屑、白云石屑等。

（3）彩色瓷粒

彩色瓷粒是以石英、长石和瓷土为主要原料经烧制而成的。粒径1.2~3mm，颜色多样。用彩色瓷粒代替彩色石粒用于室外装饰抹灰，具有大气稳定性好、颗粒小、表面瓷粒均匀、露出粘结砂浆较少、整个饰面厚度薄、自重轻等优点。

抹灰工程用的骨料（石粒、砾石、石屑、彩色石粒等）应颗粒坚硬、有棱角、洁净不含有风化的石粒及其他有害物质。骨料使用前应冲洗过筛，按颜色规格分类堆放。

2.1.3 纤维材料

纤维材料在抹灰面装饰中起拉结和骨架作用，使抹灰层不易开裂和脱落。

（1）麻刀

麻刀即为细碎麻丝，要求坚韧、干燥、不含杂质，使用前剪成20~30mm长，敲打松散，每100kg石灰膏约掺1kg麻刀。

（2）纸筋

纸筋常用粗草纸泡制，有干纸筋和湿纸筋两种，使用前应浸透、捣烂，再按100kg石灰膏掺2.75kg纸筋的比例加入淋灰池，使用时应过筛。

（3）玻璃纤维

将玻璃丝切成10mm长左右，每100kg石灰膏掺入200~300g，搅拌均匀成玻璃丝灰。玻璃丝耐热、耐腐蚀，抹出墙面洁白光滑，而且价格便宜，但操作时需防止玻璃丝刺激皮肤，应注意劳动保护。

## 2.2 抹灰工常用的工具和使用方法

2.2.1 常用的工具

（1）抹子

1）铁抹子

用于抹灰，形状有方头和圆头两种，如图1-11所示。压子（压刀）用于面层压光，如图1-12所示。

2）角抹子

阴角抹子（图1-13）和阳角抹子（图1-14）用于压光阴、阳墙角和做护角线，每种又分尖角和小圆角。

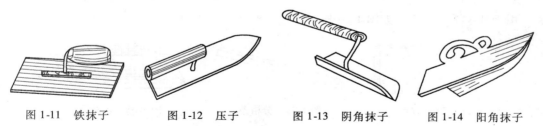

图1-11 铁抹子　　图1-12 压子　　图1-13 阴角抹子　　图1-14 阳角抹子

（2）木制工具和检测工具

1）托灰板

用木板或硬质塑料制作，用于操作时承托砂浆，如图1-15所示。

2）木杠

木杠又称刮杆，分长、中、短三种。长杆长250～300cm，一般用于冲筋，中杠长200～250cm，短杆长150cm左右，用于刮平地面或墙面的抹灰层。木杠的断面一般为矩形，如图1-16所示。

3）八字靠尺（又称引条）

一般做棱角用，其长度按要求截取，如图1-17所示。

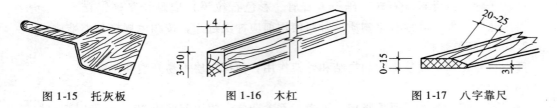

图1-15 托灰板　　　图1-16 木杠　　　图1-17 八字靠尺

4）靠尺板

分厚薄两种，断面为矩形，厚板多用于抹灰线，长约3.0～3.5m，薄板多用于做棱角，如图1-18所示。

5）托线板

托线板主要用于靠吊垂直，如图1-19所示。

6）钢筋卡子

用于抹灰时卡紧靠尺，常用直径6mm和8mm钢筋做成，如图1-20所示。

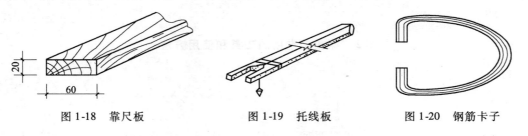

图1-18 靠尺板　　　图1-19 托线板　　　图1-20 钢筋卡子

7）方尺

用于测量阴、阳角的方正，如图1-21所示。

8）分格条（又称米厘条）

用于墙面分格及滴水槽，其断面呈梯形的细长木条，如图1-22所示。

9）木抹子

用于砂浆搓平压实，如图1-23所示。

图1-21 方尺　　　图1-22 分格条　　　图1-23 木抹子

10）水平尺

用于找平，如图1-24所示。

11）线坠

用于吊垂直，如图1-25所示。

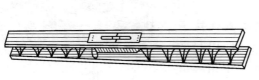
图1-24 水平尺

图1-25 线坠

（3）其他工具

其他工具有：长毛刷、猪鬃刷、钢丝刷、大或小水桶、小推车、墨斗、粉线包、滚子、喷壶，还有筛子、铁锨、灰槽、灰勺等，如图1-26所示。

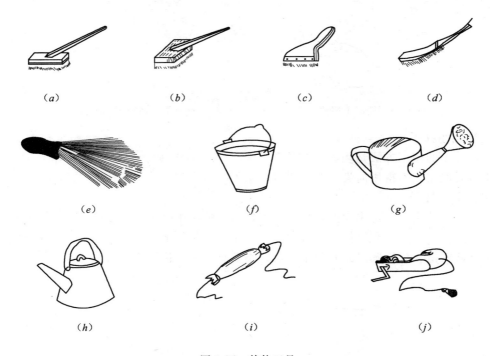

图1-26 其他工具

（a）长毛刷；（b）猪鬃刷；（c）鸡腿刷；（d）钢丝刷；（e）茅草帚；
（f）小水桶；（g）喷壶；（h）水壶；（i）粉线包；（j）墨斗

（4）机械工具

1）砂浆搅拌机

用于搅拌各种砂浆的专用机械。

2）麻刀灰搅拌机

用于拌制抹灰层各种纤维灰膏的专用机械。

3）喷浆机

用于喷水浇墙，分手压和电动两种。

4）磨石机

用于打磨水磨石地面，如图 1-27 所示。

2.2.2 抹灰工具使用方法

（1）铁抹子

铁抹子使用时，用右手中指和食指夹住抹子桩握紧抹子把，大拇指扶在抹子把上，使用起来要随其自然，不能握得太死，以免损伤中指。正确握法如图 1-28 所示。

图 1-27 磨石机

（2）压子

用来面层压光，它的手持方法和铁抹子基本相同。但在压光时抹子先要顺直，一行靠一行，千万不能漏压。压光时用左手轻压压子前头，免得压子前头翘起，出现压光不匀。正确使用方法如图 1-29 所示。

图 1-28 铁抹子握法　　　　　　图 1-29 压子握法

（3）阴角抹子

阴角抹子的使用方法是用右手握紧抹子把，大拇指扶在把上，在阴角处上下平稳圆滑，用力要均匀，不得用前尖挖进，免得阴角不顺直平整。握法如图 1-30 所示。

（4）阳角抹子

阳角抹子使用方法是用大拇指与食指握住阳角把，中指和其他手指在后扶助，圆滑阳角时，要用抹子的两臂紧靠抹成的阳角两侧，用力均匀，上、下圆滑，不得用抹子的前头或后头立起圆滑，免得圆出的阳角不匀称，不顺直，正确用法如图 1-31 所示。

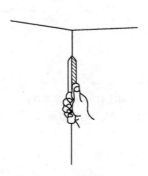 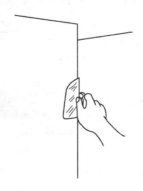

图 1-30 阴角抹子用法　　　　　　图 1-31 阳角抹子用法

（5）托灰板

用右手握把，握把的位置要离灰板根部 20～30mm（以免手被灰烧伤），使用时要给人一种灵活感，具体握法如图 1-32 所示。

（6）刮杠（也称刮杆）

刮杠主要是找平用，使用时两手分开，用力要均匀，刮杠要两面使用，免得刮杠弯曲，用后要平放，使用刮杠正确姿式如图 1-33 所示。

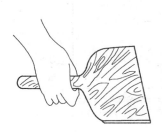

图 1-32　托灰板用法

图 1-33　刮杠用法

（7）线坠

线坠用来检查角部的垂直，使用时用大拇指挑起线坠线，小拇指扶在靠尺杆上，用一只眼观察线坠线是否和贴上的靠尺杆重合，如果不在一条线上，说明靠尺杆不垂直，应及时校正，直到重合为止。吊线坠时手要稳，具体吊法如图 1-34 所示。

图 1-34　线坠用法

（8）靠尺杆

靠尺杆一般用来做棱角或做灰线使用。如做棱角时，首先要根据棱角抹灰厚度粘贴靠尺杆，粘贴靠尺杆前，在棱角边沿抹 70～80mm 宽的灰作粘杆用，贴杆时要用铁抹子顺杆上下刮，这样能使靠尺杆均匀的粘贴在灰上，不易脱落。千万不能用抹子敲打靠尺杆，免得用力不均匀使靠尺杆脱落，具体贴靠尺杆的做法如图 1-35 所示。

(9) 钢筋卡子

当棱角的两侧大面抹完后，需抹窗台或窗上口时，用卡子卡住靠尺杆，卡卡子时要卡在靠尺杆的中间或稍向里一点，不能卡在杆子的边沿，免得卡力不匀将靠尺杆卡翻脱落，破坏所要做的棱角，具体用法如图1-35（a）所示。

(10) 方尺

使用时要两手摊平，不能倾斜，用法如图1-36所示。

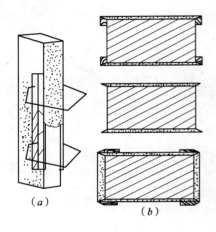

图1-35 靠尺杆用法
(a) 钢筋卡子用法；(b) 普通用法

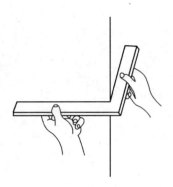

图1-36 方尺用法

(11) 托线板（也称样板杆）

用于靠吊垂直，使用时要用线板的一边紧贴于所要找垂直的墙、柱、垛子面上。线坠线和托线板上的标尺尺寸重合说明此墙、柱、垛垂直，否则不垂直，用法如图1-37所示。

(12) 木抹子（也称木拉板）

握法和铁抹子的握法相同，将刮平的墙、柱、垛所留下的砂眼，根据砂浆的软硬程度，用木抹子搓平压实，用法如图1-38所示。

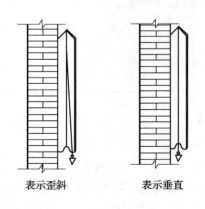

图1-37 托线板用法

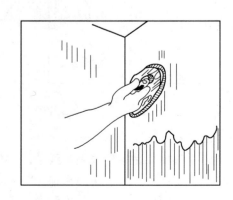

图1-38 木抹子用法

## 2.3 一般抹灰

### 2.3.1 基础知识

(1) 抹灰工程的分类

1) 按使用材料和操作方法分

石灰砂浆、水泥砂浆、水泥混合砂浆、麻刀灰、纸筋灰等。

装饰抹灰：水刷石、干粘石、水磨石、喷砂、弹涂、喷涂、滚涂、拉毛灰、洒毛灰、斩假面砖、仿石和彩色抹灰等。

2) 按工程部位分

外墙抹灰有檐口、窗台、腰线、阳台、雨篷、明沟、勒脚及墙面抹灰。

内墙抹灰有顶棚、墙面、柱面、墙裙、踢脚板、地面、楼梯以及厨房、卫生间内的水池、浴池等抹灰。

3) 按建筑标准分

一般抹灰分普通抹灰和高级抹灰。普通抹灰一般用于住宅、办公楼、学校等。高级抹灰一般用于大型公共建筑物、纪念性建筑物、高级住宅、宾馆以及特殊要求的建筑物。

(2) 抹灰层的组成及作用

为了使抹灰层与基层粘结牢固，防止起鼓开裂，并使抹灰层的表面平整，保证工程质量，抹灰层应分层涂抹。抹灰层一般由底层、中层和面层（又称"罩面"、"饰面"）组成，如图1-39所示。底层主要起与基层（基体）粘结作用，中层主要起找平作用，面层主要起装饰美化作用。抹灰层的组成、作用、基层材料和一般做法见表1-4。

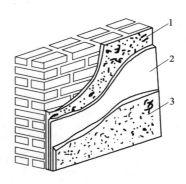

图1-39 抹灰层的分层
1-底层；2-中层；3-面层

抹灰砂浆作用及要求　　　表1-4

| 层次 | 作 用 | 基层材料 | 一 般 做 法 |
|---|---|---|---|
| 底层 | 主要起与基层粘结作用，兼起初步找平作用，砂浆稠度为10~12cm | 砖墙基层 | ① 室内墙面一般采用石灰砂浆、石灰炉渣浆打底<br>② 室外墙面、门窗洞口的外侧壁、屋檐、勒脚、压檐墙等及湿度较大的房间和车间宜采用水泥砂浆或水泥混合砂浆 |
| | | 混凝土基层 | ① 宜先刷素水泥浆一道，采用水泥砂浆或混合砂浆打底<br>② 高级装饰顶板宜用乳胶水泥砂浆打底 |
| | | 加气混凝土基层 | 宜用水泥混合砂浆或聚合物水泥砂浆打底。打底前先刷一遍聚乙烯醇缩甲醛配合胶水溶液 |
| | | 硅酸盐砌块基层 | 宜用水泥混合砂浆打底 |
| | | 木板条、苇箔、金属网基层 | 宜用麻刀灰、纸筋灰或玻璃丝灰打底，并将灰浆挤入基层缝隙内，以加强拉结 |
| | | 平整光滑的混凝土基层，如大板、滑模墙体基层 | 可不抹灰，采用刮腻子处理 |

续表

| 层次 | 作 用 | 基层材料 | 一 般 做 法 |
|---|---|---|---|
| 中层 | 主要起找平作用，砂浆稠度为7～8cm | | ① 基本与底层相同，砖墙则采用麻刀灰或纸筋灰<br>② 根据施工质量要求可以一次抹成，也可以分遍进行 |
| 面层 | 主要起装饰作用，砂浆稠度为10cm | | ① 要求大面平整、无裂纹，颜色均匀<br>② 室内一般采用麻刀灰、纸筋灰、玻璃丝灰；高级墙面用石膏灰浆和水砂面层。装饰抹灰采用拉毛灰、拉条灰、扫毛灰等。保温、隔热墙面用膨胀珍珠岩灰<br>③ 室外常用水泥砂浆、水刷石、干粘石等 |

(3) 抹灰层砂浆的选用

抹灰饰面所采用的砂浆品种，一般应按设计要求来选用。如无设计要求，则应符合下列规定：

1) 室外墙面、门窗洞口的外侧壁、屋檐、勒脚、压檐墙等，用水泥砂浆或水泥混合砂浆。

2) 湿度较大的房间和工厂车间，用水泥砂浆或水泥混合砂浆。

3) 混凝土板和墙的底层抹灰，用水泥混合砂浆或水泥砂浆。

4) 硅酸盐砌块的底层抹灰，用水泥混合砂浆。

5) 板条、金属网顶棚和墙的底层和中层抹灰，用麻刀灰砂浆或纸筋石灰砂浆。

6) 加气混凝土砌块和板的底层抹灰，用水泥混合砂浆或聚合物水泥砂浆（基层要做特殊处理，要先刷一道108胶封闭基层）。

(4) 抹灰层的厚度

抹灰层应采取分层分遍涂抹的施工方法，以便抹灰层与基层粘结牢固、控制抹灰厚度、保证工程质量。如果一次抹得太厚，由于内外收水快慢不一，不仅面层容易出现开裂、起鼓和脱落，同时还会造成材料的浪费。

1) 总厚度

抹灰层的平均总厚度，应根据基体材料、工程部位和抹灰等级等情况来确定，并且不得大于下列数值：

顶棚：板条、空心砖、现浇混凝土为15mm，预制混凝土为18mm，金属网为20mm。

内墙：高级抹灰为25mm，普通抹灰为18～20mm。

外墙：外墙为20mm，勒脚及突出墙面部分为25mm。

2) 每遍厚度

各层抹灰的厚度（每遍厚度），应根据基层材料、砂浆品种、工程部位、质量标准以及各地区气候情况来确定。每遍厚度一般控制如下：

抹水泥砂浆每遍厚度为5～7mm。

抹石灰砂浆或混合砂浆每遍厚度为7～9mm。

抹面层灰用麻刀灰、纸筋灰、石膏灰等罩面时，经赶平、压实后，其厚度麻刀灰不大于3mm；纸筋灰、石膏灰不大于2mm。

混凝土大板和大模板建筑内墙面和楼板底面，采用腻子刮平时，宜分遍刮平，总厚度为 2～3mm。

如用聚合物水泥砂浆、水泥混合砂浆喷毛打底，纸筋灰罩面，以及用膨胀珍珠岩水泥砂浆抹面，总厚度为 3～5mm。

板条、金属网用麻刀灰、纸筋灰抹灰的每遍厚度为 3～6mm。

水泥砂浆和水泥混合砂浆的抹灰层，应待前一层抹灰层凝结后，方可涂抹后一层；石灰砂浆抹灰层，应待前一层7～8成干后，方可涂抹后一层。

3) 一般抹灰砂浆的配合比

抹灰砂浆的配合比见表 1-5。

**抹灰砂浆的配合比**　　　　　　　　　　　　　　　表 1-5

| 砂（灰）浆名称 | 配合比 | 每 1m³ 砂浆材料用量 | | | | | 说明 |
|---|---|---|---|---|---|---|---|
| | | 32.5 强度等级水泥（kg） | 石灰膏（kg） | 净细砂（kg） | 纸筋（kg） | 麻刀（kg） | |
| 水泥砂浆<br>（水泥:细砂） | 1:1<br>1:1.5<br>1:2<br>1:2.5<br>1:3 | 760<br>635<br>550<br>485<br>405 | | 860<br>715<br>622<br>548<br>458 | | | 重量比 |
| 石灰砂浆<br>（石灰膏:砂） | 1:1<br>1:2<br>1:2.5<br>1:3 | | 621<br>621<br>540<br>486 | 644<br>1288<br>1428<br>1428 | | | 体积比转换为重量比 |
| 水泥混合砂浆<br>（水泥:石灰膏:砂） | 1:0.5:4<br>1:0.5:3<br>1:1:2<br>1:1:4<br>1:1:5<br>1:1:6<br>1:3:9<br>1:0.5:5<br>1:0.3:3<br>1:0.2:2 | 303<br>368<br>320<br>276<br>241<br>203<br>129<br>242<br>391<br>504 | 175<br>202<br>326<br>311<br>270<br>230<br>432<br>135<br>135<br>U0 | 1428<br>1300<br>1260<br>1302<br>1428<br>1428<br>1372<br>1428<br>1372<br>1190 | | | 近似重量比 |
| 水泥石灰麻刀砂浆<br>（水泥:石灰膏:砂） | 1:0.5:4<br>1:1:5 | 302<br>241 | 176<br>270 | 1428<br>1428 | | 16.60<br>16.60 | 近似重量比 |

**2.3.2　一般抹灰操作程序**

抹灰工程的施工顺序，一般遵循先室外后室内、先上面后下面、先顶棚后墙地的原则。外墙由屋檐开始自上而下，先抹阳角线、台口线，后抹窗台和墙面，再抹勒脚、散水坡和明沟。内墙和顶棚抹灰，应待屋面防水完工后，并在不被后续工程损坏和玷污的条件下进行，一般应先房间，后走廊，再楼梯和门厅等。

## 2.4　内墙抹灰

**2.4.1　内墙抹灰的作业条件**

屋面防水或上层楼面面层已经完成，不渗不漏。

主体结构已经检查验收并达到相应要求，门窗和楼层预埋件及各种管道已安装完毕

（靠墙安装的散热器及密集管道房间，则应先抹灰后安装）并检查合格。

高级抹灰环境温度一般不应低于+5℃，中级和普通抹灰环境温度不应低于0℃。

2.4.2 抹底、中层灰的施工方法

为了有效地控制抹灰层的垂直度、平整度与厚度，使其符合装饰工程的质量验收标准，所以墙面抹灰前必须先找规矩。

(1) 做标志块（贴灰饼）

找规矩的方法是先用托线板全面检查砖墙表面的垂直平整程度，根据检查的实际情况并兼顾抹灰的总平均厚度规定，决定墙面抹灰的厚度。接着在2m左右高度，离墙两阴角10~20cm处，用底层抹灰砂浆（也可用1:3水泥砂浆或1:3:9混合砂浆）各做一个标准标志块，厚度为抹灰层厚度，大小50mm左右见方。以这两个标准标志块为依据，再用托线板靠、吊垂直确定墙下部对应的两个标志块厚度，其位置在踢脚板上口，使上下两个标志块在一条垂直线上，如图1-40所示。标准标志块做好后，再在标志块附近砖墙缝内钉上钉子，拴上小线挂水平通线（注意小线要离开标志块1mm），然后按间距1.2~1.5m左右，加做若干标志块，如图1-41所示。凡窗口、垛角处必须做标志块。

图1-40 做标志块

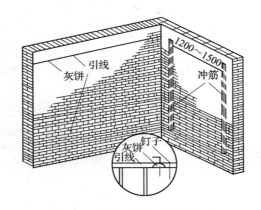

图1-41 挂线、做标志块及标筋

(2) 做标筋

标筋，也叫"冲筋"、"出柱头"，就是在上下两个标志块之间先抹出一长条梯形灰埂，其宽度为60~70mm左右，厚度与标志块相平，作为墙面抹底子灰填平的标准。其做法是在上下两个标志块中间先抹一层，再抹第二遍凸出成八字形，要比灰饼凸出10mm左右，然后用木杠紧贴灰饼左上右下搓，直到把标筋搓得与标志块齐平为止，同时要将标筋的两边用刮尺修成斜面，使其与抹灰层接槎顺平。标筋用的砂浆，应与抹灰底层砂浆相同。标筋的做法如图1-42所示。

图1-42 墙面冲筋

(3) 阴阳角找方

中级抹灰要求阳角找方。对于除门窗口外还有阳角的房间，则首先要将房间大致规方。其方法是先在阳角一侧墙做基线，用方尺将阳角先规方，然后在墙角弹出抹灰准线，并在准线上下两端挂通线做标志块。高级抹灰要求阴阳角都要找方，阴阳角两边都要弹基线。为了便于做角和保证阴阳角方正垂直，必须在阴阳角两边做标志块、标筋。

(4) 做门窗洞口做护角

抹灰时，为了使每个外突的阳角在抹灰后线条清晰、挺直，并防止碰撞损坏，所以要做护角线。护角线有明护角和暗护角两种，如图 1-43 所示。

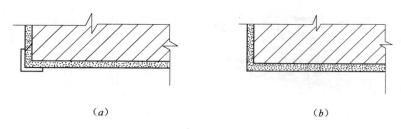

图 1-43　门窗洞口护角
(a) 明护角线；(b) 暗护角线

因此不论设计有无规定，都需要做护角。护角做好后，也起到标筋作用。护角应抹 1:2 水泥砂浆，一般高度由地面起不低于 2m，护角每侧宽度不小于 50mm。抹护角时，以墙面标志块为依据，首先要将阳角用方尺规方，靠门框一边，以门框离墙面的空隙为准，另一边以标志块厚度为据。最好在地面上划好准线，按准线粘好靠尺板，并用托线吊直，方尺找方。然后，在靠尺板的另一边墙角面分层抹 1:2 水泥砂浆，护角线的外角与靠尺板外口平齐，一边抹好后，再把靠尺板移到已抹好护角的一边，用钢筋卡子稳住，用线坠吊直靠尺板，把护角的另一面分层抹好。然后，轻轻地将靠尺板拿下，待护角的棱角稍干时，用阳角抹子和水泥浆捋出小圆角。最后在墙面用靠尺板按要求尺寸沿角留出 50mm，将多余砂浆以 40°斜面切掉（切斜面的目的是为墙面抹灰时，便于与护角接槎），墙面和门框等处落地灰应清理干净。

窗洞口一般虽不要求做护角，但同样也要方正一致、棱角分明、平整光滑，操作方法与做护角相同。窗口正面应按大墙面标志块抹灰，侧面应根据窗框所留灰口确定抹灰厚度，同样应使用八字靠尺找方吊正，分层涂抹，阳角处也应用阳角抹子捋出小圆角。

(5) 底层及中层抹灰

在标志块、标筋及门窗口做好护角后，底层与中层抹灰即可进行，这道工序也叫"刮糙"。其方法是将砂浆抹于墙面两标筋之间，底层要低于标筋，待收水后再进行中层抹灰，其厚度以垫平标筋为准，并使其略高于标筋。

中层砂浆抹完后，即用中、短木杠按标筋刮平。使用木杠时，人站成骑马式，双手紧握木杠，均匀用力，由下往上移动，并使木杠前进方向的一边略微翘起，手腕要活。凹陷处补抹砂浆，然后再刮，直至平直为止。紧接着用木抹子搓磨一遍，使表面平整密实，如

图 1-44 所示。

（6）抹墙的阴角

做抹墙阴角时先用方尺上下核对方正，然后用阴角器上下抽动扯平，使室内四角方正，如图 1-45 所示。

图 1-44　墙面装挡

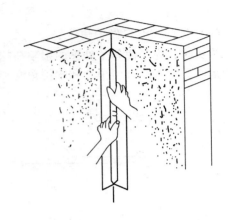

图 1-45　阴角上下抽动扯平

在一般情况下，标筋抹完就可以装挡刮平。但要注意，如果筋软容易将标筋刮坏产生凸凹现象，也不宜在标筋有强度时再装挡刮平，因为待墙面砂浆收缩后，会出现标筋高于墙面的现象，而产生抹灰面不平等质量通病。

当层高小于 3.2m 时，一般先抹下面一步架，然后搭架子再抹上一步架。抹上一步架，可不做标筋，而是在用木杠刮平时，紧贴在已经抹好的砂浆上作为刮平的依据。

当层高大于 3.2m 时，一般是从上往下抹。如果后做地面、墙裙和踢脚板时，要将墙裙、踢脚板准线上口 50mm 处的砂浆切成直槎，墙面要清理干净，并及时清除落地灰。

2.4.3　抹面层灰的施工方法

一般室内砖墙面抹灰常用纸筋石灰、麻刀石灰、石灰砂浆和刮大白腻子等。面层抹灰应在底灰稍干后进行，底灰太湿会影响抹灰面平整，还可能"咬色"；底灰太干，易使面层脱水太快而影响粘结，造成面层空鼓。

（1）纸筋石灰面层抹灰

纸筋石灰面层抹灰，一般是在中层砂浆 6～7 成干后进行（手摸不软，但有指印）。如果底层砂浆过于干燥，应先洒水湿润，再抹面层。抹灰操作一般使用钢皮抹子，两遍成活，厚度不大于 2mm，一般由阴角或阳角开始，自左向右进行，两人配合操作，一人先竖向（或横向）薄薄抹一层，要使纸筋石灰与中层紧密结合；另一人横向（或竖向）抹第二层，抹平，并要压平溜光。压平后，如用排笔或茅草帚蘸水横刷一遍，使表面色泽一致，再用钢皮抹子压实、揉平、抹光一次，面层则会更加细腻光滑，如图 1-46 所示。

阴阳角分别用阴阳角抹子捋光，随手用毛刷子蘸水将门窗边口阳角、墙裙和踢脚板上口刷净。纸筋石灰罩面的另一种做法为：两遍抹后，稍干就用压子或者塑料抹子顺抹子纹压光，经过一段时间，再进行检查，起泡处重新压平。

（2）麻刀石灰面层抹灰

麻刀石灰面层抹灰的操作方法，与纸筋石灰面层抹灰相同。但麻刀与纸筋纤维的粗细有很大区别，纸筋容易捣烂形成纸浆状，

图1-46 面层抹灰

故制成的纸筋石灰比较细腻，用它做罩面灰厚度可以达到不超过2mm的要求；而麻刀的纤维比较粗且不易捣烂，用它制成的麻刀石灰抹面厚度按要求不得大于3mm比较困难，如果厚了，则面层易产生收缩裂缝，影响工程质量，为此应采取上述两人操作方法。

（3）石灰砂浆面层抹灰

石灰砂浆面层抹灰应在中层砂浆5~6成干时进行。如中层较干时，须洒水湿润后再进行。操作时，先用铁抹子抹灰，再用刮尺由下向上刮平，然后用木抹子搓平，最后用铁抹子压光成活。

（4）刮大白腻子

近年来，有不少地方内墙面面层不抹罩面灰，而采用刮大白腻子。其优点是操作简单、节约用工。面层刮大白腻子，一般应在中层砂浆干透、表面坚硬呈灰白色且没有水迹及潮湿痕迹、用铲刀刻划显白印时进行。大白腻子配合比为：大白粉：滑石粉：聚醋酸乙烯乳液：羟甲基纤维素溶液（浓度5%）=60:40:2~4:75（质量比）。调配时，大白粉、滑石粉、羟甲基纤维素溶液应提前按配合比搅匀浸泡。

面层刮大白腻子一般不少于两遍，总厚度为1mm左右。操作时，使用钢片或胶皮刮板，每遍按同一方向往返刮。头道腻子刮后，在基层已修补过的部位应进行复补找平，待腻子干后，用0号砂纸磨平，扫净浮灰。待头遍腻子干燥后，再进行第二遍。要求表面平整，纹理质感均匀一致。阴阳角找直的方法是在角的两侧平面满刮找平后，再用直尺检查，当两个相邻的面刮平并相互垂直后，角也就不会有碎弯了。

## 2.5 外墙抹灰

### 2.5.1 外墙抹灰的作业条件

（1）主体结构施工完毕，外墙所有预埋件、嵌入墙体内的各种管道已安装完毕，阳台栏杆已装好。

（2）门窗安装合格，框与墙间的缝隙已经清理，并用砂浆分层分遍堵塞严密。

（3）砖墙凹凸过大处已用1:3水泥砂浆填平或已剔凿平整，脚手孔洞已经堵严填实，墙面污物已经清理，混凝土墙面光滑处已经凿毛。

（4）加气混凝土墙板经清扫后，已用1:1水泥砂浆掺10%108胶水刷过一道。

（5）脚手架已搭设并经验收合格。

### 2.5.2 外墙抹灰的施工方法

(1) 找规矩：外墙面抹灰与内墙抹灰一样要挂线做标志块、标筋。但因外墙面由檐口到地面，抹灰面积大，门窗、阳台、明柱、腰线等看面都要横平竖直，而抹灰操作则必须要从上往下分步施工。因此，外墙抹灰找规矩要在四角先挂好自上而下垂直通线（多层及高层房屋，应用钢丝线垂下），然后根据大致决定的抹灰厚度，每步架大角两侧弹控制线，拉水平通线，并弹水平线做标志块，竖向每步架做一个标志块，然后做标筋（方法与内墙贴法相同）。

(2) 粘贴分格条：为了使墙面美观和避免因砂浆收缩产生裂缝，面层一般在中层灰六至七成干后，按要求弹出分格线，粘贴分格条。水平分格条一般贴在水平线下边，竖向分格条一般贴在垂直线的左侧。分格条在使用前要用水泡透，以便于粘贴和起出，并能防止使用时变形。粘分格条时，先用素水泥浆在水平、竖直线上做几个点，把分格条临时固定好，如图1-47所示，再用水泥浆或水泥砂浆抹成与墙面成八字形。对于当天罩面的分格条，两侧八字形斜角可抹成45°，如图1-48（a）所示；对于不立即罩面的分格条，两侧八字形斜角应适当陡一些，一般为60°，如图1-48（b）所示。分格条要求横平竖直，接头平直，四周交接严密，不得有错缝或扭曲现象。分格缝宽窄和深浅应均匀一致。

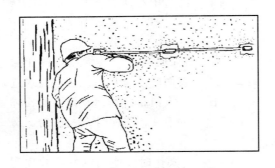

图1-47 分格条临时固定

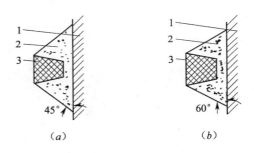

图1-48 分格条的斜角
(a) 45°斜角分格条；(b) 60°斜角分格条
1-基体；2-水泥浆；3-分格条

(3) 抹灰

外墙抹灰层要求有一定的防水性能。若为水泥混合砂浆，配合比为水泥:石灰:砂 = 1:1:6；如为水泥砂浆，配合比为水泥:砂 = 1:3。底层砂浆凝固具有一定强度后，再抹中层，抹时用木杠、木抹子刮平压实，扫毛，浇水养护。抹面层时先用1:2.5水泥砂浆薄薄刮一遍；抹第二遍时，与分格条抹齐平，然后按分格条厚度刮平、搓实、压光，再用刷子蘸水按同一方向轻刷一遍，以达到颜色一致，并清刷分格条上的砂浆，以免起条时损坏墙面，起出分格条后，随即用水泥浆把缝勾齐。

室外抹灰面积较大，不易压光罩面层的抹纹，所以一般采用木抹子搓成毛面，搓平要打磨时，木抹子靠手腕转动，自上而下，自左而右，以圆圈形打磨，用力要均匀，再上下抽拉，顺向打磨，使纹理顺直，色泽均匀，若用刷子顺向拖扫一下效果更好。抹灰完成24h后要注意养护，宜淋水养护7d以上。

另外，外墙面抹灰时，在窗台、窗楣、雨篷、阳台、檐口等部位应做流水坡度。设计无要求时，可做10%的泛水，下面应做滴水线或滴水槽，滴水槽的宽度和深度均不小于10mm。要求棱角整齐，光滑平整，起到挡水作用，如图1-49所示。

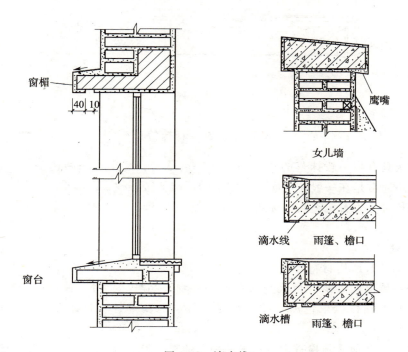

图1-49 滴水线

## 2.6 台度、踢脚线

台度、踢脚线通常用于经常潮湿或易于碰撞的部位，要求防水、坚硬。一般是1:3水泥砂浆打底，1:2~1:2.5水泥砂浆罩面。

台度或踢脚线应在内墙面抹灰完成后进行。做底子灰时要将墙面抹灰砂浆沾污处清除干净，并洒水润湿，按墙面抹灰层厚度上灰，并与其镶接平整，抹后用刮尺略刮一下，使表面平直而粗糙。一般在第二天进行罩面，隔夜打底的好处是可以避免起壳、裂缝现象的发生，也便于面层压光工序顺利进行。抹罩面灰后，用刮尺刮平，木抹子打磨，打磨时砂浆的干湿度要比打磨混合砂浆的外墙面湿一点，一般打磨一个工作半径后随即用钢片抹子压平抹光。遇罩面灰收水较快，打磨时应边洒水边打磨。若收水较慢，水泥砂浆很湿时，可撒1:1~1:2干水泥砂子来吸水。吸水后的干水泥砂子浆应刮掉，然后再进行打磨、压实、抹光。

罩面灰压光时，钢片抹子不宜在表面多停留和用力过大，以免使水泥浆过多地挤出表面和搅动与底层的粘结而产生起壳的现象。

室内的台度或踢脚线一般比墙面抹灰层凸出5~7mm，并根据设计要求高度按水平线用粉袋包弹出实际尺寸，把八字尺靠在线上用铁抹子切齐，如图1-50所示，再用小阳角抹子捋光上口，然后用钢抹子压光。

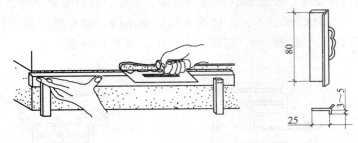

图 1-50 踢脚线切齐

## 2.7 水磨石抹灰

装饰抹灰具有与一般抹灰的相同功能。特点是它质感丰富、颜色多样、艺术效果鲜明。装饰抹灰通常是在一般抹灰底层或中层的基础上做各种罩面而成。根据罩面材料的不同，装饰抹灰可分为石粒类装饰抹灰、水泥石灰类装饰抹灰、聚合物水泥砂浆装饰抹灰三大类。

### 2.7.1 施工要求

（1）装饰抹灰所用材料必须经验收合格（或试验合格）后方能使用。

（2）同一墙面的砂浆（色浆）应用同一产地、品种、批号，使用同一配合比，同一搅拌设备及专人操作以求色泽一致。水泥和颜料应精确计量后干拌均匀，过筛后装袋备用。

（3）装饰抹灰前必须检查中层抹灰的施工质量，经验收合格后才能进行面层施工。

（4）对于高层建筑外墙装饰抹灰时，应根据建筑物的实际情况，可划分若干施工段，其垂直度应用经纬仪控制，水平通线则仍按常规做法。

（5）抹灰顺序应先上部后下部，先檐口再墙面。大面积外墙面可分段分片施工。如一次不能抹完时，可在阴阳角交接处或分格线处间断施工。底子灰表面应扫毛或划出纹道，经养护 1~2d 后再罩面，次日浇水养护。夏季应避免在日光暴晒下抹灰。

（6）弹分格线、嵌分格条：待中层灰 6~7 成干时，按要求弹出分格线，用素水泥浆沿分格线嵌分格条。分格条应提前用水浸透，分格条两侧用黏稠素水泥浆（最好掺 108 胶）与墙面抹成 45°角，必须嵌贴牢固，横平竖直，接头平直，不得松动，歪斜。

（7）拆除分格条、勾缝：面层抹好后即可拆除分格条，并用素水泥浆把分格缝勾平整。采用隔夜条的罩面层必须待面层砂浆达到适当强度后方可拆除。

（8）做滴水线：窗台、雨篷、压顶、檐口等部位，应先抹立面，后抹顶面，再抹底面。顶面应抹出流水坡度，底面外沿边应做出滴水线槽，滴水线槽一般深 12~15mm，上口宽 7mm，下口宽 10mm。窗台上面的抹灰层应伸入窗框下坎的裁口内，堵塞密实。

（9）对于采用大模板，滑模施工工艺的混凝土、加气混凝土等墙面，使用干粘石涂、喷涂外饰面操作时，其墙面凸凹不平，缺棱掉角处均应事先修补。其做法为：加气混凝土墙面宜先刷20%108胶的水泥浆，再用1:1:6混合砂浆修补，混凝土墙面用1:3水泥砂浆修补，孔洞用同强度等级混凝土填平。为了保证饰面层与基层粘结牢固和颜色均匀，施工前宜先在基层喷刷1:3（胶:水）108胶水溶液一遍。

2.7.2 施工准备

水磨石是一定比例的水泥白石子浆，浇筑硬化后经磨光而成。基层为水泥砂浆。

材料准备：

1）水泥：宜采用不低于强度等级为32.5的普通水泥或白水泥、彩色水泥等。所用的水泥必须是同一厂家、同一批号、同一强度等级、同一颜色，并且应一次进足。

2）颜料：为了增加装饰艺术效果，通常在抹灰砂浆中掺入适量颜料。抹灰用的颜料必须为耐碱、耐光的矿物颜料或无机颜料，常用的颜料有白、黄、红、蓝、绿、棕、紫、黑等色，按使用要求选用。

3）石粒：又称"彩色石粒"、"石米"、"色石渣"、"色石子"，是由天然大理石、白云石、方解石、花岗石以及其他天然石材破碎加工而成的。它具有各种色泽，因而在抹灰工程中多用来制作水磨石、水刷石、干粘石、斩假石的骨料。要求颗粒坚韧，有棱角，洁净。品种、规格及质量要求，见表1-6。

**彩色石粒规格、品种及质量要求**　　　　　　　　　　表1-6

| 规格与粒径的关系 | | 常 用 品 种 | 质 量 要 求 |
|---|---|---|---|
| 规格俗称 | 粒径（mm） | | |
| 大二分 | 约20 | 东北红、东北绿、丹东绿、盖平红、粉黄绿、玉泉灰、旺青、晚霞、白云石、云彩绿、红玉花、奶油白、竹振霞、苏州黑、黄花玉、南京红、雪浪、松香石、墨玉等 | 颗粒坚韧，有棱角，洁净，不得含有风化的石粒，使用时应冲洗干净并晾干 |
| 一分半 | 约15 | | |
| 大八厘 | 约8 | | |
| 中八厘 | 约6 | | |
| 小八厘 | 约4 | | |
| 米粒石 | 0.3~1.2 | | |

4）镶嵌条：常用嵌条有铜条、铝条及玻璃条等三种。铜嵌条规格为宽×厚=10mm×1~1.2mm，铝嵌条规格为宽×厚=10mm×1~2mm，玻璃条的规格为宽×厚=10mm×3mm。

5）草酸：用沸水溶解草酸，其浓度为5%~10%。在草酸溶液里加入1%~2%的氧化铝，使水磨石表面呈现一层光泽膜。

6）上光蜡：上光蜡的配比为1:4:0.6:0.1=川蜡:煤油:松香水:鱼油。配制时先将川蜡与煤油放入器具内加温至130℃（冒白烟），搅拌均匀后冷却备用，使用时再加入松香水、鱼油搅拌均匀。

2.7.3 工艺流程

（1）基层找规矩、抹底灰等均同外墙抹灰。

（2）工艺流程为：中层灰验收→弹线、贴镶嵌条→抹面层石子浆→水磨面层（二浆三磨）→涂草酸磨洗→打上光蜡。

2.7.4 操作方法

(1) 弹线、贴镶嵌条

在中层灰验收合格后即可在其表面按设计要求和施工段弹出分格线。镶条常用玻璃条,除了按已弹好的底线作为找直的标准外,还需要拉一条上口直线,作为找平的标准,如图1-51所示。铜嵌条与铝嵌条在镶嵌前应调直,并按每米打四个小孔,穿上22号钢丝。镶条时,将直尺沿分格线用砖压牢,分格条贴紧直尺,用素水泥浆将分格条的一侧嵌成45°斜面,起靠尺后再将另一侧嵌上,随手用刷子蘸水

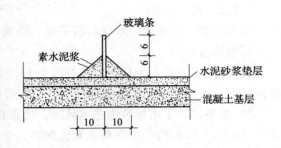

图1-51 水磨石嵌条

顺分格条刷一次,水泥浆一般要低于分格条顶面6mm左右,分格条要镶嵌牢固,接头紧密,平整顺直,顶面在同一水平面上,第二天浇水养护。铝条应涂刷清漆以防水泥腐蚀。

(2) 抹面层石子浆(罩面)

在镶嵌分格条的素水泥浆硬化后,即可抹水泥石子浆,抹前应将中层表面洒水润湿,刷一道水灰比为0.4的素水泥浆,随即抹石子浆,拌制好的水泥石子浆倒在分格条中间,用铁抹子推开抹平,在分格条两旁及交角处要拍平,如发现石子不匀可在表面均匀地撒一层较粗的纯石子并拍平,使表面石子均匀。摊铺的厚度一般高于分格条1~2mm,收水后用滚筒滚压,滚压前将分格条顶面的石子清理掉,以免石子将分格条碰坏。滚压时用力要均匀,操作要细心,防止压倒或压碎分格条,遇到石子过稀的地方要随压随补,压至表面平整泛浆为止。然后用铁抹子压一遍,把波纹压平,发现石子过稀的地方,仍要随手将石子补上。等收水后,再用铁抹子压一次,并把浮动石子拍实,当天严禁上人,过24h后浇水养护。

现浇水磨石地面常有不同颜色的镶边,一般在罩面时先抹大面,当同一面层上用几种不同颜色时,通常先做深色后做浅色,且需待前一种颜色的水泥石子浆凝固后,再抹后一种颜色,不要几种颜色同时涂抹。

(3) 水磨面层

水磨石开磨时间与温度关系及水磨石墙面一般做法见表1-7~表1-8。

水磨石开磨时间与温度关系　　　　表1-7

| 平均温度(℃) | 开磨时间(d) | |
| --- | --- | --- |
| | 机 械 磨 | 人 工 磨 |
| 20~30 | 2~3 | 1~2 |
| 10~20 | 3~4 | 1.5~2.5 |
| 5~10 | 4~6 | 2~3 |

水磨石墙面一般做法  表1-8

| 项次 | 研磨遍数 | 总厚度（mm） | 研磨方法 | 备注 |
|---|---|---|---|---|
| 1 | 一遍 | 20 | 磨一遍用60~80号金刚石，粗磨到石子外露为准，用水冲洗稍干后，擦同色水泥浆养护约2d | 1. 用1:3水泥砂浆打底<br>2. 刮素水泥浆一道<br>3. 用1:1或1:2.5水泥石粒浆罩面<br>4. 试磨时石子不松动即可开始磨面 |
| 2 | 二遍 | | 磨二遍用100~150号金刚石，洒水后开磨至表面平滑，用水冲洗后养护2d | |
| 2 | 三遍 | | 磨三遍用180~240号金刚石或油石，洒水细磨至表面光亮，用水冲洗擦干 | |
| 2 | 酸洗及打蜡 | | 涂擦草酸，再用280号油石细磨，出白浆为止，冲洗后晾干，待表面干燥发白后进行打蜡 | |

磨第一遍：用粗金刚石（60~80）号打磨，边磨边洒水，同时随时清扫石子浆。要求磨匀磨平，分格条全部外露，石子显露均匀，用水冲洗干净。若面层过硬（即开磨时间较晚）可在表面撒少量筛过的中细砂进行打磨。磨完后将水泥浆冲洗干净，稍干后，上同颜色水泥浆一道，填补细砂孔眼，掉落石子部位要求补齐。补浆后，在常温下养护2~3d。不同颜色磨面上浆时，应按先深色后浅色的顺序进行，以免表面颜色混杂不清。

磨第二遍：用粒度为100~150号砂轮磨，要求表面光滑。磨完后，再补刮一次浆，养护2~3d。

磨第三遍：用粒度为180~240细砂轮磨，要求表面光滑。要求高的水磨石，应用400号泡沫砂轮研磨。磨完后，用清水冲洗干净、擦干。

（4）涂草酸磨洗

擦草酸实际上是进行一次酸洗处理，其目的是利用草酸将石子表面残存的水泥浆全部分解掉，使石子清晰地显露出来，并为以后打蜡创造条件，使蜡能较好地与磨石子面层结合。擦草酸的方法为：先将固体块的草酸加水稀释，其配合比为每50kg水加2.5kg草酸搅拌均匀，然后用小笤帚蘸草酸洒在水磨石面上，边磨边洒，用280号油石，磨出白浆为止，冲水洗净，再用麻丝或抹布擦干净。

（5）打蜡

地面经酸洗晾干表面发白后，将蜡包在薄布内，均匀地薄薄涂一层，然后用钉有细帆布或麻布的木块代替磨石，装在磨石机上研磨。打蜡研磨，分两遍成活，使水磨石地面光滑洁亮。对于边角处，应采用人工涂蜡。

## 2.8 质量验收标准及检验方法

### 2.8.1 抹灰质量验收标准

(1) 主控项目

1) 抹灰前基层表面的尘土、污垢、油渍等应清除干净,并应洒水润湿。

检验方法:检查施工记录。

2) 一般抹灰所用材料的品种和性能应符合设计要求,水泥的凝结时间和安定性复验应合格。砂浆的配合比应符合设计要求。

检验方法:检查产品合格证书、进场验收记录、复验报告和施工记录。

3) 抹灰工程应分层进行。当抹灰总厚度大于或等于35mm时,应采取加强措施。不同材料基体交接处表面的抹灰,应采取防止开裂的加强措施,当采用加强网时,加强网与各基层的搭接宽度不应小于100mm。

检验方法:检查隐蔽工程验收记录和施工记录。

4) 抹灰层与基层之间及各抹灰层之间必须粘结牢固,抹灰层应无脱层、空鼓,面层应无爆灰和裂缝。

检验方法:观察;用小锤轻击检查;检查施工记录。

(2) 一般项目

一般抹灰工程的表面质量应符合下列规定:

1) 普通抹灰表面应光滑、洁净、接槎平整、分格缝应清晰。

2) 高级抹灰表面应光滑、洁净、颜色均匀、无抹纹,分格缝和灰线应清晰美观。

检验方法:观察检查;手摸检查。

3) 护角、孔洞、槽、盒周围的抹灰表面应整齐、光滑;管道后面的抹灰表面应平整。

检验方法:观察。

4) 抹灰层的总厚度应符合设计要求;水泥砂浆不得抹在石灰砂浆层上;罩面石膏灰不得抹在水泥砂浆层上。

检验方法:检查施工记录。

5) 抹灰分格缝的设置应符合设计要求,宽度和深度应均匀,表面应光滑,棱角应整齐。

检验方法:观察;尺量检查。

6) 有排水要求的部位应做滴水线(槽)。滴水线(槽)应整齐顺直,滴水线应内高外低,滴水槽的宽度和深度均不应小于10mm。

检验方法:观察;尺量检查。

7) 一般抹灰工程质量的偏差限值和检验方法应符合表1-9的规定。

### 2.8.2 装饰抹灰质量验收标准

(1) 主控项目

1) 抹灰前基层表面的尘土、污垢、油渍等应清除干净,并应洒水润湿。

检验方法:检查施工记录。

2) 装饰抹灰工程所用材料的品种和性能应符合设计要求。水泥的凝结时间和安定性复验应合格。砂浆的配合比应符合设计要求。

一般抹灰的允许偏差和检验方法　　　　　　　表 1-9

| 项次 | 项 目 | 允许偏差（mm） | | 检 验 方 法 |
|---|---|---|---|---|
| | | 普通抹灰 | 高级抹灰 | |
| 1 | 立面垂直度 | 4 | 3 | 用 2m 垂直检测尺检查 |
| 2 | 表面平整度 | 4 | 3 | 用 2m 靠尺和塞尺检查 |
| 3 | 阴阳角方正 | 4 | 3 | 用直角检测尺检查 |
| 4 | 分格条（缝）直线度 | 4 | 3 | 拉 5m 线，不足 5m 拉通线，用钢直尺检查 |
| 5 | 墙裙、勒脚上口直线度 | 4 | 3 | 拉 5m 线，不足 5m 拉通线，用钢直尺检查 |

注：普通抹灰，本表第 3 项阴角方正可不检查。

检验方法：检查产品合格证书、进场验收记录、复验报告和施工记录。

3）抹灰工程应分层进行。当抹灰总厚度大于或等于 35mm 时，应采取加强措施。不同材料基体交接处表面的抹灰，应采取防止开裂的加强措施，当采用加强网时，加强网与各基体的搭接宽度不应小于 100mm。

检验方法：检查隐蔽工程验收记录和施工记录。

4）各抹灰层之间及抹灰层与基体之间必须粘接牢固，抹灰层应无脱层、空鼓和裂缝等缺陷。

检验方法：观察；用小锤轻击检查；检查施工记录。

(2) 一般项目

1）装饰抹灰工程中水刷石、斩假石、干粘石、假面砖的表面质量应符合规范第 4.3.6 条规定。

(a) 水刷石表面应石粒清晰、分布均匀、紧密平整、色泽一致，应无掉粒和接槎痕迹。

(b) 斩假石表面剁纹应均匀顺直、深浅一致，应无漏剁处，阳角处应横剁并留出宽窄一致的不剁边条，棱角应无损坏。

(c) 干粘石表面应色泽一致、不露浆、不漏粘，石粒应粘结牢固、分布均匀，阳角处应无明显黑边。

(d) 假面砖表面应平整、沟纹清晰、留缝整齐、色泽一致，应无掉角、脱皮、起砂等缺陷。

检验方法：观察；手摸检查。

2）装饰抹灰分格条（缝）的设置应符合设计要求，宽度和深度应均匀，表面应平整光滑，棱角应整齐。

检验方法：观察。

3）有排水要求的部位应做滴水线（槽）。滴水线（槽）应整齐顺直，滴水线应内高外低，滴水槽的宽度和深度均不应小于 10mm。

检验方法：观察；尺量检查。

4）装饰抹灰工程质量的允许偏差和检验方法应符合表1-10的规定。

装饰抹灰的允许偏差和检验方法　　　　　　表1-10

| 项次 | 项 目 | 允许偏差（mm） | | | | 检 验 方 法 |
| --- | --- | --- | --- | --- | --- | --- |
| | | 水刷石 | 斩假石 | 干粘石 | 假面砖 | |
| 1 | 立面垂直度 | 5 | 4 | 5 | 5 | 用2m垂直检测尺检查 |
| 2 | 表面平整度 | 3 | 3 | 5 | 4 | 用2m靠尺和塞尺检查 |
| 3 | 阳角方正 | 3 | 3 | 4 | 4 | 用直角检测尺检查 |
| 4 | 分格条（缝）直线度 | 3 | 3 | 3 | 3 | 拉5m线，不足5m拉通线，用钢直尺检查 |
| 5 | 墙裙、勒脚上口直线度 | 3 | 3 | — | — | 拉5m线，不足5m拉通线，用钢直尺检查 |

## 2.9　质量通病及防治措施

（1）墙面空鼓、裂缝，接槎有明显抹纹，色泽不匀

1）原因分析

（a）基层处理不好，清扫不干净，浇水润湿不透、不均。

（b）原材料的质量不符合要求，砂浆配合比不当。

（c）一次抹灰层过厚，各层灰之间间隔时间太短。

（d）不同材料的基层交接处抹灰层干缩不一。

（e）墙面浇水湿润不足，灰砂抹后浆中的水分易于被吸收，影响粘结力。

（f）门窗框边塞缝不严密，预埋木砖间距太大，或埋设不牢，由于门扇经常开启振动。

（g）夏期施工砂浆失水过快或抹灰后没有适当浇水养护。

2）防治措施

（a）抹灰前认真做好基层处理。

（b）不同基层材料相接处，应铺钉金属网，两边搭接宽度不小于100mm。

（c）将基层表面清扫干净，脚手架孔洞填实堵严，墙表面突出部分要事先剔平刷净。

（d）加气混凝土基层，宜先刷1:4 108胶水溶液一道，再用1:1:6 混合砂浆修补抹平。

（e）基层墙面应在施工前1d浇水，要浇透浇匀。

（f）采取措施使抹灰砂浆具有良好的施工和易性和一定的粘结强度。

（g）掺石灰膏、粉煤灰、加气剂或塑化剂，提高砂浆保水性。

（h）底层与中层砂将配合比应基本相同，以免在层间产生较强的收缩应力。

（i）门窗框边要认真塞缝，要采取措施以保证与墙体连接牢固。

（2）墙面接槎有明显抹纹、色泽不匀

1）原因分析

（a）墙面没有分格或分格太大或抹灰留槎位置不当。

（b）没有统一配料，砂浆原材料不一致。

（c）基层或底层浇水不均，罩面灰压光操作不当。

2）防治措施

抹面层时应把接槎位置留在分格条处或阴阳角、水落管处，并注意接槎部位操作，避免发生高低不平，色泽不一等现象，阳角抹灰应用反贴八字尺的方法操作。

室外抹灰稍有抹纹，在阳光下观看很明显，影响墙面外观效果，因此室外抹水泥砂浆墙面应做成毛面，用木抹刀搓毛面时，要做到轻重一致，先以圆圈形搓抹，然后上下抽拉，方向要一致，以免表面出现色泽深浅不一、起毛纹等问题。

（3）分格缝不直不平、缺棱错缝

1）原因分析

（a）没有拉通线或没有在底灰上统一弹水平和垂直分格线。

（b）木分格条浸水不透，使用时变形。

（c）粘贴分格条和起条时操作不当造成缝口两边错缝或缺棱。

2）防治措施

柱子等短向分格缝，对每根柱子要统一找标高，拉通线弹出水平分格线，柱子侧面要用水平尺引过去，保证平整度，窗心墙竖向分格缝，几个层段应统一吊线分块。

分格条使用前要在水中浸透，水平分格条一般应粘在水平线下边，竖向分格条一般应粘在垂直线左侧，以便于检查其准确度，防止发生错缝、不平等现象。

分格条两侧抹八字形水泥砂浆作固定时，在水平线处应抹下侧一面，当天抹罩面灰压光后就可起分格条，两侧可抹成45°，如当天不罩面的应抹60°坡，须待面层水泥砂浆达到一定强度后才能起分格条。

面层压光时，应将分格条上水泥砂浆清刷干净，以免起条时损坏墙面。

（4）墙面起泡，开花或有抹纹

1）原因分析

（a）抹完罩面后，砂浆未收水，就开始压光，压光后产生起泡现象。

（b）石灰膏熟化时间不够，过火灰没有滤净，抹灰后未完全熟化的石灰颗粒继续熟化，体积膨胀，造成表面麻点和开花。

（c）底子灰过分干燥，抹罩面灰后水分很快被底层吸收，压光时易出现抹子纹。

2）防治措施

待抹灰砂浆收水后终凝前进行压光。

纸筋石灰罩面时，须待底子灰5~6成干后进行。

石灰膏熟化时间不少于30d，淋灰时用小于3mm×3mm筛子过滤，采用细磨生石灰粉时最好也提前1~2d化成石灰膏。

对已开花的墙面一般待未熟化石灰颗粒完全熟化膨胀后再开始处理。处理方法为挖去开花处松散表面，重新用腻子刮平后喷浆。

底层过干应浇水湿润，再薄薄地刷一层纯水泥浆后进行罩面。罩面压光时发现面层灰大且不易压光时，应洒水后再压。

## 课题3 陶瓷饰面

### 3.1 材料种类与要求

饰面砖的品种、规格、图案和颜色繁多，华丽精致，是高档墙面装饰材料。

釉面砖（瓷砖、瓷片、釉面陶土砖）

釉面砖，又称瓷砖、瓷片等，是一种薄片状上釉精陶建筑材料。它是用压制法成型，有一定吸水率，有利于用水泥浆粘贴。由于釉面砖为多孔的精陶坯体，在长期与空气接触的过程中，特别是在潮湿环境中会吸收大量水分而产生湿胀现象。又由于釉面吸湿膨胀小而坯体吸湿膨胀大，使釉面砖处于受拉状态，当拉应力超过釉面的抗拉强度时，釉面产生裂纹。因此，釉面砖主要用于建筑物的内墙饰面或粘贴台面等，不宜用于室外。否则，由于室外环境中风吹、日晒、雨淋及冻融等作用，会导致釉面砖的损坏，甚至出现剥落现象。

釉面砖是用水泥砂浆作底灰，将各种规格、颜色和花纹图案的釉面砖粘贴在建筑物表面的一种饰面砖。其中白色品种是最常用的一种，有正方形和长方形两种，阴阳角处有特制的配件，表面光滑平整，按外观质量分有一级、二级和三级，适用于室内墙面装饰。

（1）常用釉面砖的种类、特点

常用釉面砖的种类、特点见表1-11。

常用釉面砖的种类与特点　　　　　　　表1-11

| 种类 | | 代号 | 特点 |
|---|---|---|---|
| 彩色釉面砖 | 有光彩色釉面砖 | YG | 釉面光亮晶莹，色彩丰富雅致 |
| | 无光彩色釉面砖 | SHG | 釉面半无光，不晃眼，色泽一致，色调柔和 |
| 白色釉面砖 | | F，J | 色纯白，釉面光亮，洁净 |
| 装饰釉面砖 | 花釉面砖 | HY | 同一砖面，多种彩色，经高温色釉互渗，花纹丰富，千姿百态 |
| | 结晶釉面砖 | JJ | 纹理多姿，晶花映晖 |
| | 斑纹釉面砖 | BW | 斑纹釉面，丰富多彩 |
| | 理石釉面砖 | LSH | 具有天然大理石花纹，颜色丰富，美观大方 |
| 图案砖 | 白底图案砖 | BT | 白色釉面砖上装饰各种彩色图案高温烧制，纹样清晰，色彩明快 |
| | 色底图案砖 | YGT DYGT SHGT | 在有光或无光彩釉砖上装饰各种图案，高温烧制，产生浮雕、缎光、绒毛、彩漆效果，清洁优美。 |
| 瓷砖画及色釉陶瓷字 | 瓷砖画 | | 由各色釉面砖拼成，根据已存画稿上彩后烧成 |
| | 色釉陶瓷字 | | 以各种彩釉、瓷土烧制而成，光亮美观，永不褪色 |

（2）釉面砖的技术性能要求

1）外观要求

釉面砖表面应平整光滑，几何尺寸规矩，四边应平直，不得缺角掉棱。白色釉面砖白度不得低于78°，素色彩砖色泽应一致，印花图案面砖应先行拼拢，保证画面完整，线条平稳流畅，衔接自然。

2）内在质量

（a）吸水率小于18%。

（b）耐急冷急热于105～19℃±1℃冷热交换一次无裂纹。

（c）密度应在2.3～2.4g/cm$^3$之间。

（d）硬度为85～87度。

3）几何尺寸应满足表1-12

釉面砖几何尺寸允许公差值　　　　　表1-12

| 项目 | 长度 | 宽度 | 厚度 | 圆弧半径 |
|---|---|---|---|---|
| 公差值（mm） | ±0.5 | ±0.5 | +0.3～0.2 | ±0.5 |

### 3.2　常用工、机具

陶瓷饰面施工除一般抹灰常用的手工工具外，根据饰面的不同，还需有一些专用的工具，如镶贴饰面砖拨缝用的开刀、安装或镶贴饰面板敲击振实用的木锤和橡皮锤、釉面砖切割机、切砖刀、胡桃钳、手凿、水平尺、墨斗、灰起子、靠尺板、木锤、薄钢片及抹灰工具等，如图1-52所示。

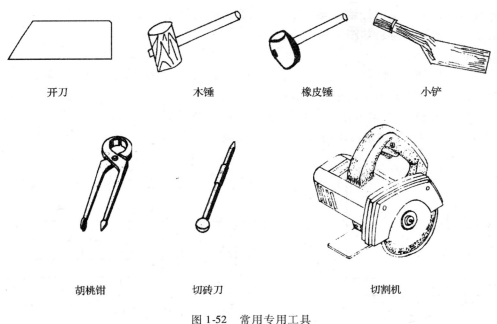

图1-52　常用专用工具

### 3.3　施工程序

抹基层灰→弹线→预排砖→做标志块→垫托木→面砖镶贴→嵌缝→养护、清理。

### 3.4 施工工艺要求

**3.4.1 抹基层灰（找平层）**

用1:3水泥砂浆抹基层，总厚度应控制在15mm厚左右。表面要求平整、垂直、方正、粗糙。

**3.4.2 找水平线**

根据设计要求，定好所贴部位的高度，并用水平仪（水准管，水平尺）找出上口的水平点，并弹出各面墙的上口水平线，如图1-53所示。

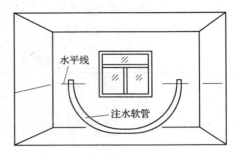

图1-53 水平标高线做法

依据面砖的实际尺寸，加上砖之间的缝隙，在地面上进行预排，放样，量出整砖部位，最上皮砖的上口至最下皮砖下口尺寸，再在墙面上从上口水平线量出预排砖的尺寸，作出标记，并以此标记，弹出各面墙所贴面砖的下口水平线。对要求面砖贴到顶的墙面，应先弹出顶棚边或龙骨下标高线，按饰面砖上口镶贴伸入吊顶线内25mm计算，确定面砖铺贴上口线，然后从上往下按整块饰面砖的尺寸分划到最下面的饰面砖。当最下面砖的高度小于半块砖时，最好重新分划，使最下面一层面砖高度大于半块砖。重新排饰面砖出现的超出尺寸，可将面砖伸入到吊顶内。

**3.4.3 弹竖向线**

最好从墙面一侧端部开始，同时应兼顾门窗之间的尺寸，将非整砖排列在邻墙连接的阴角处。弹线分格示意，如图1-54所示。

**3.4.4 预排砖**

在同一墙面最后只能留一行（排）非整块饰面砖，非整块面砖应排在紧靠地面上或不显眼的阴角处。排砖时可用调整砖缝宽度的方法解决，一般饰面砖缝宽可在1～3mm中变化。内墙面砖镶贴排列方法，主要有两种：一种是竖、横缝都在同一直线上（俗称"直线"），另一种是竖缝错过半砖（俗称"骑马缝"），如图1-55所示。

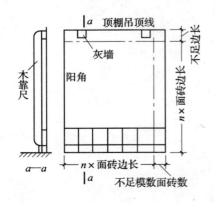

图1-54 弹线分格

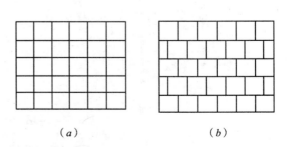

图1-55 排砖
(a) 直缝；(b) 骑马缝

当外形尺寸较大而饰面砖偏差又较大时，采用大面积密缝镶贴法效果不好。因饰面砖尺寸不一，极易造成缝线游走、不直，以致不好收头交圈。这种砖最好用调缝拼法或错缝排列比较合适。这样，既可解决面砖大小不一的问题，又可对尺寸不一的面砖分排镶贴。当面砖外形有偏差，但偏差不太大时，阴角用分块留缝镶贴，排块时按每排实际尺寸，将误差留于分块中。

如果饰面砖厚薄有差异，亦可将厚薄不一的面砖，按厚度分类，分别镶贴在不同墙面上。如实在分不开，则先贴厚砖，然后用面砖背面填砂浆加厚的方法，调整解决饰面砖镶贴平整度的问题。

室内有卫生设备，管线，灯具支撑或其他大型设备时，应以设备下口中心线为准对称排列，如图1-56所示。

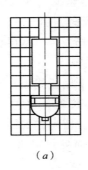 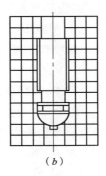

（a） （b）

图1-56 洗脸盆、镜箱和皂盒部位瓷砖排列
（a）肥皂盒所占位置为单数釉面砖时，应以下水口中心为釉面砖中心；
（b）肥皂盒所占位置为双数釉面砖时，应以下水口中心为砖缝中心

在预排砖中应遵循：平面压立面，大面压小面，正面压侧面的原则。凡阳角和每面墙最顶一皮砖都应是整砖，而将非整砖部分留在最下一皮与地面连接处。阳角处正立面砖盖住侧面砖。对整个墙面的镶贴，除不规则部位外，在中间部位都不得裁砖，除柱面镶贴外，其他阳角不得对角粘贴，如图1-57、图1-58所示。

 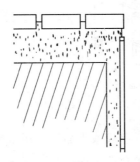

图1-57 平面压立面　　　　图1-58 阳角排砖

### 3.4.5 选砖

选砖是保证饰面砖镶贴质量的关键工序。为保证镶贴质量，必须在镶贴前按颜色的深浅不同进行挑选归类，然后再对其几何尺寸大小进行分选。挑选饰面砖几何尺寸的大

小，可采用自制分选套模。套模根据饰面砖几何尺寸及公差大小做成几种"冂"形木框钉在木板上，如图1-59所示。将砖逐块放入"冂"形的木框开口处塞入检查，然后转90°再塞入开口处检查，由此分出大、中、小，以此分类堆放备用。同一类尺寸应用于同一层间或同一面墙上，以做到接缝均匀一致。在分选饰面砖的同时，还必须挑选配件砖，如阴角条、阳角条、压顶等。

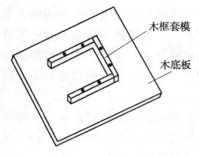

图1-59 自制分选套模

### 3.4.6 浸砖

挑选规格、颜色一致的瓷砖，用水泡透取出晾干，表面无水迹后方可使用（俗称面干饱和）。没有用水浸泡的瓷砖吸水性较大，在铺贴后迅速吸收砂浆中的水分，影响粘结质量，而浸透吸足水没晾干（即表面还积聚较多水分）时，由于水膜的作用，铺贴瓷砖时会产生瓷砖浮滑现象，对操作不便，且因水分散发引起瓷砖与基层分离。

### 3.4.7 做标志块

铺贴瓷砖时，应先贴若干块废瓷砖作为标志块，上下用托线板挂直，作为粘贴厚度的依据，横向每隔1.5m左右做一个标志块，用拉线或靠尺校正平整度，如图1-60所示。在门洞口或阳角处，如有阳三角条镶边时，则应将其尺寸留出先铺贴一侧的墙面瓷砖，并用托线板校正靠直。如无镶边，在做标志块时，除正墙面外，阳角的侧面亦相应有灰饼，即所谓的双面挂直，如图1-61所示。

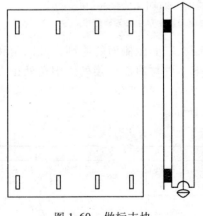

图1-60 做标志块

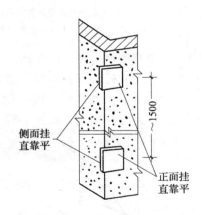

图1-61 双面挂直

### 3.4.8 垫托木

按地面水平线嵌上一根八字尺或直靠尺，用水平尺校正，作为第一行瓷砖水平方向的依据。铺贴时，瓷砖的下口坐在八字尺或直靠尺上，这样可防止瓷砖因自重而向下滑移，确保其横平竖直。并在托木上标出砖的缝隙距离，如图1-62所示。

### 3.4.9 面砖镶贴

（1）拌制粘结砂浆

在粘结砂浆中掺入水泥重量2%～3%的聚乙烯醇缩甲醛胶，能改善水泥砂浆的保水性及和易性，利于施工。操作时应先将胶溶于水中（严禁直接掺入水泥中），再把水泥掺入含有聚乙烯醇缩甲醛胶的水中并用小型砂浆搅拌器（图1-63）进行拌合，控制好水灰比（一般为60~80mm）。待充分搅拌后，停留15min左右，再进行一次拌合，使粘结砂浆搅拌均匀，性能稳定，给操作带来方便。

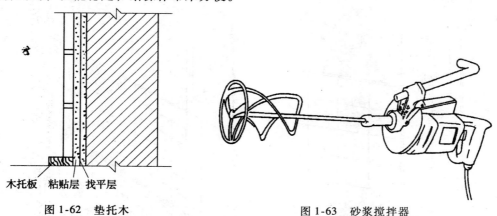

图1-62 垫托木　　　　　　　　图1-63 砂浆搅拌器

（2）面砖镶贴

宜从阳角或门边开始，由下而上逐步进行。在面砖的背面应刮满灰浆，方法为：左手拿砖，背面水平朝上，右手握灰铲在灰斗里掏出粘贴砂浆，涂刮在釉面砖背面，用灰铲将灰平压向四边展开，薄厚适宜，四边余灰用灰铲收刮，使其形状为"台形"即打灰完成，如图1-64所示。将面砖坐在垫尺上，少许用力挤压，用靠尺板横、竖向靠平直，偏差处用灰铲轻轻敲击，使其与底层粘结密实、牢固，如图1-65所示。若低于标志块（即欠灰）时，应取下面砖抹满灰浆，重新粘贴，不得在砖的上口处塞灰，在有条件情况下，可用专用的面砖缝隙隔离卡子，及时校正横竖缝的平直。

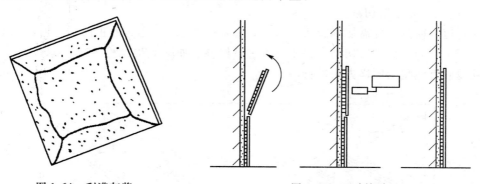

图1-64 刮满灰浆　　　　　　　图1-65 面砖镶贴

每粘贴好一皮砖都应及时用靠尺板进行校正（严禁在粘贴砂浆吸水后再进行纠偏、移动），然后依次按上法往上铺贴，铺贴时应尽量注意与相邻瓷砖的平整，并随时擦净溢出面砖的砂浆，保持墙面的整洁和灰缝密实以及竖直方向的垂直和水平方向的平整。如因瓷砖的规格尺寸或几何形状不等时，应在铺贴每一块瓷砖时随时调整，使缝隙宽窄一致。当贴到最上一行时，要求上口成一直线。上口如没有压条（镶边）应用一面圆的瓷砖，阳角的大面一侧用圆的瓷砖，这一列的最上面一块应用两面圆的瓷砖，如图1-66所示。

铺贴时，如遇突出的管线、灯具、卫生器具支架等处，应用整砖套割吻合，不准用非整砖拼凑嵌贴，以此往复进行直至全面完成。

如地面有踢脚板，靠尺条上口应为踢脚板上沿位置，以保证面砖与踢脚板接缝美观。如图 1-67 所示。

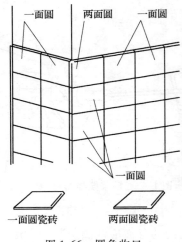

图 1-66 圆角收口

图 1-67 靠尺条应为踢脚板上檐

（3）面砖的切割

1）直线切割

应测量好尺寸，在面砖的正面划出切割线，放在手推切割机上，使切割刀口与线重合，按下手柄，推动滚刀向前，并少许用力压下切割机的杠杆，使面砖沿切割线断开，如图 1-68 所示；也可以用划针切割，如图 1-69 所示。

2）曲线、非直线切割

在管道、窗洞口处需切割圆弧时应做好套板（模板），在砖的正面画好所需切割的圆弧线，用电动切割机进行切割，并用钳子进行修整，如图 1-70、图 1-71 所示。

其他非直线型用同样方法进行。

图 1-68 切割机切割

（a）推刀向前；（b）压下切割机的杠杆

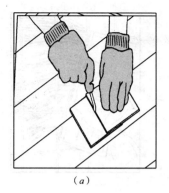 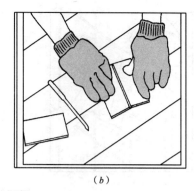

图 1-69 划针切割
(a) 勾划;(b) 压断

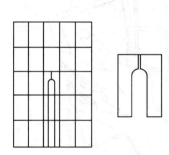 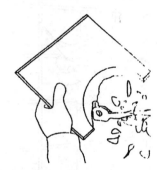

图 1-70 管道处切割、修整

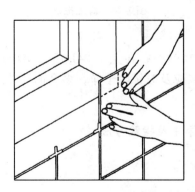 

图 1-71 窗洞口处切割、修整

### 3.4.10 嵌缝（勾缝）

粘贴完成后，进行全面检查，合格后，表面应清理干净，取出"缝隙隔离卡子"，擦净缝隙处的原有粘结砂浆，并适当洒水湿润。用符合设计要求的水泥浆进行嵌缝时，应用塑料或橡胶制品（严禁金属物）进行，把调制好的水泥浆刮入缝隙，如图 1-72 所示。并用工具少许用力挤压使嵌缝砂浆密实，如图 1-73 所示。再用海绵或抹布将面砖上多余的砂浆擦净，如图 1-74 所示。

待面砖表面完全干燥后（起雾）用干抹布全面仔细擦去粉末状残留物使表面光亮如镜即可。

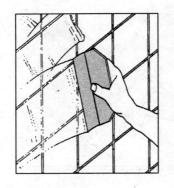

图 1-72 刮水泥浆

图 1-73 挤压砂浆　　　　　　图 1-74 海绵擦砂浆

### 3.4.11 养护、清理

镶贴后的面砖应防冻、防烈日暴晒,以免砂浆酥松;在完工 24h 后,墙面应洒水湿润,以防早期脱水;施工场地、地面的残留水泥浆应及时铲除干净,多余的面砖,应集中堆放。

## 3.5 饰面工程施工质量要求及检验方法

### 3.5.1 质量要求

（1）材料质量要求

1）饰面砖应表面平整,边缘整齐,棱角不得损坏,并应具有产品合格证。施工前,应按厂牌、品种、型号、规格和颜色进行选配分类。

2）釉面砖、无釉面砖,表面光洁、质地坚固、色泽一致,不得有暗痕和裂纹,其性能指标除釉面砖的吸水率不大于 18% 外,均应符合现行国家标准的规定。

3）施工时所用胶结材料及胶粘剂的品种、掺合比例应符合设计要求,并具有产品合格证。

4）拌制砂浆应用不含有害物质的洁净水。

（2）工程质量要求

1）基体处理要求

饰面砖应贴在湿润、干净的基层上，并应根据不同的基体，进行如下处理：

（a）砖墙基体：将基体用水湿透后，用1:3水泥砂浆打底，木抹子搓平，浇水湿润。

（b）混凝土基体：可酌情选用下述三种方法中的一种。

① 将混凝土表面凿毛用水湿润，刷一遍聚合物水泥浆，抹1:3水泥浆打底，木抹子搓平，浇水养护。

② 将1:1水泥细砂浆（内掺20%的108胶）喷或甩到混凝土基体上，做"毛化处理"，待其凝固后，用1:3水泥砂浆打底，木抹子搓平，隔天浇水养护。

③ 用界面处理剂处理基体表面，待干燥后，用1:3水泥砂浆打底，木抹子搓平，隔天浇水养护。

2）选砖预排要求

（a）饰面砖镶贴前应先选砖预排，以使拼缝均匀。在同一墙面上的横竖排列，不宜有一行以上的非整砖，非整砖行应排在次要部位或阴角处。

（b）饰面砖的接缝宽度应符合设计要求。如设计无要求时可做样板，以决定接缝宽度。

（c）釉面砖和外墙面砖，粘贴前应将砖的背面清理干净，并浸水2h以上，待表面晾干后，方可使用。冬期施工需在掺入2%盐的温水中浸泡2h，晾干后方可使用。

3）饰面砖粘贴要求

（a）釉面砖和外墙面砖宜采用1:2水泥砂浆粘贴，砂浆厚度为8~10mm。施工时所选择粘贴用的水泥砂浆，可掺入不大于水泥量15%的石灰膏以改善砂浆的和易性。

（b）用胶粘剂或聚合物水泥浆粘贴釉面砖时，其配合比由试验确定。

（c）粘贴饰面砖前必须找准标高，垫好底尺，确定水平位置及垂直竖向标志，挂线粘贴，做到表面平整，不显接槎，接缝平直，宽度符合设计要求。

（d）粘贴饰面砖基层表面，如遇有突出的管线、灯具、卫生设备的支架等，应用整砖套割吻合，不得用非整砖拼凑粘贴。

（e）粘贴釉面砖和外墙面砖墙裙、浴盆、水池上口和阴阳角处，应使用配件砖。

（f）釉面砖和外墙面砖的搭接，应符合下列规定。

① 室外接缝用水泥浆或水泥砂浆勾缝。

② 室内接缝宜用与釉面砖相同颜色的石膏灰或水泥浆嵌缝（但潮湿的房间不得用石膏灰嵌缝）。

③ 接缝宽度应在水泥浆初凝前调整，干后用与面层同颜色的水泥浆将缝嵌平。

3.5.2 验收标准

（1）饰面砖的品种、规格、颜色和图案必须符合设计要求。

（2）饰面砖粘贴必须牢固，无歪斜、缺棱掉角和裂缝等缺陷。

（3）饰面砖表面应平整、洁净，色泽协调无变色、泛碱、污痕和显著的光泽受损处。

（4）饰面砖接缝应填嵌密实、平直、宽窄均匀、颜色一致。阴阳角处的砖压槎方向正确，非整砖使用部位适宜。

（5）突出物周围的砖用整砖套割吻合，边缘整齐，墙裙、贴脸等突出墙面的厚度一致。

（6）流水坡向正确，滴水线（槽）顺直。

（7）陶瓷贴面装饰工程的质量标准，见表1-13。

陶瓷贴面装饰工程的质量标准　　　　　表1-13

| 项次 | 项目 | 允许偏差（mm） | | 检验方法 |
| --- | --- | --- | --- | --- |
| | | 外墙面砖 | 内墙面砖 | |
| 1 | 立面垂直度 | 3 | 2 | 用2m垂直检测尺检查 |
| 2 | 表面平整度 | 4 | 3 | 用2m靠尺和塞尺检查 |
| 3 | 阴阳角方正 | 3 | 3 | 用直角检测尺检查 |
| 4 | 接缝直线度 | 3 | 2 | 拉5m线，不足5m拉通线，用钢直尺检查 |
| 5 | 接缝高低差 | 1 | 0.5 | 用钢直尺和塞尺检查 |
| 6 | 接缝宽度 | 1 | 1 | 用钢直尺检查 |

### 3.6　质量通病及防治措施

3.6.1　瓷砖空鼓、脱落

（1）原因分析

1）基层表面光滑，铺贴前基层没有湿水或湿水不透，水分被基层吸掉影响粘结力。

2）基层偏差大，铺贴抹灰过厚，干缩过大。

3）瓷砖泡水时间不够或水膜没有晾干。

4）粘贴砂浆过稀，粘贴不密实。

5）粘贴灰浆初凝时拨动瓷砖。

6）门窗框边封堵不严，开启引起木砖松动，产生瓷砖空鼓。

7）使用质量不合格的瓷砖，瓷砖破裂自落。

（2）预防措施

1）基层凿毛，铺贴前墙面应浇透水，水应渗入基层8～10mm，混凝土墙面应提前2d浇水。

2）基层凸出部位剔平，凹处用1:3水泥砂浆补平，脚手架洞眼、管线穿墙处用砂浆填严，然后用水泥砂浆抹平，再铺贴瓷砖。

3）瓷砖使用前必须提前2h浸泡并晾干。

4）砂浆应具有良好的和易性与稠度，操作中用力要均匀，嵌缝应密实。

5）瓷砖铺贴应随时纠偏，粘贴砂浆初凝后严禁拨动瓷砖。

6）门窗边应用水泥砂浆封严（有设计要求除外）。

7）严格对原材料把关验收。

3.6.2　接缝不平直，不均匀，墙面凸凹不平，颜色不一致

（1）原因分析

1）找平层垂直度、平整度不合格。

2）对瓷砖颜色、尺寸挑选不严，使用了变形砖。

3）粘贴瓷砖、排砖未弹线。

4）瓷砖镶贴后未即时调缝和检查。

（2）预防措施

1）找平层垂直、平整度不合格不得铺贴瓷砖。

2）选砖应列为一道工序，规格、色泽不同的砖应分类堆放，变形、裂纹砖应剔出不用。

3）划出皮数，找好规矩。

4）瓷砖铺贴后立即拨缝，调直拍实，使瓷砖接缝平直。

### 3.6.3 裂缝、变色或表面污染

（1）原因分析

1）瓷砖材质松脆，吸水率大，抗拉、抗折性差。

2）瓷砖在运输、操作中有暗伤。

3）材质疏松，施工中浸泡了不洁净的水变色。

4）粘贴后被灰尘污染变色。

（2）预防措施

1）选材时应挑选材质密实、吸水率不大于18%的好砖，冰冻严重地区，吸水率应不大于8%。

2）操作中，将有暗伤的瓷砖剔出，铺贴时，不用力敲击砖面，防止暗伤。

3）泡砖须用清洁水，选用材质密实的砖。

4）选用材质致密的砖，污染灰尘可被雨水冲掉。

# 课题4 石材饰面

## 4.1 材料种类与要求

石材种类

（1）大理石

天然大理石是石灰岩经过地壳内高温高压作用形成的变质岩，常是层状结构，有显著的结晶或斑状条纹。

1）大理石饰面板的特点

大理石饰面板颜色花纹多样、色泽鲜艳、材质密实、抗压性强、吸水率小、耐磨、耐弱酸碱、不变形。淡色大理石板的装饰效果庄重而清雅，浓艳色大理石板的装饰效果华丽高贵。但大理石板材的硬度较低，如在地面上使用，磨光面易损坏。

2）大理石饰面板的用途

大理石饰面板由于抗风化能力较差，主要用于建筑物室内饰面，如墙面、柱面、地面、造型面、酒吧台侧立面和台面、服务台立面和台面等。另外，大理石磨光板有美丽多姿的花纹，如似青云飞渡的云彩花纹，似天然图画的彩色图案纹理，这类大理石板常用来镶嵌或刻出各种图案的装饰品。大理石板还被广泛地用于高档卫生间、洗手间的洗漱台面及各种家具的台面。

**3）大理石饰面板的规格品种**

国内大理石生产厂家众多，主要有云南大理、北京房山等地区。大理石饰面板的品种，以磨光后所显现的花纹、色泽、特征及原料产地来命名。大理石产品的规格分定型与非定型两类。

**4）大理石饰面板的质量要求**

大理石板材的质量标准有：

（a）板材规格公差：指板材在长度尺寸和宽度尺寸上的允许误差值见表1-14。

（b）板材平整度允许偏差：指板材在平面上的允许误差值表1-15。

（c）角度允许偏差：指板材的直角所允许的误差值见表1-16。

（d）外观缺陷检查：指板材外观质量的允许缺陷见表1-17。

板材长度和宽度尺寸上的允许误差　　　　　　　　　　表1-14

| 部　位 | | 优等品 | 一等品 | 合格品 |
|---|---|---|---|---|
| 长、宽度（mm） | | 0<br>-1.0 | 0<br>-1.0 | 0<br>-1.5 |
| 厚度（mm） | ≤12 | ±0.5 | ±0.8 | ±1.0 |
|  | >12 | ±1.0 | ±1.5 | ±2.0 |

板材平整度允许偏差（mm）　　　　　　　　　　表1-15

| 板材长度 | 优等品 | 一等品 | 合格品 |
|---|---|---|---|
| ≤400 | 0.20 | 0.30 | 0.50 |
| >400～≤800 | 0.50 | 0.60 | 0.80 |
| >800 | 0.70 | 0.80 | 1.00 |

板材角度允许偏差　　　　　　　　　　表1-16

| 板材长度范围 | 允许极限公差值 | | |
|---|---|---|---|
|  | 优等品 | 一等品 | 合格品 |
| ≤400 | 0.30 | 0.40 | 0.50 |
| >400 | 0.40 | 0.50 | 0.70 |

板材外观质量要求　　　　　　　　　　表1-17

| 名　称 | 规　定　内　容 | 优等品 | 一等品 | 合格品 |
|---|---|---|---|---|
| 裂纹 | 长度超过10mm的不允许条数（条） | 0 | | |
| 缺棱 | 长度不超过8mm，宽度不超过1.5mm（长度≤4mm，宽度≤1mm不计），每米长允许个数（个） | 0 | 1 | 2 |
| 缺角 | 沿板材边长顺延方向，长度≤3mm，宽度≤3mm（长度≤2mm，宽度≤2mm不计），每块板允许个数（个） | 0 | 1 | 2 |
| 色斑 | 面积不超过6cm²（面积小于2cm²不计），每块板允许个数（个） | 0 | 1 | 2 |
| 砂眼 | 直径在2mm以下 | | 不明显 | 有，不影响装饰效果 |

(2) 花岗石

花岗石是从火成岩中开采的花岗岩、安山岩、辉长岩、片麻岩为原料,经过切片、加工磨光、修边后成为不同规格的石板。

1) 饰面板的特点

该板内部主要结构物质为长石和石英,故质地坚硬、耐酸碱、耐腐蚀、耐高温、耐阳光晒、耐冰雪冻,而且耐擦、耐磨、耐久性好,一般的耐用年限为75～200年。该板色彩丰富,晶格花纹均匀细致,经磨光处理的花岗石板光亮如镜,质感丰富,有华丽高贵的装饰效果。细琢板材有古朴坚实的装饰风格。

2) 饰面板的用途

该板可用于宾馆、饭店、酒楼、商场、银行、影剧院、展览馆等建筑内部装饰及门面装饰。该板可用于室内地面、墙面、柱面、墙裙、楼梯、地阶、踏步、水池、水槽及造型面等部位。

3) 饰面板的规格品种

花岗石饰面板品种繁多,产地广博,质地花色也众多。以其加工方法分有:

(a) 斧板:表面粗糙,具有规则的条状斧纹。

(b) 刨板材:表面平整,具有相互平行的刨纹。

(c) 磨板:表面平滑无光。

(d) 光板:表面光亮平稳,色泽鲜明,晶体纹理清晰。

以其颜色分有:红色系列、黄红色系列、黄色系列、青绿色系列、青白色系列、白底黑点系列、花色底黑点系列、纯黑系列等。

4) 花岗石的技术要求:可参照大理石部分。

(3) 人造石板材

人造石板是以大理石碎料、石英砂、石粉等为骨料,拌合树脂、聚酯等聚合物或水泥粘结剂,经过抽空强力拌合振动,加压成型,打磨抛光以及切割等工序制成。

1) 人造石板材的特点

人造石板是模仿大理石、花岗石的表面纹理加工而成,具有类似大理石、花岗石的机理特点,色泽均匀、结构紧密、耐磨、耐水、耐寒、耐热的装饰板材。高质量的人造石板的物理力学性能可等于或优于天然大理石,但在色泽和纹理上不及天然石料美丽自然柔和,其物理性能见表1-18。

人造石板材的物理性能　　　　表1-18

| 抗折强度<br>(MPa) | 抗压强度<br>(MPa) | 冲击强度<br>(J/cm$^2$) | 表面硬度<br>(巴氏) | 表面光泽度<br>(度) | 实际密度<br>(S/m$^3$) | 吸水率<br>(%) | 线膨胀系数<br>(×10$^{-5}$) |
|---|---|---|---|---|---|---|---|
| 38左右 | >100 | 15左右 | 40左右 | >100 | 2.1左右 | <0.1 | 2～3 |

2) 人造石板材的用途

人造石板材一般用于中低档室内装饰,可用于地面、墙面、柱面、踢脚板、阳台等,还可用于各式方桌、圆桌和庭园石凳等。

3) 人造石板材的品种规格

从生产方法上可以分为四种:

（a）水泥型人造石板：水泥型人造大理石俗称水磨石，在我国已经广泛应用，它是以碎大理石、花岗石或工业废料渣为粗骨料，砂为细骨料，水泥和石灰粉为胶凝剂，经搅拌、成型、蒸养、磨光抛光而制成。

（b）树脂型人造石板：以天然大理石、花岗石、方解石粉或其他无机填料与不饱和聚酯、催化剂、固化剂、染料或颜料按一定比例混合搅拌，再成型固化，并进行表面处理和抛光。

（c）复合型人造石板：以无机材料如水泥制品等为底层，面层用聚酯和大理石碎粒制作。

（d）烧结人造石板：以长石、石英、辉石、方解石粉和赤铁粉及部分高岭土混合，用泥浆法制坯，半干压法成型，在窑炉中高温焙烧而成。

从表面纹理上分为：人造大理石和人造花岗石。人造石板材其质量要求见表1-19。

人造石板材质量要求　　　　　　　　　　　表1-19

| 品　种 | 允许偏差（mm） | | | 外　观　要　求 |
|---|---|---|---|---|
| | 长（宽）度 | 厚度 | 平整度（用直尺检查时的空隙） | |
| 各种花色人造石板 | +0<br>-1 | ±1 | ±5 | 人造石板块表面要求石子均匀，颜色一致，无旋纹气孔 |

### 4.2　常用工、机具

冲击钻、合金钢钻头、手电钻、水桶、塑料软管、胶皮碗、喷壶、合金钢扁錾子、操作支架、台钻、水平尺、方尺、靠尺板、底尺〔（3000～5000）mm×40mm×（10～15）mm〕、托线板、线坠、粉线包、小型台式砂轮、裁改石材用砂轮、全套裁割机、开刀、木抹子、钢抹子、钢丝刷、大小锤子、钢丝、擦布或棉丝、老虎钳、小铲、盒尺、红铅笔、毛刷、袋等。

### 4.3　天然板材施工程序与工艺要求

#### 4.3.1　放施工大样图

饰面板安装前，应根据设计图纸，认真核实结构实际偏差的情况。墙面应先检查基体墙面垂直平整情况，偏差较大的应剔凿或修补，超出允许偏差的，则应在保证基体与饰面板表面距离不小于50mm的前提下，重新排列分块；柱面应先测量出柱的实际高度和柱子中心线，以及柱与柱之间上、中、下部水平通线，确定出柱饰面板看面边线，才能决定饰面板分块规格尺寸。凡阳角对接处应磨边卡角，如图1-75所示。对于复杂墙面（如楼梯墙裙、圆形及多边形墙面等），则应实测后放足尺大样校对；对于复杂形状的饰面板（如

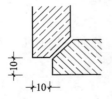  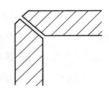

图1-75　阳角处磨边卡角

梯形、三角形等），则要用镀锌薄钢板等材料放足尺大样。根据上述墙、柱校核实测的规格尺寸，并将饰面板间的接缝宽度包括在内（如设计无规定时，应符合表1-20的规定），计算出板块的排档，并按安装顺序编上号，绘制方块大样图以及节点大样详图，作为加工定货及安装的依据。

饰面板间接缝宽度　　　　　　　　　表 1-20

| 项次 | 名称 | | 接缝宽度（mm） |
|---|---|---|---|
| 1 | 天然石 | 光面、镜面 | 1 |
| 2 | | 粗磨面、麻面、条纹面 | 5 |
| 3 | | 天然面 | 10 |
| 4 | 人造石 | 水磨石 | 2 |
| 5 | | 水刷石 | 10 |
| 6 | | 大理石、花岗石 | 1 |

#### 4.3.2 选板与预拼

（1）选板、修补

选板工作主要是对照施工大样图检查复核所需板材的几何尺寸，并按误差大小归类；检查板材磨光面的缺陷，并按纹理和色泽归类。对有缺陷的板材，应改小使用或安装在不显眼处。选材必须逐块进行，对于有破碎、变色、局部缺陷或缺棱掉角者，一律另行堆放。破裂板材，可用环氧树脂胶粘剂粘结，粘结时，粘结面必须清洁干燥，两个粘结面涂胶厚度为0.5mm左右，在15℃以上环境下粘结，并在相同温度的室内环境下养护，养护（固结）时间不得少于3d。表面缺边少角、坑洼、麻点的修补可刮环氧树脂腻子，并在15℃以上室内养护1d后，用0号砂纸轻轻磨平，再养护2~3d后，打蜡出光。

（2）预拼（试拼）

选板和修补工作完成后，即可进行试拼。为了使石料板块安装时能上、下、左、右颜色花纹一致、纹理通顺、接缝严密吻合，安装前，必须按大样图预拼排号。一般先按图排出品种、规格、颜色与纹理一致的块料，按设计尺寸在地上进行试拼、校正尺寸及四角套方，使其合乎要求。预拼好的石料板块应编号，编号一般由下向上编排，然后分类立码备用。

试拼是一个再创作过程，因为板材特别是天然板材具有天然纹理和色差，如果拼镶巧妙，可以获得意想不到的效果。试拼经过有关方面的认同后，方可正式安装施工。

#### 4.3.3 基层处理

饰面板安装前，对如墙、柱等基体进行认真处理，是防止饰面板安装后产生空鼓、脱落的关键工序。基体应具有足够的稳定性和刚度。基体表面应平整粗糙，光滑的基体表面应进行凿毛处理，凿毛深度一般应为5~15mm，最多不大于30mm。基体表面残留的砂浆、尘土和油渍等，应用钢丝刷刷净并用水冲洗。

#### 4.3.4 施工方法与要求

（1）小规格板块粘贴施工

当饰面板材的面积小于400mm×400mm，厚度小于12mm，且安装高度不超过3m时，可采用粘贴施工方法。

粘贴施工方法包括基层处理、抹底子灰、定位弹线和粘贴饰面板四道主要工序。

1) 基层处理：基层处理方法，见本课题4.3.3节。

2) 抹底灰：抹厚为12mm的1:3水泥砂浆，找规矩，用短木杠刮平，并划毛。

3) 定位弹线：按照设计图纸和实际粘贴的部位，以及所用饰面板的规格、尺寸，弹出水平线和垂直线。为保证板缝严密、不渗水，弹线时应考虑饰面板的接缝宽度，饰面板的接缝宽度应符合设计要求。

4) 粘贴饰面板：先在抹好的底灰上洒水润湿，并在将要粘贴的面上薄薄地刮一道素水泥浆，然后将挑选好的、经过湿润并晾干的饰面板背面抹上2~3mm厚的素水泥浆，并在水泥浆中加入适量的胶粘剂进行粘贴，贴上后用木锤轻轻敲击，使之固定。粘贴时，应随时用靠尺找平找直，并采用支架稳定靠尺，随即将流出的砂浆擦掉，以免玷污邻近的饰面。

粘贴饰面板也可用胶粘剂直接镶贴，胶粘剂配合比为：环氧树脂:乙二胺:邻苯二甲酸二丁酯:颜料 = 100:6:8:20 适量。

(2) 大规格板块的施工方法

大规格板块有钢筋网片锚固施工法和楔固施工法。

1) 钢筋网片锚固施工法

(a) 绑扎钢筋网片　按施工大样图要求的横竖距离焊接或绑扎安装用的钢筋骨架。其方法为：先剔凿出墙面或柱面结构施工时的预埋钢筋，使其外露于墙、柱面，然后连接绑扎（或焊接）$\phi 8mm$钢筋（竖向钢筋的间距，如设计无规定，可按饰面板宽度距离设置），随后绑扎横向钢筋，其间距要比饰面板竖向尺寸低20~30mm为宜，如图1-76所示。如基体未预埋钢筋，可使用电锤钻孔，孔径为$\phi 10~\phi 20mm$，孔深大于60mm，用M16胀杆螺栓固定预埋钢件，如图1-77所示，然后再按前述方法进行绑扎或焊接竖筋和横筋。

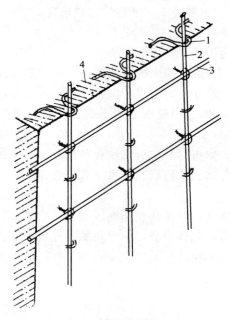

图1-76　绑扎钢筋网片
1-墙、柱预埋钢件；2-绑扎立筋；
3-绑扎水平筋；4-墙体或柱体

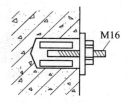

图1-77　胀杆螺栓固定预埋钢件

（b）钻孔、剔槽、挂丝　传统方法：在板材截面（侧面）上钻孔打眼，孔径5mm左右，孔深15~20mm，孔位一般距板材两端1/4~1/3。直孔应钻在板厚度中心（现场钻孔应将饰面板固定在木架上，用手电钻直对板材应钻孔位置下钻，孔最好是订货时由生产厂家加工）。如板材≥600mm，则应在中间加钻一孔，再在板背的直孔位置，距板边8~10mm打一横孔，使直孔与横孔连通成"牛鼻孔"。钻孔后，用合金钢錾子在板材背面与直孔正面轻轻打凿，剔出深4mm小槽，使挂丝时绑扎丝不能露出，以免造成拼缝间隙。依次将板材翻转再在背面打出相应的"牛鼻孔"，亦可打斜孔，即孔眼与石板材成35°。图1-78为上述两种钻孔方法示意。

另一种常用的钻孔方法为：只打直孔，挂丝后孔内充填环氧树脂或用薄钢板卷好挂丝挤紧，再灌入胶粘剂将挂丝嵌固于孔内。挂丝宜用铜丝，因铁丝易腐蚀断脱，镀锌铝丝在拧紧时镀层易损坏，在灌浆不密实、勾缝不严的情况下，也会很快锈断。

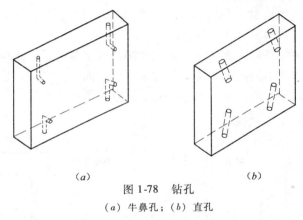

图1-78　钻孔
(a) 牛鼻孔；(b) 直孔

（c）在板材上固定不锈钢丝　目前，石板材的钻孔打眼方法已逐步淘汰，而采用工效高的四道或三道槽扎钢丝方法。其施工方法是用电动手提式石材无齿切割机的圆锯片，在需绑扎钢丝的部位上开槽，四道槽的位置为：板块背面的边角处开两条竖槽，其间距为30~40mm，板块侧边处的两竖槽位置上开一条横槽，再在板块背面上的两条竖槽位置下部开一条横槽，如图1-79所示。

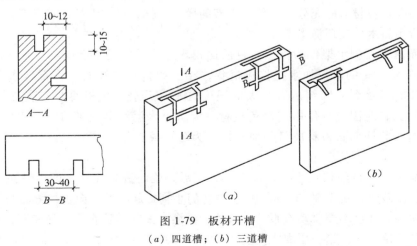

图1-79　板材开槽
(a) 四道槽；(b) 三道槽

（d）安装饰面板　安装饰面板时应首先确定下部第一层板的安装位置。其方法是用线坠从上至下吊线，考虑留出板厚和灌浆厚度以及钢筋网焊绑所占的位置，来准确定出饰面板的位置，然后将此位置投影到地面，在墙下边划出第一层板的轮廓尺寸线，作为第一层板的安装基准线。依此基准线，在墙、柱上弹出第一层板标高（即第一层板下沿线），如有踢脚板，应将踢脚板的上沿线弹好。根据预排编号的饰面板材对号入座，进行安装。其方法为：理好铜丝，将石板就位，并将板材上口略向后仰，单手伸入板材后把石板下口铜丝扭扎于横筋上（扭扎不宜过紧，只要绑牢不脱即可），然后将板材扶正，将上口铜丝扎紧（如用挂钩则应将尾端伸入板材孔中，另一端钩住横筋），并用木楔塞紧垫稳，随后用靠尺与水平尺检查表面平整与上口水平度。若发现问题，上口用木楔调整，板下沿加垫钢皮或钢条，使表面平整并与上口水平。完成一块板的安装后，其他依次进行。柱面可按顺时针方向逐层安装，一般先从正面开始，第一层装毕，应用靠尺、水平尺调整垂直度、平整度和阴阳角方正，如板材规格有疵病，可用钢皮垫缝，保证板材间隙均匀，上口平直。墙面、柱面板材安装固定方法，如图 1-80 所示。

板材自下而上安装完毕后，为防止水泥砂浆灌缝时板材游走、错位，必须采取临时固定措施。固定方法视部位不同灵活采用，但均应牢固、简便。例如，柱面固定可用方木或小角钢，依柱饰面截面尺寸略大 30~50mm 夹牢，然后用木楔塞紧，如图 1-81 所示。

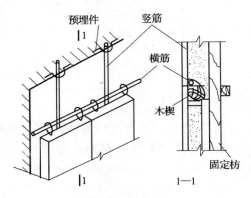
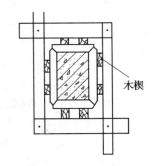

图 1-80　安装固定　　　　　　图 1-81　柱饰面临时固定夹

外墙面固定板材，应充分运用外脚手架的横、立杆，以脚手杆作支撑点，在板面设横木枋，然后用斜木枋支顶横木予以撑牢。

内墙面由于无脚手架作为撑点，目前比较普遍采用的是用纸或熟石膏外贴。石膏在调制时应掺入 20% 的水泥加水搅拌成粥状，在已调整好的板面上将石膏水泥浆贴于板角处。由于石膏水泥浆固结后有较大的强度且不易开裂，所以每个拼缝固定拼成一个支撑点，起到临时固定的作用（浅色板材，为防止水泥污染，可掺入白水泥），但较大板材或门窗舍脸饰面石板材应另外加支撑。为防止视觉差，安装门窗舍脸时应起拱 1‰ 左右。

（e）灌浆　板材经校正垂直、平整、方正后，临时固定完毕，即可灌浆。灌浆一般采用 1:3 水泥砂浆，稠度 8~15cm，将盛砂浆的小桶提起，然后向板材背面与基体间的缝隙中缓缓注入。注意不要碰动石板，全长均匀满灌，并随时检查，不得漏灌，板材不得外移。灌浆宜分层灌入。第一层灌入高度 ≤150mm，并应 ≤1/3 板材高。灌时用小铁锹轻轻插捣，切忌猛捣猛灌。一旦发现外胀，应拆除板材重新安装。第一层灌浆完工 1～2h 后，检查板材无移动，确认下口铜丝与板材均已锚固，再按前法进行第二层灌浆，高度为 100mm 左右，即板材 1/2 高度。第三层灌浆应低于板材上口 50mm 处，余量作为上层板材灌浆的接缝（采用浅色大理石或其他饰面板时，灌浆应用白水泥、白石屑，以防透底，影响美观）。

（f）清理：第三次灌浆完毕，待砂浆初凝后，即可清理板材上口的余浆，并用棉丝擦干净，隔天再清理板材上口木楔和有碍安装上层板材的石膏。以后用相同的方法把上层板材下口的不锈钢丝或铜丝拴在第一层板材上口，固定在不锈钢丝或铜丝处，依次进行安装。墙面、柱面、门窗套等饰面板安装与地面块材铺设的关系，一般采取先做立面后做地面的方法。这种方法要求地面分块尺寸准确，边部块材须切割整齐。同时，亦可采用先做地面后做立面的方法，这样可以解决边部块材不齐问题，但地面应加保护，防止损坏。

（g）嵌缝：全部大理石板安装完毕后，应将表面清理干净，并按板材颜色调制水泥色浆嵌缝，边嵌边擦干净，使缝隙密实干净，颜色一致。安装固定后的板材，如面层光泽受到影响，要重新打蜡上光，并采取临时措施保护棱角。

2）楔固法安装

楔固法与传统挂贴法的区别在于：传统挂贴法是把固定板块的钢丝绑扎在预埋钢筋上，而楔固法是将固定板块的钢丝直接楔紧在墙体或柱体上。现就其不同工序分述如下。

（a）石板块钻孔

将大理石饰面板直立固定于木架上，用电钻在距两端 1/4 处的板厚中心钻孔，孔径 6mm，深 35～40mm。板宽小于 500mm 打直孔两个，板宽大于 500mm 打直孔三个，板宽大于 800mm 的打直孔四个。然后将板旋转 90°固定于木架上，在板两边分别各打直孔一个，孔位距板下端 100mm 处，孔径 6mm，孔深 35～40mm，上下直孔都用合金錾子在板背面方向剔槽，槽深 7mm，以便安卧 U 形钢条，如图 1-82 所示。

（b）基体钻斜孔

板材钻孔后，按基体放线分块位置临时就位，并在对应于板材上下直孔的基体位置上，用冲击钻钻出与板材孔数相等的斜孔，斜孔成 45°角度，孔径 6mm，孔深 40～50mm，如图 1-83 所示。

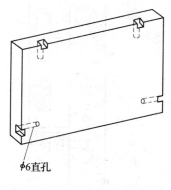

图 1-82 石板块钻孔

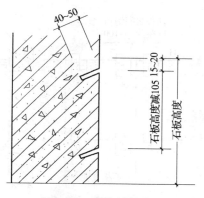

图 1-83 基体钻斜孔

（c）板材安装与固定

基体钻孔后，将大理石板安放就位，根据板材与基体相距的孔距，用钳子现制直径5mm的不锈钢U形钉，如图1-84所示。其钉一端勾进大理石板直孔内，并随即用硬木小楔楔紧。另一端勾进基体斜孔内，并拉小线或用靠尺板及水平尺校正板上下口，以及板面垂直和平整度，并视其与相邻板材接合是否严密，随后将基体斜孔内不锈钢U形钉用硬木楔或水泥钉楔紧，接着用大头木楔紧胀于板材与基体之间，以紧固U形钉，做法如图1-85所示。

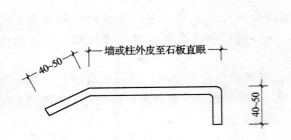 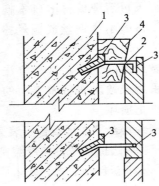

图1-84 不锈钢U形钉　　　　图1-85 楔固法安装石板

1—基体；2—U形钉；3—硬木小楔；4—大木楔

石面板位置校正准确并临时固定后，即可进行灌浆施工，其方法与前述相同。

### 4.3.5 花岗石干挂施工法

磨光花岗石饰面板，特别是大规格花岗石饰面板，包括大理石板，不采用灌浆湿作业，而是使用扣件固定于建筑混凝土墙体表面的干作业做法，是近年来发展的新工艺。它改变了传统的饰面板安装的一贯做法，采用在混凝土外墙面上打膨胀螺栓，再通过钢扣件连接饰面板材的扣件固定法。每块板材的自重由钢扣件传递给膨胀螺栓支承，板与板之间用不锈钢销钉固定，板面接缝的防水处理是用密封硅胶嵌缝。用扣件固定饰面石板，在板块与混凝土墙面之间形成空腔，无需用砂浆填充。因此，对结构面的平整度要求略低，墙体外饰面受热胀冷缩的影响较小。这种扣件固定的做法，如图1-86所示。其与板块的安装形式，如图1-87所示。

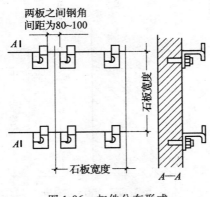 

图1-86 扣件分布形式　　　　图1-87 干挂板块的形式

用此工艺做成的饰面，在风力和地震力的作用下允许产生适量的变位，以吸收部分风力和地震力，而不致出现裂纹和脱落。该工艺与传统的湿作业工艺比较，免除了灌浆工序，可缩短施工周期，减轻建筑物自重，提高抗震性能，更重要的是有效地防止灌浆中的盐碱等色素对石材的渗透污染，提高其装饰质量和观感效果。这种干挂饰面板安装工艺亦可与玻璃幕墙或大玻璃窗、金属饰面板安装工艺等配套应用。现国内大型公共建筑的石材内外饰面板安装工程采取干挂工艺已经日趋普遍。

（1）施工准备

与传统安装法相同，如果采用大理石板，施工前应对大理石做罩面涂层和背面玻璃纤维增强处理。

（2）施工方法

施工工艺流程：墙面修整→弹线→墙面涂防水涂料→打孔→固定连接件→调整固定→顶部板安装→嵌缝→清理。

1）墙面修整

如果混凝土外墙表面有局部凸出处会影响扣件安装时，须进行凿平修整。

2）弹线

找规矩，弹出垂直线和水平线，并根据设计图纸和实际需要弹出安装石材的位置线和分块线。石材安装前要事先用经纬仪打出大角两个面的竖向控制线，最好弹在离大角20cm的位置上，以便随时检查垂直挂线的准确性，保证顺利安装。竖向挂线宜用$\phi1.0\sim\phi1.2$的钢丝，下边沉铁随高度而定，一般40m以下高度沉铁重量为$8\sim10$kg，上端挂在专用的挂线角钢架上，角钢架用膨胀螺栓固定在建筑物大角的顶端，一定要挂在牢固、准确、不易碰动的地方，并要注意保护和经常检查，并在控制线的上、下作出标记。

3）墙面涂防水料

由于板材与混凝土墙身之间不填充砂浆，为了防止因材料性能或施工质量可能造成的渗漏，在外墙面上涂刷一层防水剂，以加强外墙的防水性能。

4）打孔

根据设计尺寸和图纸要求，将专用模具固定在台钻上，进行石材打孔。为保证位置准确垂直，要钉一个石板托架，使石板放在托架上，要打孔的小面与钻头垂直，使孔成型后准确无误，孔深为20mm，孔径为5mm，钻头为4.5mm。由于它关系到板材的安装精度，因而要求钻孔位置正确。

5）固定连接件

在结构上打孔、下膨胀螺栓：在结构表面弹好水平线，按设计图纸及石板料钻孔位置，准确地弹在围护结构墙上并做好标记，然后按点打孔，打孔可使用冲击钻，$\phi12$的冲击钻头。打孔时，先用尖錾子在预先弹好的点上凿一个点，然后用钻打孔，孔深为$60\sim80$mm，若遇结构中的钢筋时，可以将孔位在水平方向移动或往上抬高，在连接钢件时利用可调余量再调回。成孔要求与结构表面垂直，成孔后，把孔内的灰粉要清理干净。安放膨胀螺栓时，宜将所需的膨胀螺栓全部安装就位，再将扣件固定，用扳手扳紧，安装节点如图1-88所示。连结板上的孔洞均呈椭圆形，以便于安装时调节位置，如图1-89所示。

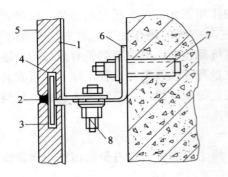 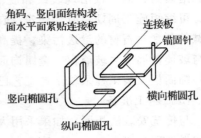

图 1-88　干挂工艺构造示意图　　　　图 1-89　组合挂件三向调节

1-玻璃布增强层；2-嵌缝油膏；
3-钢针；4-长孔（充填环氧树脂胶粘剂）；
5-石材板；6-安装角钢；7-膨胀螺栓；8-紧固螺栓

6）固定板块

底层石板安装：把侧面的连接钢件安好，便可把底层面板靠角上的一块就位。方法是用夹具暂时固定，先将石板侧孔抹胶，调整钢件，插固定钢针，调整面板固定。依次按顺序安装底层面板，待底层面板全部就位后，检查一下各板水平是否在一条线上，如有高低不平的，要进行调整；低的可用木楔垫平，高的可轻轻适当退出点木楔，退到面板上口在一条水平线上为止。调整好面板的水平与垂直度，再检查板缝，板缝宽应按设计要求，板缝均匀，将板缝嵌紧被衬条，嵌缝高度要高于 250mm。其后用 1:2.5 的用白水泥配制的砂浆，灌于底层面板内 200mm 高，砂浆表面上设排水管。

石板上孔抹胶及插连接钢针：把 1:1.5 的白水泥环氧树脂倒入固化剂、促进剂，用小棒搅匀，用小棒将配好的胶抹入孔中，再把长 40mm 的连接钢针通过平板上的小孔插入，直至面板孔，上钢针前检查其有无伤痕，长度是否满足要求，钢针安装要保证垂直。

7）调整固定

面板暂时固定后，调整水平度，如板面上口不平，可在板底的一端下口的连接平钢板上垫一相应的双股铜丝垫，若铜丝粗，可用小锤砸扁，若高，可把另一端下口用以上方法垫一下。调整垂直度，并调整面板上口的不锈钢连接件的距墙空隙，直至面板垂直。

8）顶部板安装

顶部最后一层面板除了按一般石板安装要求外，安装调整后，在结构与石板的缝隙里吊一通长的 20mm 厚木条，木条上平位置为石板上口下去 250mm，吊点可设在连接钢件上，可采用钢丝吊木条，木条吊好后，即在石板与墙面之间的空隙里塞放聚苯板，聚苯板条要略宽于空隙，以便填塞严实，防止灌浆时漏浆，造成蜂窝、孔洞等，灌浆至石板口下 20mm 作为压顶盖板之用。

9）嵌缝

每一施工段安装后经检查无误，可清扫拼接缝，填入橡胶条，然后用打胶机进行硅胶涂封，一般硅胶只封平接缝表面或比板面稍凹少许即可。遇雨天或板材受潮时，不宜涂硅胶。

10）清理

清理板块表面，用棉丝将石板擦干净，有胶等其他粘结杂物，可用开刀轻铲、用棉丝沾丙酮擦干净。

## 4.4 人造板材施工程序与工艺要求

### 4.4.1 安装施工工艺

人造大理石饰面板主要采用树脂胶或水泥砂浆胶粘法安装施工。

(1) 水泥砂浆胶粘法

1) 镶贴前应进行划线，横竖预排，使接缝均匀。
2) 胶粘用1∶3水泥砂浆打底，找平划毛。
3) 用清水充分浇湿要施工的基层面。
4) 用1∶2水泥砂浆粘贴。
5) 背面抹一层水泥净浆或水泥砂浆，进行对位，由下往上逐一胶粘在基层上。
6) 待水泥砂浆凝固后，板缝或阴阳角部分用建筑密封胶或用10∶0.5∶26（水泥∶胶∶水）的水泥浆掺入与板材颜色相同的颜料进行处理。

(2) 灌浆法

与湿法安装天然大理石、花岗石的施工方法相同。

### 4.4.2 施工注意事项

(1) 饰面板在施工中不得有歪斜、翘曲、空鼓（用敲击法检查）现象。
(2) 饰面板材的品种、颜色必须符合设计要求，不得有裂缝、缺棱和掉角等缺陷。
(3) 灌浆饱满，配合比准确，嵌缝严密，颜色深浅一致。
(4) 制品表面去污用软布沾水或沾洗衣粉液轻擦，不得用去污粉擦洗。
(5) 若饰面有轻度变形，可适当烘干，压烤。
(6) 人造大理石饰面板用于室内装饰为宜。

## 4.5 石材饰面工程质量验收及通病防治方法

### 4.5.1 工程质量要求

(1) 主控项目

1) 饰面板的品种、规格、颜色和性能应符合设计要求，木龙骨、木饰面板和塑料饰面板的燃烧性能等级应符合设计要求。

检验方法：观察；检查产品合格证书、进场验收记录和性能检测报告。

2) 饰面板孔、槽的数量、位置的尺寸应符合设计要求。

检验方法：检查进场验收记录和施工记录。

3) 饰面板安装工程的预埋件（或后置埋件）、连接件的数量、规格、位置、连接方法和防腐处理必须符合设计要求。后置埋件的现场拉拔强度必须符合设计要求。饰面板安装必须牢固。

检验方法：手扳检查；检查进场验收记录、现场拉拔检测报告、隐蔽工程验收记录和施工记录。

(2) 一般项目

1) 饰面板表面应平整、洁净、色泽一致、无裂痕和缺损。石材表面应无泛碱等污染。

检验方法：观察。

2）饰面板嵌缝应密实、平直，宽度和深度应符合设计要求，嵌填材料色泽应一致。

检验方法：观察；尺量检查。

3）采用湿作业法施工的饰面板工程，石材应进行防碱背涂处理。饰面板与基体之间的灌注材料应饱满、密实。

检验方法：用小锤轻击检查；检查施工记录。

4）饰面板上的孔洞应套割吻合，边缘应整齐。

检验方法：观察。

4.5.2 工程质量验收方法、允许偏差

块材饰面层允许偏差和检验方法应符合表1-21的规定。

块材饰面层允许偏差和检验方法　　　　表1-21

| 项次 | 项 目 | 允许偏差（mm） | | | | 检验方法 |
|---|---|---|---|---|---|---|
| | | 石 材 | | | 瓷板 | |
| | | 光面 | 剁斧石 | 蘑菇石 | | |
| 1 | 正面垂直度 | 2 | 3 | 3 | 2 | 用2m垂直检测尺检查 |
| 2 | 表面平整度 | 2 | 3 | — | 1.5 | 用2m靠尺和塞尺检查 |
| 3 | 阴阳角方正 | 2 | 4 | 4 | 2 | 用直角检测尺检查 |
| 4 | 接缝直线度 | 2 | 4 | 4 | 2 | 拉5m线，不足5m拉通线，用钢直尺检查 |
| 5 | 墙裙、勒脚上口直线度 | 2 | 3 | 3 | 2 | 拉5m线，不足5m拉通线，用钢直尺检查 |
| 6 | 接缝高低差 | 0.5 | 3 | — | 0.5 | 用钢直尺和塞尺检查 |
| 7 | 接缝宽度 | 1 | 2 | 2 | 1 | 用钢直尺检查 |

## 4.6 质量通病与防治措施

4.6.1 接缝不平、板面纹理不顺、色泽不匀

（1）产生原因

基层处理不好，施工操作没有按要点进行，材质没有严格挑选，分层灌浆过高。

（2）防治措施

1）施工前对原材料要进行严格挑选，并进行套方检查，规格尺寸若有偏差，应进行磨边修正。

2）施工前一定要检查基层是否符合要求，偏差大的一定要事先剔凿和修补。

3）根据墙面弹线找规矩进行大理石试拼，对好颜色，调整花纹，使板之间上下左右纹理通顺，颜色协调。试拼后逐块编号，然后对号安装。

4）施工时应按大理石饰面操作要点进行。

4.6.2 饰面板开裂

（1）产生原因

1）大理石挂贴墙面时，水平缝隙较小，墙体受压变形，大理石饰面受到垂直方向的压力。

2）大理石安装不严密，侵蚀气体和湿空气透入板缝，使钢筋网和挂钩等连接件遭到锈蚀，产生膨胀给大理石板一向外的推力。

（2）防治措施

1）承重墙上挂贴大理石时，应在结构沉降稳定后进行，在顶部和底部，安装大理石板块时，应留一定缝隙，以防墙体被压缩时，使大理石饰面直接承受压力而被压开裂。

2）安装大理石接缝处，嵌缝要严密，灌浆要饱满，块材不得有裂缝、缺棱掉角等缺陷，以防止侵蚀气体和湿空气侵入，锈蚀钢筋网片，引起板面开裂。

4.6.3 饰面腐蚀、空鼓脱落

（1）产生原因

大理石主要成分是碳酸钙和氧化钙，如遇空气中的二氧化硫和水就能生成硫酸，而硫酸与大理石中的碳酸钙发生反应，在大理石表面生成石膏。石膏易溶于水，且硬度低，使磨光的大理石表面逐渐失去光泽，产生麻点、开裂和剥落现象。

（2）防治措施

1）大理石不宜作为室外墙面饰面，特别是不宜在工业区附近的建筑物上使用。

2）室外大理石墙面压顶部位要认真处理，保证基层不渗水。操作时横竖接缝必须严密，灌浆饱满。挂贴时，每块大理石板与基层钢筋网拉结应不少于4点。

3）将空鼓脱落大理石拆下，重新安装。

4.6.4 饰面破损、污染

（1）产生原因

主要是板材在运输、保管中不妥当，操作中不及时清洗砂浆等脏物造成污染，安装好后，没有认真做好成品保护。

（2）防治措施

1）在搬运过程中，要避免正面边角先着地或一角先着地，以防正面棱角受损。

2）大理石受到污染后不易擦洗。在运输保管中，不宜用草绳、草帘等捆绑，大理石灌缝时，防止接缝处漏浆造成污染。还要防止酸碱类化学药品、有色液体等直接接触大理石表面。

3）对大理石缺棱掉角处宜用环氧树脂胶修补。环氧树脂胶的配合比为：6101号环氧树脂胶:苯二甲酸二丁脂:乙二胺:白水泥:颜料 = 100:20:10:100:适量颜料。调成与大理石相同的颜色，修补待环氧树脂胶凝固硬化后，用细油石磨光磨平。

掉角撕裂的大理石板，先将粘结面清洗干净，干燥后，在两个粘结面上均匀涂上0.5mm厚环氧树脂胶粘贴后，养护3d。胶粘剂配好后宜在1h内用完。或采用502胶粘剂，在粘结面上滴上502胶后，稍加压力粘合，在15℃下，养护24h即可。

# 课题5 玻璃饰面

## 5.1 玻璃饰面工程施工的常用材料

5.1.1 常用的材料

（1）普通平板玻璃

1）普通平板玻璃，又称"净片玻璃"，表面光滑，高度透明。这是一般建筑工程中常用的玻璃，主要装配于门窗，起透光、挡风和保温作用。

主要用于普通民用住宅、工业建筑和各种公共建筑门窗上。

2）浮法玻璃：是平板玻璃的一种，具有表面平整光洁、厚度均匀、光学畸变极小等特点。

适用于高级建筑门窗、橱窗、指挥塔窗、夹层玻璃原片、中空玻璃原片、制镜玻璃、有机玻璃模具等。

3）磨光玻璃：又称"镜面玻璃"，是由平板玻璃经抛光而制成的。它有单面磨光和双面磨光两种。其表面光滑且有光泽，透光率高。

常用于安装大型高级门窗、商店陈列橱窗或制镜子。

4）磨砂玻璃：又称"毛玻璃"，是用机械喷砂、手工研磨或氢氟酸溶蚀等方法，将普通平板玻璃表面处理成均匀毛面而制成的。它只能透光不能透视，能使室内光线柔和而不刺目。

常用于透光不透视的门窗、卫生间、浴室、办公室、隔断等，也可用作黑板面及灯罩等。

5）有色玻璃：又称"彩色玻璃"，分透明和不透明两种。透明有色玻璃是在原料中加入一定的金属氧化物使玻璃带色而制成的；不透明有色玻璃则是在一定形状的平板玻璃的一面，喷以色釉，经过烘烤而制成的。具有耐腐蚀、抗冲刷、易于清洗的特点，而且还可以拼成各种图案和花纹。

适用于门窗及对光有特殊要求的采光部位和内、外墙面的装饰。

（2）压花玻璃

压花玻璃又称"滚花玻璃"，是在玻璃硬化前，经过刻有花纹的滚筒，在玻璃单面或两面压铸深浅不同的各种花纹图案而制成的。它透光不透视，能起到窗帘的作用。

常用于需要装饰并应遮挡视线的场所，如高级卫生间、浴室、走廊、会议室和公共场所的分隔室的门窗玻璃和隔断等。

（3）钢化玻璃

钢化玻璃是普通玻璃经过特殊的热处理而制成的。其强度比未经处理的玻璃大3～5倍，具有良好的抗冲击、抗折和耐急冷、急热的性能。钢化玻璃使用安全，玻璃破碎时，裂成圆钝的小碎片，不致伤人。

钢化玻璃适用于高层建筑门窗和高温操作车间的防护玻璃。

（4）夹层玻璃

夹层玻璃是用聚乙烯醇缩丁醛塑料衬片，将2～8层平板玻璃粘合在一起而制成的。其强度较高，被击碎时，可借中间的塑料层的粘合作用，使碎片不易脱落伤人，且不影响透明度和产生折光现象。

常用于高层建筑门窗及工业厂房的天窗，还可作为航空用安全玻璃。

（5）夹丝玻璃

夹丝玻璃又称"钢丝玻璃"，是将普通平板玻璃加热至红热软化状态，接着把经预热处理的钢丝网压入玻璃中间而制成的。其表面有压花和磨光之分，颜色有透明和彩色之分。由于中间夹有一层钢丝网，因而强度很高，当玻璃受到冲击破碎或温度剧变炸裂时，不会使碎片飞出伤人，有良好的安全性和防护性，且有防震、防火作用。

适用于既要采光又要安全、防震的厂房天窗及仓库门窗上。

（6）中空玻璃

中空玻璃又称"双层玻璃"，是用两块平板玻璃组成的。通常中空玻璃的外层为钢化有色玻璃，内层为普通玻璃，玻璃四周用框架架空并密封，中间充入干燥气体，两玻璃的间距，根据其导热性和强度而定。能起到控光、控声和装饰效果，并能避免冬期窗户结露，保持室内一定的湿度。

中空玻璃适用于对隔声、隔热、保温等有特殊要求的房间。

（7）吸热玻璃

吸热玻璃是在普通硅酸盐玻璃中加入一定量有吸热性能的着色剂，或在玻璃表面喷镀吸热和着色的氧化物涂膜而制成的。它能全部或部分吸收热射线，改善室内光线，减少射线透射对人体的损害，并保持良好的透明度。

吸热玻璃适用于体育馆、展览馆、商店和车站等建筑的门窗及玻璃幕墙。

（8）热反射玻璃

热反射玻璃又称"镀膜玻璃"，是一种既有较高的热反射能力，又保持较好的透光性的平板玻璃。它在迎光面具有镜子的特性，而在背光面又如窗玻璃那样透明，对建筑物起遮蔽和帷幕的作用。

热反射玻璃适用于各种建筑的门窗以及各种艺术装饰。

（9）镭射玻璃

镭射玻璃又称"激光全息装饰玻璃"，就是把全息图案转印到玻璃上，即经过特种工艺处理玻璃背面而出现的全息光栅或其他几何光栅，使玻璃呈现全息图像的一种产品。由于全息图像有着丰富的色彩，立体的图像，随着光源或视角的变化可有很强的动感，产生物理衍射的七彩光，且对同一感光点或感光面随光源入射角或观察的变化，会感到光谱分光的颜色变化，使装饰物显得华贵、高雅，给人以美丽神奇的感觉，是极好的装饰材料。

（10）玻璃砖

玻璃砖有空心砖和实心砖两种。实心玻璃砖是采用机械压制而成的；空心玻璃砖则是采用箱式模具压制而成的，即两块玻璃加热熔接成整体的空心砖，中间充以干燥空气，经退火，最后涂饰侧面而成。空心玻璃砖有单孔和双孔两种，所用的玻璃可以是光面的，亦可以在内部或外部压铸成带各种花纹或是各种颜色，玻璃空心砖用来砌筑透光的墙壁、隔墙以及楼面，具有热控、光控、隔声、减少灰尘透过及结露等优点。

（11）玻璃锦砖

玻璃锦砖又称"玻璃马赛克"，是一种小规格的彩色饰面玻璃。它具有色调柔和、质地坚硬、性能稳定、朴实典雅、美观大方、不变色、不积尘、能雨天自涤等特点，是一种理想的外墙饰面材料。

5.1.2 安装用辅助材料

（1）油灰

油灰是一种油性腻子。安装玻璃用的油灰可以采购使用，也可以自制。

1）选材：大白要干燥，不得潮湿，油料应使用不含有杂质的熟桐油、鱼油、豆油。

2）质量要求：搓捻成细条不断，具有附着力，使玻璃与窗槽连接严密而不脱落。

3）配方：每100kg大白用油及每100m² 玻璃面积的油灰用量，见表1-22。

**100kg 大白用油量及每 100m² 玻璃面积油灰用量（kg）**　　　　表 1-22

| 工作项目 | 每 100kg 大白用油量 | | | 每 100m² 玻璃面积油灰用量 |
|---|---|---|---|---|
| | 清 油 | 熟 桐 油 | 鱼 油 | |
| 木门窗 | 13.5 | 3.5 | 13.5 | 80～106 |
| 钢门窗 | 12 | 5 | 12 | 440 |
| 顶棚 | 12 | 5 | 12 | 335 |
| 坐底灰 | ±5 | 5 | 15 | |

（2）其他材料

1）橡皮条。有商品供应，可按设计要求的品种、规格进行选用。

2）木压条。在工地加工而成，按设计要求自制。

3）小圆钉。有商品供应，可按要求选购。

4）胶粘剂。用来粘结中空玻璃，常用的有环氧树脂加 701 固化剂和稀释剂配成的环氧胶粘剂，其配比见表 1-23。

**粘 结 剂 配 方**　　　　表 1-23

| 材 料 名 称 | 配 合 比 | |
|---|---|---|
| | 1 | 2 |
| 环氧树脂 | 100 分 | 100 分 |
| 701 固化剂 | 20～25 分 | |
| 乙二胺 | | 8～10 分 |
| 二丁酯 | | 20 分 |
| 乙辛基醚或二甲苯 | 适量 | 适量 |
| 瓷粉 | | 50 分 |

**5.1.3　玻璃的运输与保管**

（1）玻璃的运输

1）在装载时，要把箱盖向上，直立紧靠放置，不得摇晃碰撞。若有空隙，应以稻草等软物填实或用木条钉牢。

2）做好防雨措施，防止雨水浸水箱内。这是因为成箱的玻璃遭雨淋后，容易发生玻璃间相互粘连现象，分开时容易破裂。

3）装卸和堆放时，要轻抬轻放，不能随意溜滑，防止震动和倒塌。

（2）玻璃的保管

1）玻璃应按规格、等级分别堆放，以免混淆。

2）玻璃堆放时，要使箱盖向上，立放紧靠，不得歪斜或平放，不得受重压和碰撞。

3）玻璃木箱底下必须垫高 100mm，以防受潮。

4）玻璃在露天堆放时，要在下面垫高，离地面 30～80mm，上面用帆布盖好，且日期不宜过长。

5）若玻璃受潮发霉，可用棉花蘸煤油或酒精揩擦，如用丙酮揩擦效果更好。

## 5.2 玻璃饰面施工的常用工具

玻璃工程施工常用工具，主要有玻璃刀、直尺、木折尺、水平尺、水平托尺、粉线包、钢丝钳、毛笔、刨刀、吸盘器、工作台等。工作台一般用木料制成，台面大小根据需要而定。常用的有 1m×1.5m、1.2m×1.5m、1.5m×2m。为了保证台面的刚度，以防止操作时台面变形，台面厚度不得小于 50mm。玻璃裁割时，一般需加垫绒布或其他缓冲材料。图 1-90 为部分玻璃工程施工工具。

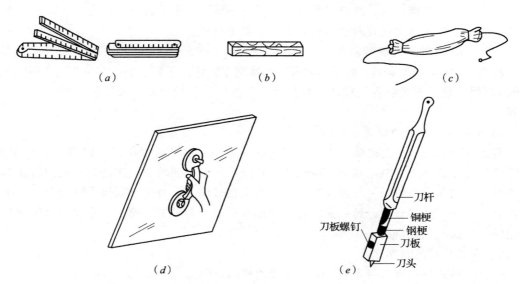

图 1-90 玻璃工程施工工具
(a) 木折尺；(b) 水平尺；(c) 粉线袋；(d) 吸盘；(e) 玻璃刀

## 5.3 玻璃的裁割与加工

### 5.3.1 玻璃裁割

（1）玻璃裁割应掌握的要点

1）根据设计要求确定玻璃品种，并按材料计划且留有适当余量组织进场，按要求的尺寸进行集中配料。

2）根据安装所需的玻璃规格，结合装箱玻璃规格，合理进行套裁。

3）玻璃应集中裁割。套裁时应按照"先裁大，后裁小；先裁宽，后裁窄"的顺序进行。

4）选择几樘不同尺寸的框、扇量准尺寸进行试裁割和试安装，核实玻璃尺寸正确、留量合适后方可成批裁制。

5）钢化玻璃严禁裁划或用钳扳。应按设计规格和要求，预先订货加工。

6）玻璃裁割留量，一般按实测长、宽各缩小 2~3mm 为准。

7）裁割玻璃时，严禁在已划过的刀路上重划第二遍。必要时，只能将玻璃翻过面来重划。

（2）玻璃裁割的操作方法

玻璃裁割应根据不同的玻璃品种、厚度及外形尺寸，采取不同的操作方法，以保证裁割质量。

1）2～3mm 厚的平板玻璃裁割

裁割薄玻璃，可用 12mm×12mm 细木条直尺，用折尺量出玻璃门窗框尺寸，再在直尺上定出所划尺寸。此时，要考虑留 3mm 空挡和 2mm 刀口。对于北方寒冷地区的钢框、扇，要考虑门窗的收缩，留出适当空挡。例如，玻璃框宽 500mm，在直尺上 495mm 处钉一小钉，再加刀口 2mm，则所划的玻璃应为 497mm，这样安装效果就很好。操作时将直尺上的小钉紧靠玻璃一端，玻璃刀紧靠直尺的另一端，一手掌握小钉挨住的玻璃边口不使松动，另一手掌握刀刃端直向后退划，不能有轻重弯曲。

2）4～6mm 的厚玻璃裁割

裁割 4～6mm 的厚玻璃，除了掌握薄玻璃裁割方法外，还要按下述方法裁割：用 5mm×40mm 直尺，玻璃刀紧靠直尺裁割。裁割时，要在划口上预先刷上煤油，使划口渗油易于扳脱。

3）5～6mm 厚的大块玻璃裁割

裁割 5～6mm 厚的大玻璃，方法与用 5mm×40mm 直尺裁割相同，但因玻璃面积大，人需脱鞋站在玻璃上裁割。裁割前用绒垫垫在操作台上，使玻璃受压均匀；裁割后双手握紧玻璃，同时向下扳脱。另一种方法为：一人趴在玻璃上，身体下面垫上麻袋布，一手掌握玻璃刀，一手扶好直尺，另一人在后拉动麻布后退，刀子顺尺拉下，中途不宜停顿，若中途停顿则找不到缝口。

4）夹丝玻璃的裁割

夹丝玻璃的裁割方法与 5～6mm 平板玻璃相同。但夹丝玻璃裁割因高低不平，裁割时刀口容易滑动难掌握，因此要认清刀口，握稳刀头，用力比一般玻璃要大，速度相应要快，这样才不致出现弯曲不直。裁割后双手紧握玻璃，同时用力向下扳，使玻璃沿裁口线裂开。如有夹丝未断，可在玻璃缝口内夹一细长木条，再用力往下扳，夹丝即可扳断，然后用钳子将夹丝划倒，以免搬运时划破手掌。裁割边缘上宜刷防锈涂料。

5）压花玻璃的裁割

裁割压花玻璃时，压花面应向下，裁割方法与夹丝玻璃同。

6）磨砂玻璃的裁割

裁割磨砂玻璃时，毛面应向下，裁割方法与平板玻璃同，但向下扳时用力要大要均匀，向上回时要在裁开的玻璃缝处压一木条再上回。

7）玻璃条（窄条）的裁割

玻璃条（宽度 8～12mm，水磨石地面嵌条用）的裁割可用 5mm×30mm 直尺，先把直尺的上端用钉子固定在台面上（不能钉死、钉实，要能转动、能上下升降），再在台面上距直尺右边约 2～3mm 的间距处，钉上两只小钉挡住玻璃，然后在贴近直尺下端的左边台面上钉一小钉，作为靠直尺用，如图 1-91 所示，用玻璃刀紧靠直尺右边，裁割出所要求的玻璃条，取出玻璃条后，再把大块玻璃向前

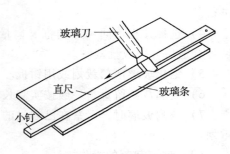

图 1-91　裁割玻璃条

推到碰住钉子为止，靠好直尺后可连续进行裁割。

裁割各种矩形玻璃，要注意对角线长短必须一致，划口要齐直不能弯曲。划异形玻璃，最好事前划出样板或作出套板，然后进行裁割，以求准确。

5.3.2 玻璃加工

为了满足玻璃面装饰在使用功能、安装方法及装饰美观方面的要求，有些玻璃在裁割完成后，还需要进行钻孔、打槽、磨砂、磨边等加工工作。

(1) 玻璃钻孔

玻璃钻孔视洞眼的直径大小，一般有两种方法：玻璃刀划孔和台钻钻孔。玻璃刀划孔适用于加工直径大于20mm的洞眼，台钻钻孔适用于加工直径小于20mm的洞眼。当洞眼直径10~20mm时，两种方法均可选择，但以台钻钻孔为佳。

1) 玻璃刀划孔

先定出圆心，用玻璃刀划出圆圈并从背面将其敲出裂痕，再在圈内正反两面划上几条相互交叉的直线和横线，同样敲出裂痕，然后再将一块尖头铁器轻而慢地把圆圈中心处击穿，用小锤逐点向外轻敲圆圈内玻璃，使玻璃破裂后取出即成毛边洞眼，最后用金刚石或油石磨光圈边即可。此法适用于加工直径大于20mm的洞眼。

2) 台钻钻孔

定出圆心并点上墨水，将玻璃垫实，平放于台钻平台上，不得移动。再将内掺煤油的280~320目金刚砂点在玻璃钻眼处，然后将安装在台钻上的平头工具钢钻头对准圆心墨点轻轻压下，不能摇晃，旋转钻头，不断上下运动钻磨，边磨边点金刚砂。钻磨自始至终用力要轻而均匀，尤其是接近磨穿时，用力更要轻，要有耐心。此法适用于加工直径小于10mm的洞眼。直径在11~20mm之间的洞眼，采用打眼和钻眼均可，但以钻为佳。

(2) 玻璃打槽

先在玻璃上按要求槽的长、宽尺寸划出墨线，将玻璃平放于固定在工作台上的手摇砂轮机的砂轮下，紧贴工作台，使砂轮对准槽口的墨线，选用边缘厚度稍小于槽宽的细金刚砂轮，倒顺交替摇动摇把，使砂轮来回转动，转动弧度不大于周长的1/4，转速不能太快，边磨边加水，注意控制槽口深度，直至打好槽口。

(3) 玻璃磨砂

常用手工研磨，即将平板玻璃平放在垫有棉毛毯等柔软物的操作台上。将280~300目金刚砂堆放在玻璃面上并用粗瓷碗反扣住，后用双手轻压碗底，并推动碗底打圈移动研磨。或将金刚砂均匀地铺在玻璃上，再将一块玻璃覆盖在上面，一手拿稳上面一块玻璃的边角，一手轻轻压住玻璃的另一边，推动玻璃来回打圈研磨。也可在玻璃上放置适量的矿砂或石英砂，再加少量的水，用磨砂铁板研磨。研磨从四角开始，逐步移向中间，直至玻璃呈均匀的乳白色，达到透光不透明即成。研磨时用力要适当，速度可慢一些，以避免玻璃压裂或缺角。

(4) 玻璃磨边

须先加工一个槽形容器，用长约2m、边长为40mm的等边角钢在其两端焊以薄钢板封口即成。槽口朝上置于工作凳上，槽内盛清水和金刚砂。将玻璃立放在槽内，双手紧握玻璃两边，使玻璃毛边紧贴槽底，用力推动玻璃来回移动，即可磨去毛边棱角。磨时勿使玻璃同角钢碰撞，防止玻璃缺棱掉角。

## 5.4 玻璃安装施工

5.4.1 安装塑料或玻璃钢框（扇）玻璃

（1）安装塑料框、扇玻璃

1）去除附着在玻璃、塑料表面的尘土、油污等污染物及水膜，并将玻璃槽口内的灰浆渣、异物清除干净，畅通排水孔。

2）玻璃就位，将裁割好的玻璃在塑料框、扇中就位，玻璃要摆在凹槽的中间，内外两侧的间隙不少于2mm，也不得大于5mm。

3）用橡胶压条固定，先将橡胶压条嵌入玻璃两侧密封，然后将玻璃挤紧。橡胶压条规格要与凹槽的实际尺寸相符，所嵌的压条要和玻璃、玻璃槽口紧贴，安装不能偏位，不能强行填入压条，防止玻璃承受较大的安装应力，造成玻璃严重翘曲。

4）检查橡胶压条设置的位置是否合适，防止出现排水通道受阻、泄水孔堵塞现象。

5）擦净玻璃表面的污染物，关插框（扇），以免风吹将玻璃震碎。

（2）安装玻璃钢框、扇玻璃

安装玻璃钢框、扇玻璃的方法与钢框、扇玻璃安装方法相同。

5.4.2 安装金属框、扇玻璃

安装铝合金框、扇玻璃

1）除去附着在玻璃、铝合金表面的尘土、油污等污染物及水膜，并将玻璃槽口内的灰浆渣、异物清除干净，畅通排水孔，并复查框、扇开关的灵活度。

使用密封胶时，应先调整好玻璃本身的垂直及水平位置，且密封胶与玻璃和槽口粘结处必须干燥、洁净。

2）玻璃就位准备：将玻璃下部用约3mm厚的氯丁橡胶垫块垫于凹槽内，避免玻璃就位后下部直接接触框、扇。

3）玻璃就位：将已裁割好的玻璃在铝合金框、扇中进行玻璃就位。如玻璃尺寸较小，可用双手夹住就位，如单块玻璃尺寸较大，可采用玻璃吸盘使玻璃就位。就位的玻璃要摆在凹槽的中间，并应保证有足够的嵌入量，四周应磨钝，如图1-92所示。内外两侧间隙不少于2mm，也不能大于5mm，以保玻璃不致与框、扇及其连接件直接接触，防止因玻璃胀缩发生变形。

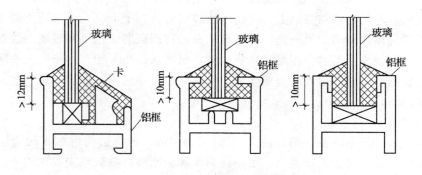

图1-92 玻璃装配嵌入量

4）用胶条固定：采用橡胶条固定时，先将橡胶条在玻璃两侧挤紧，再在胶条上面注入硅酮系列密封胶。胶应均匀、连续地填满在周边内，不得漏胶。采用橡胶块固定时，先用1cm左右长的橡胶块，将玻璃挤住，再在其上面注入硅酮系列密封胶。采用橡胶压条固定时，先将橡胶压条嵌入玻璃两侧密封，然后将玻璃挤紧，上面不再注胶。选用橡胶压条时，规格要与凹槽的实际尺寸相符，其长度不得短于玻璃周缘长度。所嵌的胶条要和玻璃，玻璃槽口紧贴，不得松动。安装不得偏位，不应强行填入胶条，否则会造成玻璃严重翘曲。反射玻璃的严重翘曲会产生严重的形象畸变。使用胶枪注胶时，要注得均匀光滑，注入的深度不小于5mm。

5）安装中空玻璃和玻璃面积大于0.65m²位于竖框中的玻璃时，应将玻璃搁置在两块相同的定位垫块上。搁置点离玻璃垂直边缘距离不小于玻璃宽度的1/4，且不宜小于150mm。位于扇中的玻璃，按开启方向确定定位垫块的位置，其定位垫块的宽度应大于所支撑玻璃件的厚度，长度不应小于25mm。定位垫块下面可设铝合金垫片。垫块和垫片均固定在框扇上。不得采用木质的定位垫块、隔片和垫片。

6）安装迎风面的玻璃时，玻璃镶入框内后，要及时用通长镶嵌条在玻璃两侧挤紧或用垫片固定，防止遇到较大阵风时使玻璃破损。

7）平开门窗的玻璃外侧，要采用玻璃胶填封，使玻璃与铝框连成整体，胶面向外倾斜30°~40°角。

8）检查垫块、镶嵌条等设置的位置是否合适，防止出现排水通道受阻，泄水孔堵塞现象。

9）擦净玻璃表面的污染物，关闭框、扇，以免风吹将玻璃震碎。

5.4.3 安装钢框、扇玻璃

（1）将钢框、扇裁口内的污垢（灰尘、碎屑、杂物等）清除干净。

（2）钢框、扇如有压弯翘曲，经修整合格后方可安装玻璃。

（3）试安玻璃，使玻璃每边都能压住裁口宽的3/4。但每个窗扇的裁口略有大小，同一规格的玻璃也有些差异，故应先试后安。试安不合适者应调换，直到合适为止。

（4）用油灰刀在裁口内抹油灰打底。抹灰要均匀，抹厚约1~3mm，并将裁口内高低补平。5mm以上的大片玻璃应用橡皮条或毡条嵌垫，但嵌垫材料要略小于裁口，安好后不致露边。

（5）安上玻璃并挤压油灰使之紧贴，使四边略有油灰挤出。安装时先放下口，再推入上口。

（6）用钢丝卡卡入扇的边框小眼内固定。长卡头压住玻璃，但不得露出油灰外，每边不少于两个，间距不得大于300mm。

（7）如用油灰固定，则油灰应填实抹光，如图1-93所示。如用橡皮垫，应先将橡皮垫嵌入裁口内，并用匝条和螺钉固定，如图1-94所示。

（8）采用钢压条固定时，应先取下压条，安入玻璃后，原条原框用螺钉拧紧固定。

（9）采用玻璃橡胶压条粘贴施工时，先将钢框、扇粘贴面擦净，清除油污，再在钢框、扇上均匀涂刷一道胶粘剂（氯丁胶），安上玻璃，然后将准备好的橡胶压条粘贴面刷上粘结剂按上，10min后用手指均匀地按压压条，使压条贴合。压条的两个粘贴面必须平直，不能在任一粘贴面有凹凸和陷缺。

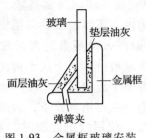 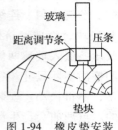

图 1-93　金属框玻璃安装　　　　图 1-94　橡皮垫安装

（10）擦净玻璃上的油灰印痕，关插框（扇）以免风吹震碎玻璃。

## 5.5　镜面玻璃安装

5.5.1　施工准备

（1）材料准备

1）镜面材料按图纸尺寸与数量选配普通平镜、深浅不同的茶色镜、带有凹凸线脚或花饰的单块特制镜等。小尺寸镜面厚度 3mm，大尺寸镜面厚 5mm 以上。

2）衬底材料：木墙筋、胶合板、沥青、油毡。

3）固定材料：螺钉、钢钉、玻璃胶、环氧树脂胶、盖条（木材或金属型材如铝合金型材等）、橡皮垫圈。

（2）工具准备

玻璃刀、玻璃钻、玻璃吸盘、水平尺、托板尺、玻璃胶筒以及锤子、螺钉旋具等。

5.5.2　墙、柱面镶贴镜面玻璃安装

（1）基层处理

1）在砌筑墙体（柱）时，要在墙体中埋入木砖，横向与镜面宽度相等，竖向与镜面高度相等，大面积镜面安装还应在横竖向每隔 500mm 埋木砖。

2）墙面抹灰后，在抹灰面上烫热沥青或贴油毡，也可将油毡夹于木衬板和玻璃之间，这些做法的主要目的是防止潮气使木衬板变形，防止潮气使水银脱落，镜面失去光泽。

3）立筋：用 40mm×40mm 或 50mm×50mm 的小木方，以钢钉钉于木砖上。安装小块镜面多为双向立筋，安装大片镜面可以单向立筋，横竖墙筋的位置与木砖一致。要求立筋横平竖直，以便于衬板和镜面的固定，因此，立筋时也要挂水平垂直线，安装前要检查防潮层是否做好，立筋钉好后要用长靠尺检查平整度。

4）铺钉衬板：衬板为 15mm 厚木板或 5mm 厚胶合板，用小钢钉与墙筋钉接，钉头冲入板内。衬板的尺寸可略大于立筋间距尺寸，这样可以减少剪裁工序，提高施工速度。要求衬板表面无翘曲、起皮现象，表面平整、清洁，板与板之间缝隙应在立筋处。

（2）镜面切割

安装一定尺寸的镜面时，要在大片镜面上切下一部分，切割时要在台案上或平整地面上进行，上面铺胶合板或地毯。

首先，将大片镜子放置于台案或地面上，按设计要求量好尺寸，以靠尺板做依托，用玻璃刀一次从头划到尾,将镜面切割线处移至台案边缘,一端用靠尺板按住,以手持另一端,迅速向下扳。切割和搬运镜面时,操作者要戴手套。

(3) 镜面固定

固定方法一般有以下几种:

1) 螺钉固定:以螺钉固定的镜面钻孔,钻孔的位置一般在镜面的边角处。首先按钻孔位置量好尺寸,标好钻孔点,然后在拟钻孔部位浇水,钻头钻孔直径应大于螺钉直径。然后玻璃钻垂直于玻璃面,开动开关,且稍用力按下并轻轻摇动钻头,直至钻透为止。钻孔时,要不断往镜面上浇水。可用 $\phi 3 \sim \phi 5$ 平头或圆头螺钉,透过玻璃上的钻孔钉在方木上,如图1-95所示。

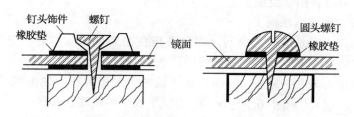

图1-95 螺钉固定镜面玻璃

安装一般从下向上、由左至右进行。有衬板时,可在衬板上按每块镜面的位置弹线,按弹线安装。

将已钻好孔的玻璃放于拟安装部位,在孔中穿入螺钉,套上橡皮垫圈,用螺钉旋具将螺钉逐个拧入木筋,注意不要拧得太紧。全部镜面固定后,用长靠尺靠平,稍高出其他镜面的部位再拧紧,以全部调平为准。将镜面之间的缝隙用玻璃胶嵌缝,要求密实、均匀,不污染镜面,最后用软布擦净镜面。

2) 嵌钉固定:嵌钉固定是用嵌钉钉于木筋上,将镜面玻璃的四个角压紧的固定方法,如图1-96所示。在平整的木衬板上先铺一层油毡,油毡两端用木压条临时固定,以保证油毡平整、紧贴于木衬板上。在油毡表面按镜面玻璃分块弹线。安装时,从下向上进行,安装第一排时,嵌钉应临时固定,装好第二排后再拧紧。其他同螺钉固定方法。

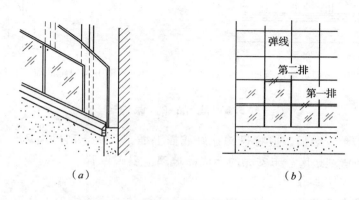

图1-96 镜面玻璃钉固定示意图
(a) 螺钉固定;(b) 嵌钉

3）粘贴固定：粘贴固定是将镜面玻璃用环氧树脂、玻璃胶粘贴于衬板上的固定方法。

首先检查木衬板的平整度和固定牢靠程度，木衬板不牢靠将导致整个镜面固定不牢。其次对木衬板表面进行清理，清除表面污物和浮灰，以增强粘结牢靠程度，在木衬板上按镜面玻璃分块尺寸弹线，刷胶粘贴玻璃。环氧树脂胶应涂刷均匀，不宜过厚，每次刷胶面积不宜过大，随刷随粘贴，并及时将从镜面缝中挤出的胶浆擦净。玻璃胶用打胶筒打点胶，胶点应均匀。粘贴应按弹线分格自下而上进行，待底下的镜面粘结达一定强度后，再进行上一层粘贴。

4）托压固定：托压固定主要靠压条和边框将镜面托压在墙（柱）上。压条和边框可采用木材、金属型材和铝合金型材。

（a）铺油毡和弹线方法同上。

（b）压条固定也是从下向上进行，用压条压住两镜面间接缝处，先用竖向压条固定最下层镜面，安放上一层镜面后再固定横向压条。

（c）压条为木材时，一般宽 30mm，长同镜面，表面可作出装饰线，每 200mm 内钉一颗钉子，钉头应埋入压条中 0.5~1mm，用腻子找平后刷漆，如图 1-97 所示。因为钉子要从镜面玻璃缝中钉入，因此，两镜面之间要考虑设 10mm 左右缝宽，应在弹线分格时就注意这个问题。

（d）表面清理方法同前。大面积单块镜面多以托压做法为主，也可结合粘贴方法固定。镜面的重量主要落在下部边框或砌体上，其他边框起防止镜面外倾和装饰作用，如图 1-98 所示。

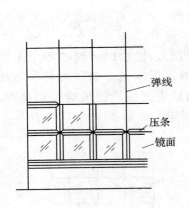
图 1-97　镜面玻璃压条固定示意图

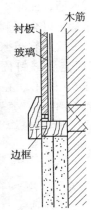
图 1-98　镜面玻璃边框固定节点

## 5.6　成品的保护

（1）门窗玻璃安装后，应将风钩挂好或插上插销，防止刮风损坏玻璃，并将多余的和破碎玻璃随即清理送库。未安完的半成品玻璃应妥善保管，保持干燥，防止受潮发霉。应平稳立放防止损坏。

（2）凡已安装完玻璃的房间，应指派责任心强的人看管维护，负责每日关闭框、扇，以减少损失。

（3）安装玻璃时，应注意保护好窗台抹灰。

（4）填封密封胶条或玻璃胶的框、扇待胶干后（不少于24h），框、扇方能开启。

（5）避免强酸性洗涤剂溅到玻璃上。如已溅上应立即用清水冲洗。对于热反射玻璃的反射膜面，若溅上了碱性灰浆，要立即用水冲洗干净，以免反射膜变质。

（6）不能用酸性洗涤剂或含研磨粉的去污粉清洗反射玻璃的反射膜面，造成在反射膜上留下伤痕或使反射膜脱落。

### 5.7 玻璃工程安装质量要求及检验方法

（1）主控项目

1）玻璃的品种、规格、尺寸、色彩、图案和涂膜朝向应符合设计要求。单块玻璃大于1.5$m^2$时应使用安全玻璃。

检验方法：观察；检查产品合格证书、性能检测报告和进场验收记录。

2）门窗玻璃裁割尺寸应正确。安装后的玻璃应牢固，不得有裂纹、损伤和松动。

检验方法：观察；轻敲检查。

3）玻璃的安装方法应符合设计要求。固定玻璃的钉子或钢丝卡的数量、规格应保证玻璃安装牢固。

检验方法：观察；检查施工记录。

4）镶钉木压条接触玻璃处，应与裁口边缘平齐。木压条应互相紧密连接，并与裁口边缘紧贴，割角应整齐。

检验方法：观察。

5）密封条与玻璃、玻璃槽口的接触应紧密、平整。密封胶与玻璃、玻璃槽口的边缘应粘结牢固、接缝平齐。

检验方法：观察。

6）带密封条的玻璃压条，其密封条必须与玻璃全部贴紧，压条与型材之间应无明显缝隙，压条接缝应不大于0.5mm。

检验方法：观察；尺量检查。

（2）一般项目

1）玻璃表面应洁净，不得有腻子、密封胶、涂料等污渍。中空玻璃内外表面均应洁净，玻璃中空层内不得有灰尘和水蒸气。

检验方法：观察。

2）门窗玻璃不应直接接触型材。单面镀膜玻璃的镀膜层及磨砂玻璃的磨砂面应朝向室内。中空玻璃的单面镀膜玻璃应在最外层，镀膜层应朝向室内。

检验方法：观察。

3）腻子应填抹饱满、粘结牢固；腻子边缘与裁口应平齐。固定玻璃的卡子不应在腻子表面显露。

检验方法：观察。

### 5.8 玻璃工程安装质量通病及防治措施

玻璃工程安装质量通病及防治措施，见表1-24。

## 玻璃安装质量通病及防治措施  表 1-24

| 项次 | 项目 | 质量通病 | 防治措施 |
|---|---|---|---|
| 1 | 材料 | 玻璃发霉 | 在玻璃储存期间应有良好的通风条件,防止受潮、受淋 |
| 2 | 裁割 | 夹丝玻璃使用时易破损 | 裁割时应防止两块玻璃互相在边缘处挤压造成微小缺口,引起使用时破损 |
|  |  | 安装尺寸小或过大 | 裁割时严格掌握操作方法,按实物尺寸裁割玻璃 |
| 3 | 密封 | 尼龙毛条、橡胶条丢失或长度不到位。橡胶压条选型不妥,造成密封质量不好 | 1. 密封材料的选择,应按照设计要求<br>2. 如果施工中丢失,应及时补上<br>3. 封缝的橡胶条,易在转角部位脱开。橡胶条封缝的窗扇,要在转角部位注上胶,使其牢固粘结 |
| 4 | 安装 | 玻璃安装不平整或松动 | 1. 清除槽口内所有杂物,铺垫底灰厚薄要均匀一致。底油灰失去作用应重新铺垫,再安装好玻璃。为防止底油灰冻结,可适当掺加一些防冻剂或酒精<br>2. 裁割玻璃尺寸应使上下两边距离槽口不大于 4mm,左右两边距槽口不大于 6mm,但玻璃每边镶入槽口应不少于槽口的 3/4,禁止使用窄小玻璃<br>3. 钉子数量适当,每边不少于一颗,如果边长 40cm,就需钉两颗钉子,两钉间距不得大于 15～20cm<br>4. 玻璃松动轻者挤入油灰固定,严重者必须拆掉玻璃,重新安装 |
| 5 | 嵌油 | 油灰棱角不规则,交角处八字不见角 | 1. 选用无杂质的油灰。冬季油灰应软些,夏季油灰应硬些,刮油灰时油灰刀先从一个角插入油灰中,贴紧槽口边用力均匀向一个方向刮成斜坡形,向反方向理顺光滑,交角处如不准确,用油灰刀反复多次刮成八字形为止<br>2. 将多余的油灰刮除,不足处补油灰修至平整光滑 |
|  |  | 底油灰不饱满 | 1. 玻璃与槽口紧贴,四周不一致或有支翘处,须将玻璃起下来,将槽口所有杂物清除掉,重抹底油灰。调制的底油灰应稀稠软硬适中<br>2. 铺底油灰要均匀饱满。厚度至少为 1mm,但不大于 3mm,无间断,无堆集。铺好后再安装玻璃<br>3. 安玻璃时,用双手将玻璃轻按压实。四周的底油灰要挤出槽口,四角按实并保持端正。待挤出的底油灰初凝达到一定强度,才准许平行槽口将多余的底油灰刮匀,裁除平整。有断条不饱满处,可将底油灰塞入凹缝内刮平 |
|  |  | 里见油灰,外见裁口 | 1. 要求操作人员认真按操作规程施工。对需涂刷涂料的油灰,所刮油灰要比槽口小 1mm,不涂涂料的油灰可不留余量。四角整齐,油灰紧贴玻璃和槽口,不能有空隙、残缺、翘起等弊病<br>2. 有里见油灰的弊病,可将多余的油灰刮除,使其光滑整齐。对外见裁口的弊病,可增补油灰,再裁刮平滑即可 |

续表

| 项次 | 项目 | 质量通病 | 防治措施 |
|---|---|---|---|
| 6 | 油灰 | 油灰流淌 | 1. 商品油灰须先经试验合格后方可使用<br>2. 刮抹油灰前，必须将存在槽口内的杂物清除干净<br>3. 掌握适宜的温度刮油灰，当温度较高或刮油灰后有下坠迹象时，应即停止<br>4. 选用质量好具有可塑性的油灰，自配油灰不得使用非干性油材料配制。油性较多可加粉质填料，拌搅调匀方能使用<br>5. 出现流淌之油灰，必须全部清除清干，重新刮质量好的油灰 |
| | | 油灰露钉或露卡子 | 1. 木门窗应选用1/2~3/4英寸的圆钉，钉钉时，钉帽靠近玻璃，钉的钉子既要不使钉帽外露又要使玻璃嵌贴牢固<br>2. 钢门钢窗卡卡子时，应使卡子留口卡入玻璃边并固定牢。如卡子露出油灰外，则将卡子长脚剪短再安装<br>3. 将凸出油灰表面的钉子，钉入油灰内，钢卡子外露应起下来，换上新的卡平卡牢<br>4. 损坏的油灰应修理平整光滑 |
| 7 | 钉压条 | 油灰粘结不牢，裂纹或脱落 | 1. 商品油灰应先经试验合格方可使用<br>2. 油灰使用前将杂物清除并调合均匀<br>3. 选用热桐油等天然干性油配制的油灰<br>4. 油灰表面粗糙和有麻面时，用较稀的油灰修补<br>5. 油灰有裂纹、断条、脱落，必须将油灰铲除，重抹质量好的油灰 |
| | | 木压条不平整有缝隙 | 1. 不要使用质硬易劈裂的木压条，其尺寸应符合安装要求，端部锯成45°角的斜面。安装玻璃前将木压条卡入槽口内，装时再起下来<br>2. 选择合适的钉子，将钉帽锤扁，然后将木压条贴紧玻璃，把四边木压条卡紧后，再用小钉钉牢<br>3. 有缝隙、八字不见角、劈裂等弊病的木压条，必须拆除，换上较好的木压条重新钉牢 |
| 8 | 表面清理 | 玻璃不干净或有裂纹 | 1. 玻璃安装后，应用软布或棉丝清洗擦净玻璃表面污染物，达到透明光亮，发现有裂纹的玻璃，必须拆掉更换<br>2. 遇有气泡、水印、棱脊、波浪和裂纹的玻璃不能使用。裁割玻璃尺寸不得过大或过小，应符合施工规范规定<br>3. 玻璃安装时，槽口应清理干净，垫底油灰要铺均匀，将玻璃安装平整用手压实。钉帽紧贴玻璃垂直钉牢 |

# 课题6 金属饰面

## 6.1 金属装饰板的种类与特点

金属装饰板一般悬挂在承重骨架和外墙面上。它具有典雅庄重，质感丰富以及坚固、质轻、耐久、易拆卸等特点。施工方法多为预制装配，节点构造复杂，施工精度要求高，必须有完备的工具和经过培训的有经验的工人才能完成操作。

### 6.1.1 金属装饰板的种类

（1）按材料分类

金属外墙板按材料可分为单一材料板和复合材料板两种。

1）单一材料板

单一材料板为一种质地的材料，如钢板、铝板、铜板、不锈钢板等。

2）复合材料板

复合材料板是由两种或两种以上质地的材料组成，如铝合金板、搪瓷板、拷漆板、镀锌板、金属夹心板等。

（2）按板面形状分类

金属装饰板按板面形状可分为光面平板、纹面平板、压型板、波纹板、立体盒板等，如图1-99所示。

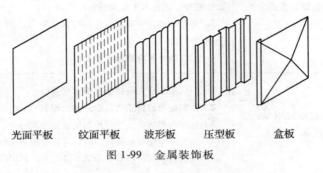

图1-99 金属装饰板

### 6.1.2 金属装饰的特点

铝及铝合金板是最常用的金属板材，它具有质量轻（仅为钢的1/3）、易加工（可切割、钻孔），强度高，刚度好，经久耐用（露天可用20年不需检修），便于运输和施工，表面光亮，可反射太阳光及防火、防潮、耐腐蚀的特点。此外，铝合金装饰板还有一个独特的优点，即可以采用化学的方法、阴极氧化的方法或喷漆处理着上所需要的各种漂亮的颜色。

## 6.2 施工常用机具

切割机、手电钻、电焊机、冲击钻、水平尺、角尺、直尺、线坠、锤子、刨子、锯子、卷边机、滚圆机、起子、划针、圆规等。

## 6.3 铝合金饰面板安装程序与要求

铝合金板饰面施工的工程质量要求较高，技术难度大，所以施工前应吃透施工图纸，认真领会设计意图。铝合金板饰面，一般由钢或铝型材做骨架（包括各种横、竖杆），铝合金板做饰面。骨架大多用型钢，因型钢强度高、焊接方便、价格便宜、操作简便。

### 6.3.1 放线

放线是铝合金板饰面安装的重要环节。首先，要将支承骨架的安装位置准确地按设计图要求弹至主体结构上，详细标定出来，为骨架安装提供依据。因此，放线、弹线前应对基体结构的几何尺寸进行检查，如发现有较大误差，应会同各方进行处理。达到放线一次完成，使基层结构的垂直与平整度满足骨架安装平整度和垂直度的要求。

6.3.2 安装固定连接件

型钢、铝材骨架的横、竖杆件是通过连接件与结构基体固定的。连接件常与墙面上的膨胀螺栓固定或与结构预埋钢件焊接固定。一般用膨胀螺栓固定连接件较为灵活，尺寸易于控制。

连接件必须牢固。连接件安装固定后，应做隐蔽检查记录，包括连接焊缝长度、厚度、位置，膨胀螺栓的埋置标高位置、数量与嵌入深度。必要时还应做抗拉、抗拔测试，以确定其是否达到设计要求。连接件表面应做防锈、防腐处理，连接焊缝必须涂刷防锈漆。

6.3.3 安装固定骨架

骨架安装前必须先进行防锈处理，安装位置应准确无误，安装中应随时检查标高及中心线位置。对于面积较大、层高较高的外墙铝板饰面的骨架竖杆，必须用线坠和仪器测量校正，保证垂直和平整，还应做好变形截面、沉降缝、变形缝处细部处理，为饰面铝板顺利安装创造条件。

6.3.4 铝合金装饰板的安装

铝合金板饰面随建筑立面造型的不同而异，安装扣紧方法也较多，操作顺序也不一样。通常铝合金饰面板的安装连接有如下两种：一是直接安装固定，即将铝合金板块用螺栓直接固定在型钢上；二是利用铝合金板材压延、拉伸、冲压成型的特点，做成各种形状，然后将其压卡在特制的龙骨上，或两种安装方法混合使用。前者耐久性好，常用于外墙饰面工程；后者施工方便，适宜室内墙面装饰。铝合金饰面根据材料品种的不同，其安装方法也各异。

（1）铝合金板条安装

铝合金饰面板条一般宽度≤150mm，厚度＞1mm，标准长度为6m，经氧化镀膜处理，如图1-100所示。

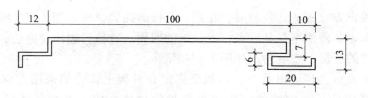

图1-100 铝合金板条断面

板条通过焊接型钢骨架用膨胀螺栓连接或连接钢件与建筑主体结构上的预埋钢件焊接固定。当饰面面积较大时，焊接骨架可按板条宽度增加布置角钢横、竖肋杆，一般间距以≤500mm为宜，此时铝合金板条用自攻螺钉直接拧固于骨架上。此种板条的安装，由于采用后条扣压前条的构造方法，可使前块板条安装固定的螺钉被后块板条扣压遮盖，从而达到使螺钉全部暗装的效果，既美观又对螺钉起保护作用。安装板条时，可在每条板扣嵌时留5~6mm空隙形成凹槽，增加扣板起伏，加深立面效果，如图1-101所示。

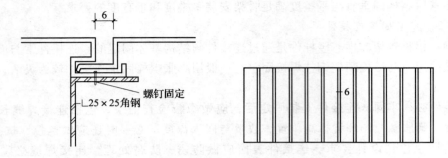

图 1-101　铝合金板条安装

(2) 复合铝合金隔热墙板安装

1) 成型蜂窝空腔状的铝合金蜂窝板。如图 1-102 所示的铝合金蜂窝板不仅具有装饰的效果，而且还具有保温、隔热、隔声等功能，主要用于某些高层建筑的窗下墙部位。虽然该种板也用螺栓固定，但是在具体构造上与图 1-100 所示的板条有很大差别。这种墙板是用图 1-103 所示的连接件，将墙板与骨架连成整体。

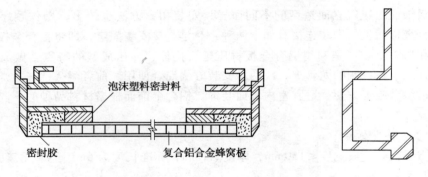

图 1-102　铝合金蜂窝板　　　　　图 1-103　连接件断面

此类连接固定方式构造比较稳妥，在铝合金板的四周，均用图 1-103 所示的连接件与骨架固定，其固定的范围不是某一点，而是板的四周。这种周边固定办法，可以有效地约束板在不同方向的变形，安装构造如图 1-104 所示。

从图 1-104 节点大样可以看出，墙板是固定在骨架上，骨架采用方钢管通过角钢连接件与结构连成整体。方钢管的间距应根据板的规格所定，其骨架断面尺寸及连接板的尺寸，应进行计算选定。这种固定办法安全系数大，较适宜在多层建筑和高层建筑中采用。

2) 图 1-105 所示的铝合金板也是用于墙的蜂窝板。此种板的特点为：固定与连接的连接件，在铝合金制造过程中，同板一起完成。周边用封边框进行封堵，同时也是固定板的连接件。

安装时，两块板之间有 20mm 的间隙，用一条挤压成型的橡胶带进行密封处理。两块板用一块 5mm 的铝合金板压住连接件的两端，然后用螺钉拧紧。螺钉的间距 300mm 左右，其固定如图 1-106 所示。

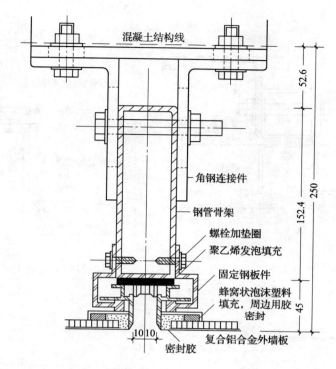

图 1-104　固定节点大样

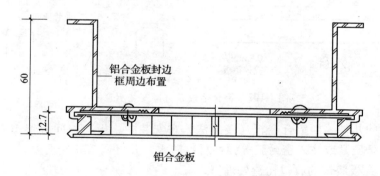

图 1-105　铝合金板外墙板

（3）铝合金板柱子外包

这种板的固定，考虑到柱子高度不大，受风荷载影响小等客观条件，在固定方法上进行简化。在板的上下各留两个小孔，然后用发泡 PVC 及密封胶将块与块之间缝隙填充密封，再用 φ12 钢销钉将两块板与连接件拧牢，如图 1-107 所示。

（4）铝合金板条直接安装

这种方法用于层高不大，风压值小的建筑，为一种简易安装法。具体做法是将铝板装饰墙板条做成可嵌插形状，与镀锌钢板冲压成型的嵌插母材——龙骨嵌插，再用连接件把龙骨与墙体螺栓锚固。这种连接方法简便易作，可大大加快施工进度，如图 1-108 所示。

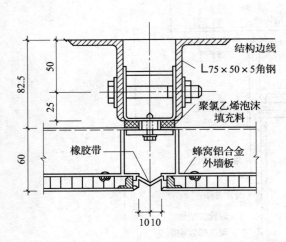
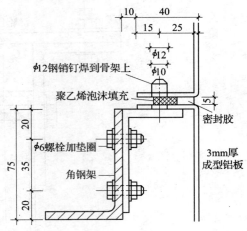

图 1-106　铝合金安装节点大样　　　　图 1-107　铝合金柱安装节点大样

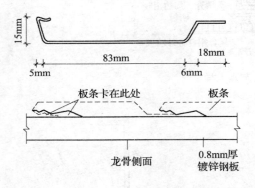
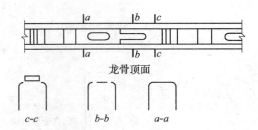

图 1-108　铝合金板条直接安装示意图

以上介绍的几种墙面铝合金板连接方法，在安装中，板与板间应留 10~20mm 间隙，间隙缝用橡胶条压紧或注入密封胶等弹性材料防水，并可调整安装误差。

（5）铝合金板装饰的收口构造处理

无论何种饰面，对于边角、沉降缝、伸缩缝和压顶等特殊部位均需做细部处理。这类处理，首先是满足建筑结构的功能，其次必须与建筑装饰协调，起到烘托饰面美观的作用，因此收口较为细致。

铝型材具有易于延展成型，可做成复杂剖面，加之镀彩处理等特点，也可满足美观效果，因此给细部处理提供了条件。以下介绍几种特殊部位构造处理方法。墙面阳角构造如图 1-109 所示。图中五种处理方法，构造简单，用 1.5~2mm 的铝合金板与外墙板螺栓固定即可，更换也很简便。

女儿墙或窗台上端，其成形形状，如图 1-110 所示。

上述水平盖板，仅作为一种形式供参考。无论何种盖板，水平顶端应用不同形状之铝合金盖住，以防止每个方向风雨的侵袭、浸透，方便排水。

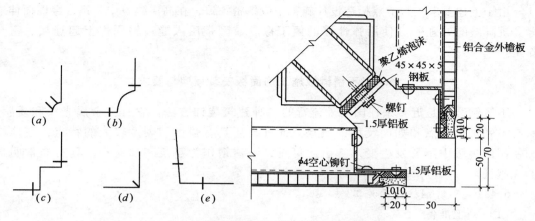

图 1-109 墙面阳角处理

水平盖板，可与基层钢骨架连接件螺栓连接，亦可用自攻螺钉直接拧在边框上，缝隙部位应用密封胶嵌填。

对于墙面边缘的收口处理，可利用铝板成型的边缘收口板，在墙边缘部位将方形吊管、连接卡件全部遮盖，锚固亦可利用面板安装的连接件，用螺栓连接，以保证美观。边缘收口，如图 1-111、图 1-112 所示。

伸缩缝、沉降缝的处理：伸缩缝、沉降缝是满足建筑物使用功能的结构构造，铝合金板在满足此一功能的同时，安装时还应兼顾美观并解决好防水环节。

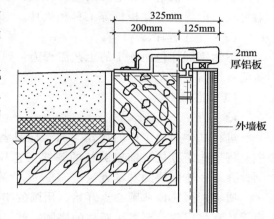

图 1-110 铝合金水平盖板示意

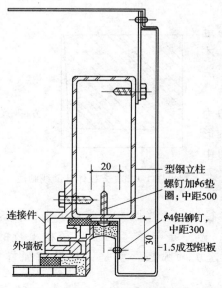

图 1-111 墙面边缘的收口处理示意

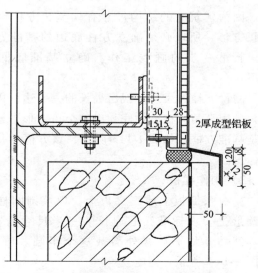

图 1-112 墙下铝合金板处理示意

由于上述要求，其节点构造设计施工中应缜密细致，在高层建筑中，铝合金墙面伸缩缝、沉降缝的处理一般使用弹性好的氯丁橡胶成型带压入缝边锚固件上起连接、密封作用。

### 6.4 不锈钢板施工饰面板安装程序与要求

不锈钢装饰是近年来在国内外流行的一种建筑装饰方法。它具有金属光泽和质感，具有不锈蚀的特点和如同镜面的效果。此外，还具有强度和硬度较大的特点，在施工和使用的过程中不易发生变形。由此可见，不锈钢作为建筑装饰材料，具有非常明显的优越性。

#### 6.4.1 不锈钢柱包面施工

（1）施工准备

装饰用不锈钢板和电焊条应符合设计要求，施工前应准备卷尺、锄头、钢管、电钻、射钉枪、电焊机、卷板机等工具和机具。

（2）施工程序

不锈钢圆柱包面施工的工艺流程为：弹线→制作样板图→画线→制作骨架→制作骨架基层→饰面→柱角处理。

（3）施工要点

1）弹线

进行柱体弹线工作的操作人员，应具备一些平面几何的基本知识。在柱体弹线工作中，将原建筑方柱装饰成圆柱的弹线工艺较为典型，现以方柱装饰成圆柱的弹线方法为例，介绍柱体弹线的基本方法。

通常画圆应该从圆心点开始，用圆的半径把圆画出。但圆柱的中心点已有建筑方柱，而无法直接得到。要画出圆柱的底圆，就必须用变通的方法。不用圆心而画出圆的方法很多，这里仅介绍一种常用的弦切法。其画圆柱底圆的步骤如下：

确立基准方柱底框。

因为建筑上的结构尺寸有误差，方柱也不一定是正方形，所以必须确立方柱底边的基准方框，才能进行下一步的画线工作。确立基准底框的方法如下：

测量方柱的尺寸，找出最长的一条边；以该边为边长，用直角尺在方柱底弹出一个正方形，该正方形就是基准方框，如图1-113所示，该方框的每条边中点标出。

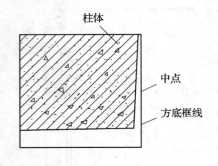

图1-113 方柱体基准线画法

2）制作样板

在一张纸板上或三夹板上，以装饰圆柱的半径画一个半圆，并剪裁下来，在这个半圆形上，以标准底框边长的一半尺寸为宽度，做一条与该半圆形直径相平行的直线。然后，从平行线处剪裁这个半圆。所得到这块圆弧板，就是该柱弦切弧样板，如图1-114所示。

3）画线

以该样板的直边，靠住基准底框的四个边，将样板的中点线对准基准底框边长的中心。然后沿样板的圆弧边画线，这样就得到了装饰圆柱的底圆，如图 1-115 所示。顶面的画线方法基本相同，但基准顶框画出，必须通过底边框吊垂直线的方法来获得，以保证地面与顶面的一致性和垂直度。

4）制作骨架

不锈钢装饰板包圆柱柱体的骨架一般采用木骨架。木骨架用木方连接成框体。其制作顺序为：竖向龙骨定位→制作横向龙骨→横向龙骨与竖向龙骨连接→骨架与建筑柱体连接→骨架形体校正。

（a）竖向龙骨定位

① 先从画出的装饰柱体顶面线向底面线吊垂直线，并以垂直线为基准，在顶面与地面之间竖起竖向龙骨，校正好位置后，分别在顶面和地面把竖向龙骨固定起来。

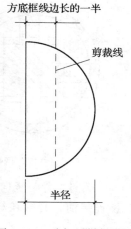

图 1-114　弦切弧样板画法

② 根据施工图的要求间隔，分别固定好所有的竖向龙骨。固定方法常采用连接脚件的连接方式，即连接脚件用膨胀螺栓或射钉与顶面、地面固定，竖向龙骨再与连接脚件用焊点或螺钉固定，如图 1-116 所示。

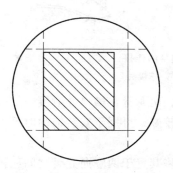

图 1-115　装饰圆柱的底圆

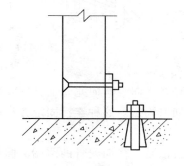

图 1-116　竖向龙骨固定

（b）制作横向龙骨

① 需要制作的横向龙骨，主要是为具有弧形的装饰柱体之用。在具有弧形的装饰柱体中，横向龙骨一方面是龙骨架的支撑件，另一方面还起着造型的作用。所以，在圆形或有弧形的装饰柱体中，横向龙骨需制作出弧形线，如图 1-117 所示。

② 弧线形横向龙骨的制作方法：在圆柱等有弧面的木骨架中，制作弧形横向龙骨，通常方法是用 15mm 木夹板来加工。首先，在 15mm 厚板上按所需的圆半径，画出一条圆弧，在该圆半径上减去横向龙骨的宽度后，再画出一条同心圆弧。

按同样方法在一张板上画出各条横向龙骨，但在木夹板上的画线排列，应以节省材料为原则。在一张木夹板上画线排列后，可用电动直线锯按线切割出横向龙骨，如图 1-118 所示。

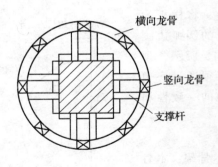 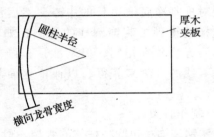

图1-117　圆柱龙骨骨架　　　　　图1-118　弧线形横向龙骨的制作

(c) 横向龙骨与竖向龙骨的连接

① 连接前，必须在柱顶与地面间设置形体位置控制线。控制线主要是吊垂线和水平线。

② 木龙骨的连接可用槽接法和加胶钉接法。通常圆柱等弧面柱体用槽接法，而方柱和多角柱可用加胶钉接法，如图1-119所示。

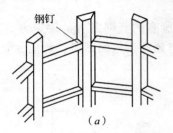

图1-119　圆柱木龙骨的连接
(a) 加胶钉接法；(b) 槽接法

槽接法是在横向、竖向龙骨上分别开出半槽，两龙骨在槽口处对接。槽接法也需在槽口处加胶、加钉固定。这种连接固定方法稳固性较好，可用于安装饰面时敲击振动较大的饰面安装。

加胶钉接法是在横向龙骨的两端头面加胶，将其置于两竖向龙骨之间，再用钢钉斜向与竖向龙骨固定。横向龙骨之间的间隔距离，通常为300mm或400mm。

(d) 柱体骨架与建筑柱体的连接

为保证装饰柱体的稳固，通常在建筑的原柱体上安装支撑杆件，使它与装饰柱体骨架相固定连接。

① 支撑杆可用木方或角钢来制作，并用膨胀螺栓或射钉、木楔钢钉的方法与建筑柱体连接，其另一端与装饰柱体骨架钉接或焊接。

② 支撑杆应分层设置，在柱体的高度方向上，分层的间隔为800~1000mm。

③ 支撑杆的连接固定方式，如图1-120所示。

(e) 骨架形体校正

柱体骨架连接固定时，为了保证形体准确性，在施工过程中，应不断地对骨架进行检查，其检查的主要内容是柱体骨架的歪斜度、不圆度、不方度和各条横向龙骨与竖向龙骨连接的平整度。

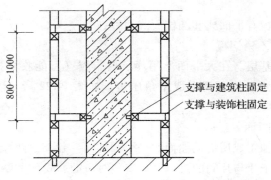

图 1-120　支撑杆的连接固定方式

① 歪斜度：在连接好的柱体骨架顶端边框线设置吊垂线，如果吊垂线下端与柱体边框平行，说明柱体没有歪斜度，如果垂线与骨架不平行，就说明柱体有歪斜度。吊线检查应在柱体周围进行，一般不少于四点位置，柱高 3.0m 以下者，可允许歪斜度误差在 3mm 以内；柱高 3.0m 以上者，其误差在 6mm 以内。如超过误差，就必须进行修正。

② 不圆度：柱体骨架的不圆度，经常表现为凸肚和内凹，这将对饰面板的安装带来不便，进而严重影响装饰效果。检查不圆度的方法也采用垂线法。将圆柱上、下边用垂线相接，如中间骨架顶弯细垂线说明柱体凸肚，如细线与中间骨架有间隔，说明柱体内凹。柱体表面的不圆度误差值不得超过 3mm。超过误差值的部分应进行修整。

③ 不方柱度：不方柱度检查较简单，只要用直角钢尺在柱的四个边角上分别测量即可，不方柱度的误差值不得大于 3mm。

④ 严整修边：柱体骨架连接、校正、固定之后，要对其连接部位和龙骨本身的不平整处进行修平处理。对曲面柱体中竖向龙骨要进行修边，使之成为曲面的一部分。

5）制作骨架基层

木饰面基层板的安装：

① 圆柱上安装木夹板：圆柱上安装木夹板，应选择弯曲性能较好的薄三夹板。

安装固定前，先在柱体骨架上进行试铺，如果弯曲粘贴有困难，可在木夹板的背面用墙布刀切割一些竖向刀槽，两刀横向相距 10mm 左右，刀槽深 1mm。要注意，应用木夹板的长边来转柱体。在木骨架的外面刷胶液，胶液可用乳胶或各类环氧树脂胶（万能胶）等，将木夹板粘贴在木骨架上，然后用钢钉从一侧开始钉木夹板，逐步向另侧固定。在对缝处用钉量要适当加密。钉头要埋入木夹板内。在钉接圆柱面木夹板时，最好采用钉枪钉。

② 实木条板安装：在圆柱体骨加上安装实木条板，所用的实木条板宽度一般为 50～80mm，如圆柱体直径较小（小于 $\phi350$），木条板宽度可减少或将木条板加工成曲面形。木条板厚度为 10～20mm。常见的实木条板的式样和安装方式，如图 1-121 所示。

 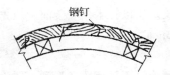 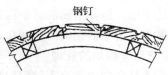

图 1-121　实木条板安装安装方式

6）饰面板安装

柱体上安装不锈钢板有平面式和圆柱面式两种：

（a）方柱体上安装不锈钢板

通常需要木夹板做基层。在大平面上用环氧树脂胶（万能胶）把不锈钢板面粘贴在基层木夹板上，然后在转角处用不锈钢成型角压边，如图 1-122 所示。在压边不锈钢成型角处，可用少量玻璃胶封口。

（b）圆柱面不锈钢板面

通常是在工厂专门加工成所需的曲面。一个圆柱面一般都由两片或三片不锈钢曲面板组装而成。安装的关键在于片与片间的对口处。安装对口的方式，主要有直接卡口式和嵌槽压口式两种。

① 直接卡口式：直接卡口式是在两片不锈钢板对口处，安装一个不锈钢卡口槽，该卡口槽用螺钉固定于柱体骨架的凹部。安装柱面不锈钢板时，只要将不锈钢板一端的弯曲部勾入卡口槽内，再用力推按不锈钢板的另一端，利用不锈钢板本身的弹性，使其卡入另一个卡口槽内，如图 1-123 所示。

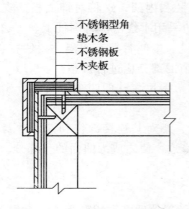
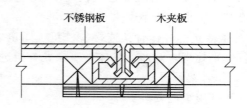

图 1-122　不锈钢板安装和转角处理　　　图 1-123　直接卡口式安装

② 嵌槽压口式：把不锈钢板在对口处的凹部用螺钉或钢钉固定，再把一条宽度小于凹槽的木条固定在凹槽中间，两边空出间隙相等，其间隙宽为 1mm 左右。在木条上涂刷环氧树脂胶（万能胶），等胶面不黏手时，向木条上嵌入不锈钢槽条。不锈钢槽条在嵌入粘结前，应用酒精或汽油清擦槽条内的油迹污物，并涂刷一层薄薄的胶液。其安装方式，如图 1-124 所示。安装嵌槽压口的关键是木条的尺寸准确，形状规则。尺寸准确既可保证木条与不锈钢槽的配合松紧适度，安装时，不需用锤大力敲击，避免损伤不锈钢槽面，又可保证不锈钢槽面与柱体面一致，没有高低不平现象。形状规则可使不锈钢槽嵌入木条后胶结面均匀，粘结牢固，防止槽面的侧歪现象。所以，木条安装前，应先与不锈钢槽条试配，木条的高度一般不大于不锈钢槽内深度 0.5mm。

7）方柱角的处理

方柱角位通常有不锈钢阳角形、不锈钢阴角形和不锈钢斜角形三种。

（a）阳角结构

阳角结构最常见，其角位结构也较简单，两个面在角位处直角相交，再用压角线进行封角。压角线可以是不锈钢角或不锈钢角型材。不锈钢角用自攻螺钉或铆钉法固定，而不锈钢角型材用粘卡法固定，如图 1-125 所示。

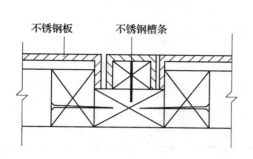

图 1-124　嵌槽压口式安装

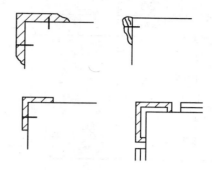

图 1-125　阳角结构

（b）斜角结构

柱体的斜角有大斜角和小斜角两种。大斜角是用木夹板按 45°角将两个面连接起来，角位不再用线条修饰，但角位处的对缝要求严密，角位木夹板的切割应用靠模来进行。小斜角常用不锈钢型材来处理。两种斜角的结构，如图 1-126 所示。

（c）阴角结构

所谓阴角，也就是在柱体的角位上做一个向内凹的角。这样的角结构常见于一些造型主体。阴角的结构用不锈钢型材来包角，其结构如图 1-127 所示。

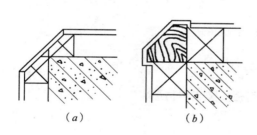

图 1-126　斜角结构
（a）大斜角是用木夹板；（b）小斜角常用不锈钢型材

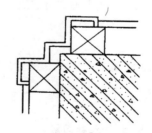

图 1-127　阴角结构

## 6.5　质量要求及验收标准

### 6.5.1　质量要求

（1）金属板表面平整、洁净，规格和颜色一致。
（2）板面与骨架的固定必须牢固，不得松动。
（3）接缝应宽窄一致，嵌填密实。
（4）安装金属板用的钢制锚固件和连接件应做防锈处理。

### 6.5.2　验收标准

金属板面工程质量允许偏差应符合表 1-25 的规定。

金属饰面工程质量允许偏差　　　　　　　　　表1-25

| 项　目 | | 允许偏差（mm） | | 检　验　方　法 |
| --- | --- | --- | --- | --- |
| | | 铝合金板 | 压型钢板 | |
| 立面垂直 | 室内 | 2 | 2 | 用2m托线板检查 |
| | 室外 | 3 | 3 | |
| 表面平整 | | 3 | 3 | 用2m靠尺和楔形塞尺检查 |
| 阳角方正 | | 3 | 3 | 用直角检测尺检查 |
| 接缝平直 | | 0.5 | 1 | 拉5m线检查，不足5m拉通线检查 |
| 墙裙上口垂直 | | 2 | 3 | 拉5m线检查，不足5m拉通线检查 |
| 接缝高低 | | 1 | 1 | 用钢直尺和楔形塞尺检查 |

# 课题7　木　质　饰　面

## 7.1　木质饰面的种类

用木质板装饰室内墙面、柱面，基本上以板材为主，其板材有两种类型：一种为天然板材和微薄木贴面，另一种为人工合成木制品，主要由木材加工过程中下脚或废料经过机械处理生产出的人造板材。

木质饰面板主要有木胶合板、装饰防火胶板、微薄木贴面、纤维板、刨花板、大漆装饰板、竹胶合板、细木工板等材料。

## 7.2　施工常用机具

刷子、美工刀、锯子、刨子、凿子、电熨斗、橡皮辊、毛巾等。

## 7.3　人造饰面板安装程序与要求

### 7.3.1　微薄木贴面板施工

（1）材料准备

微薄木贴面板是将柚木、楠木、樟木、楸木、水曲柳等名贵珍木，用旋切法或刨切法将原木切成薄片，粘贴、压合在三夹板上面组成的饰面板材，薄片厚度为0.2～1.5mm。

胶粘剂：白乳胶、脲醛树脂胶或骨胶等。

（2）施工工艺程序与要求

1）基层处理

粘贴前，要将被粘表面处理平整、光滑，可用刨子刨平或用砂纸磨平，凹陷处要用腻子嵌平。

2）裁切

进行裁切镶贴时，要根据微薄木贴面板的拼花图案或拼贴方式的设计要求，将微薄木贴面板小心锯切，锯路要直，要防止崩边。锯切时，还要留有2～3mm的刨削余量。加工刨削时，要非常严格细致，一般可将几块板成叠的夹在两块木板中间，用夹具将木板夹住，然后用刨子刨削至木板边。

3）粘贴

微薄木贴面板在涂胶粘贴前，一般要浸入温水中稍稍润湿，这样可以防止微薄木贴面板翘曲。

粘贴微薄木贴面板一般使用白乳胶、脲醛树脂胶、骨胶等，胶液的浓度应根据微薄木贴面板的尺寸和室内温度来决定。微薄木贴面板尺寸大，胶液应稀些；微薄木贴面板尺寸小，胶液可稠些。室内温度低时，胶液应稀些；室内温度高时，胶液应稠些。

粘贴时，用刷子将胶均匀地刷涂在微薄木贴面板的背面和木基层面上，粘贴后用干净的布平铺在微薄木贴面板上，用手或木块在由上面按压，使微薄木贴面板紧紧地粘贴在木基面上。

常用的微薄木贴面板如图1-128所示。粘贴对拼时，要注意使微薄木贴面板的木纹纹理对称，并符合拼花图案要求。粘贴时的对缝处理有两种：一种是在粘贴前就切割好，切割时可用美工刀。另一种是在粘贴时搭接贴，然后用美工刀在木皮搭口间切割，切割后马上把底面裁切下的木皮抽出，压平切口即可。

图1-128 微薄木贴面板拼花图案

粘贴大张微薄木贴面板，要先粘贴一端，然后逐渐向另一端伸展，粘贴后，可用橡皮辊进行有顺序的辊压或用干毛巾赶压。为了粘贴后有较好的平整性，也常用电熨斗进行热压平整，使粘贴的微薄木贴面板快速干燥。热压时，微薄木贴面板表面可铺上湿布，电熨斗温度保持在60℃左右。压平时，要将挤出的胶液立即揩掉。待微薄木贴面板粘牢后（24h左右），如有不平处，可用砂纸打平。

### 7.3.2 木质护墙板施工

(1) 材料准备

1）木质护墙板（传统上称为木台度）的面板常用木板、胶合板和企口板作为面板。

2）龙骨料：一般采用木料或厚的夹板，规格为25mm×30mm。

3）钉子、盖条、防火涂料等。

4）室内吊顶的龙骨架业已吊装完毕；需要通入墙面的电气线路应铺设到位；必要的施工材料已经进场及所需施工机具等已准备齐全。

5）室内木装修必须符合防火规范，其木结构墙身需进行防火处理，应在成品木龙骨或现场加工的木筋上，以及所采用的木质墙板背面，涂刷防火涂料（漆）不少于三道。目前，常用的木构件防火涂料有膨胀型乳胶防火涂料、A60—1改性氨基膨胀防火涂料和YZL—858发泡型防火涂料等。

(2) 施工常用机具

平铲、锯子、刨子、手电钻、冲击钻、水平尺、线坠、墨斗、平尺、锤子、角尺、花色刨、冲头、圆盘锯、机刨等。

(3) 施工工艺流程、方法

1) 弹线、设置预埋块

根据施工图上的尺寸，先在墙上划水平标高弹出分档线。根据线档在墙上加塞木楔或在砌墙时预先埋入木砖。木砖（或木楔）位置符合龙骨（或称护墙筋）分档的尺寸。木砖的间距横竖一般不大于400mm，如预埋的木砖位置不适用时，须予以补设。如在墙内打入木楔，可采用 $\phi 8 \sim \phi 10$ mm 的冲击钻头在墙面钻孔，钻孔的位置应在弹线的交叉点上，钻孔深度应不小于60mm。对于埋入墙体的木砖或木楔，应事先做防腐处理，特别是在潮湿地区或墙面易受潮部位的施工，其做法是以桐油浸渍，为方便施工，也可采用新型防腐剂。

2) 安装龙骨

局部护墙板，根据高度和房间大小，做成木龙骨架，整片或分片安装。在龙骨与墙之间铺油毡一层防潮。

全高护墙板，根据房间四角和上下龙骨先找平、找直，按面板分块大小由上到下做好木标筋，然后在空挡内根据设计要求钉横竖龙骨。

市场上销售的木条龙骨，多为 25mm×30mm 带凹槽（利于纵横咬口扣接）木方，拼装为框体的规格通常是 300mm×400mm 或 400mm×400mm（框架中心线间距）。对于面积不太大的护墙板骨架，可以先在地面进行全拼装后再将其钉入墙面；对于大面积的墙面龙骨架，一般是在地面上先做分片拼装，而后再连片组装固定于墙面。

对于采用现场进行龙骨加工的传统做法，其龙骨排布，一般横龙骨间距为 400mm，竖龙骨间距为 500mm，如面板厚度在 10mm 以上时，其横龙骨间距可放大到 450mm。龙骨必须与每一块木砖（或木楔）钉牢，在每块木砖上钉两枚钉子，上下斜角错开钉紧，其结构如图 1-129 所示。

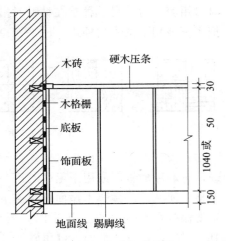

图 1-129 护墙板的结构

安装龙骨后，要检查表面平整与立面垂直，阴阳角用方尺套方。为调整龙骨表面偏差所用的木垫块，必须与龙骨钉固牢靠。

3) 安装面板

木板材护墙板的做法有打槽、拼缝和拼槽三种，根据设计应先作出样板（实样），预制好之后再上墙安装。企口板护墙板，则应根据要求进行拼接嵌装，其龙骨形式及排布也视设计要求做相应处理，特别是有些新型的木质企口板材，它们可进行企口嵌装，依靠异形板卡或带槽口压条进行连接，以减少面板上的钉固工艺而保持饰面的完整和美观。

胶合板护墙板所用的胶合板应进行挑选，分出不同色泽及残次品，符合要求的板材根据设计和现场情况进行整板铺钉或按造型尺寸进行锯裁。有的根据要求须在胶合板正面四边刨出45°角，倒角宽3mm左右。对于透明涂饰要求显露木纹的，应注意其木纹的对接须美观协调。在一般的面板铺钉作业中，也应该注意对其色泽的选择，颜色较浅的木板，可安装在光线较暗的部位的墙面上，颜色较深的木板料，可铺钉于受光较强的墙面上，或者将面板安排为在墙面上由浅到深逐渐过渡，从而使整个房间护墙板的色泽不出现较大差异。木板的拼接花纹应选用一致，切片板的树心也应一致，面材的色泽以相同或近似为好。

胶合板的铺钉，一般采用圆钉与木龙骨钉固。要求布钉均匀，钉距 100mm 左右。对于 5mm 以下厚度的胶合板，可使用 25mm 圆钉。

5mm 以上厚度的胶合板，应采用 30～35mm 圆钉固定。圆钉钉帽敲扁顺木纹打入板面内 0.5～1.0mm，最后用油性腻子嵌平钉孔。

钉压条时要钉通，接头处应做暗榫。立条所用板材应是通长的整料，不得拼接，要起榫割角，钉帽要砸扁顺木板条钉牢，以避免将木板条钉裂。同时，在敲击钉子时不得使木板面受到损伤。所有压条的线端头应规格一致，割角须严密。

木质护墙板的踢脚线处理，有多种选择，可根据材料种类及装饰要求由设计而定。如果采用木质踢脚板，也有多种做法，如图 1-130 所示的两种做法，可供参考。

护墙板的竖向分格、拉缝及嵌条的常见形式如图 1-131 所示。

压顶、收口可采用各种装饰木线制品，传统的做法如图 1-132 所示。

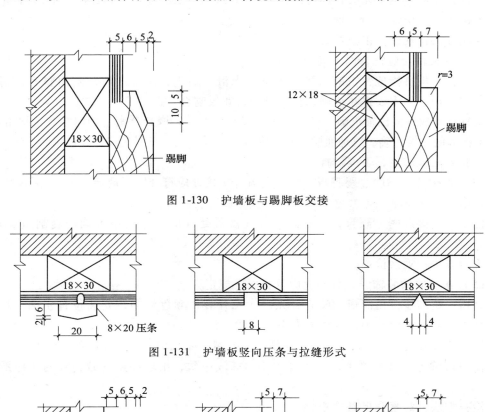

图 1-130 护墙板与踢脚板交接

图 1-131 护墙板竖向压条与拉缝形式

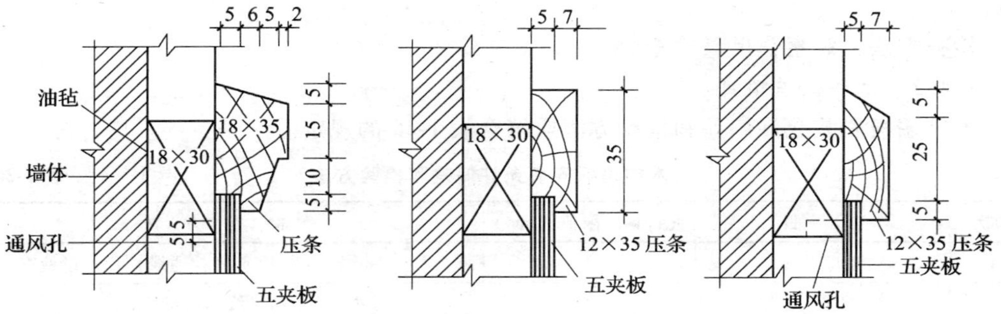

图 1-132 护墙板横向压条做法

## 7.4 质量要求及检验方法

**7.4.1 质量要求**

(1) 木材的品种、等级、质量和骨架含水率必须符合《木结构工程施工及验收规范》GB 50206—2002 的有关规定,并应符合建筑内装修防火设计有关规定。木护墙板制作尺寸正确,安装必须牢固。

检验方法:观察,检查产品合格证书和含水率测试报告,尺量和手掰检查。

(2) 木制护墙表面质量应符合以下规定

合格:表面平整、光滑。胶合板的花纹、颜色均匀,无开裂,无污斑,不露钉帽,无锤印。

优良:表面平整、光滑,同房间胶合板的花纹、颜色一致,无裂纹,无污染,不露钉帽,无锤印,分格缝均匀一致。

检验方法:观察,手摸检查。

(3) 木板拼接应符合以下规定

合格:木板拼接位置正确,接缝平整、光滑、顺直,嵌合严密,割向整齐,拐角方正,拼花木护墙的木纹拼花正确,纹理通顺,花纹吻合。

优良:木板拼接位置正确,接缝平整、光滑、顺直,嵌合严密,割向整齐,拐角方正,拼花木护墙的木纹正确,纹理通顺,花纹吻合、对称,同一房间花纹、位置相同一致。

检验方法:观察,手摸检查。

(4) 木护墙与贴脸、踢脚板、电气盒盖等交接处应符合以下规定

合格:交接紧密,电气盒盖处开洞位置正确,套割边缘整齐。

优良:交接严密、顺直,无缝隙,电气盒盖处开洞位置大小准确,套割边缘整齐、方正。

检验方法:观察检查。

(5) 木护墙的装饰线、分格缝应符合以下规定

合格:装饰线棱角清晰、顺直、光滑,无开裂,颜色均匀,安装位置正确,拐角方正,割角整齐,拼缝严密,分格缝大小、深浅一致、顺直。

优良:装饰线棱角清晰、顺直、光滑,无开裂,颜色均匀,安装位置正确,拐角方正,交圈,割角整齐,拼缝严密,分格缝大小、深浅一致,出墙厚度一致,缝的边缘顺直无毛边。

检查方法:观察,尺量检查。

**7.4.2 允许偏差项目**

木护墙板安装允许偏差和检验方法应符合表 1-26 的规定。

木护墙板安装允许偏差和检验方法　　　　表 1-26

| 项次 | 项 目 | 允许偏差限值(mm) | 检 验 方 法 |
| --- | --- | --- | --- |
| 1 | 上口平直 | 2 | 拉 5m 线(不足 5m 者拉通线)用尺量检查 |
| 2 | 立面垂直 | 2 | 全高吊线和尺量检查 |
| 3 | 表面平整 | 1 | 用 2m 靠尺和楔形塞尺检查 |

续表

| 项次 | 项 目 | 允许偏差限值（mm） | 检 验 方 法 |
|---|---|---|---|
| 4 | 接缝高低差 | 0.5 | 用直尺和塞尺检查 |
| 5 | 装饰线位置差 | 1 | 用尺量检查 |
| 6 | 装饰线阴阳角方正 | 2 | 用方尺和楔形塞尺检查 |

## 7.5 质量通病及防治措施

7.5.1 安装龙骨易出现的问题、措施

龙骨安装固定不牢、不平整、不方正、挡距不符合要求。

（1）主要原因

结构与装修施工配合不当，木龙骨含水率偏大，选择圆钉尺寸偏小，操作不规范。

（2）防治措施

必须熟悉图纸，按要求埋置预埋钢件，及时增补龙骨连接点，增加龙骨与墙体的接合点，严格控制含水率，合理设置纵横向龙骨，选用合适圆钉、螺钉，按工艺标准操作施工，严格执行持证上岗制度。

7.5.2 面层涂饰易出现的问题、措施

面层花纹错乱、颜色不均、表面不平、留缝不匀、接缝不严、割角不严不方、棱角不直等。

（1）主要原因

面板未进行严格的挑选、对色、对木纹，没有按照编号进行施工。

（2）防治措施

要在施工前挑选好面层的优劣、花纹、色差，并分类存放。加工时尽量选色差小，纹理近似者用在一面墙。一个房间内注意木纹根部在下，防止倒置，上下拼缝要对色、对木纹，安装面板时，自下而上进行，严格按照编号进行施工。

# 课题8 涂料饰面

## 8.1 涂料的种类

涂料按不同的标准可分成以下不同的类别。

（1）按涂料的装饰质感分：可分为薄质涂料、厚质涂料和复层涂料。

（2）按成膜肌理分：可分为转化型涂料和非转化型涂料。

（3）按施工方法分：可分为刷涂涂料、喷涂涂料和滚涂用涂料等。

（4）按涂料的使用层次分：可分为底漆、腻子、两道底漆和面漆。

（5）按涂膜外观透明状况分：可分为清漆、透明漆和色漆。

（6）按涂膜外观光泽状况分：可分为光漆、半光漆和无光漆。

（7）按涂料的溶剂分：可分为溶剂型涂料、水溶性涂料、乳液型涂料和粉末涂料。

（8）按建筑物涂刷部位分：可分为外墙涂料、内墙及顶棚涂料、木材饰面油漆、金属饰面油漆、地面油漆、涂料。

（9）按主要成膜物质分：可分为18类，见表1-27。这是我国广泛采用的由原燃料化学工业部规定的分类方法。

涂料的分类　　　　　　　　　　　　表1-27

| 代号 | 类别 | 主要成膜物质 |
|---|---|---|
| Y | 油脂漆类 | 天然动植物油、清油（熟油）、合成油 |
| T | 天然树脂漆类 | 松香及其衍生物、虫胶、乳酪素、动物胶、大漆及其衍生物 |
| F | 酚醛树脂漆类 | 改性酚醛树脂、纯酚醛树脂 |
| L | 沥青漆类 | 天然沥青、石油沥青、煤焦沥青 |
| C | 醇酸树脂漆类 | 甘油醇酸树脂、季戊四醇酸树脂、其他改性醇酸树脂 |
| A | 氨基树脂漆类 | 脲醛树脂、三聚氰胺甲醛树脂、聚酰亚胺树脂 |
| Q | 硝基漆类 | 硝酸纤维树脂 |
| M | 纤维素漆类 | 乙基纤维、苄基纤维、羟甲基纤维、醋酸纤维、其他纤维酯及醚类 |
| G | 过氯乙烯漆类 | 过氯乙烯树脂 |
| X | 乙烯漆类 | 氯乙烯共聚树脂、聚醋酸乙烯及其共聚物、聚乙烯醇缩醛树脂、聚二乙烯乙炔树脂、含氟树脂 |
| B | 丙烯酸漆类 | 丙烯酸酯树脂、丙烯酸共聚物及其改性树脂 |
| Z | 聚酯漆类 | 饱和聚酯树脂、不饱和聚酯树脂 |
| H | 环氧树脂漆类 | 环氧树脂、改性环氧树脂 |
| W | 元素有机漆类 | 有机硅、有机钛、有机铝等元素有机聚合物 |
| I | 橡胶漆类 | 天然橡胶及其衍生物、合成橡胶及其衍生物 |
| E | 其他漆类 | 未包括在以上所列的其他成膜物质 |
|  | 辅助材料 | 稀释剂、防潮剂、催干剂、脱漆剂、固化剂 |

## 8.2 涂料饰面工程施工的工具、机具

涂料饰面工程施工的工具、机具包括两大类：一类是基层处理用工具、机具；另一类是涂料施涂用工具、机具。

### 8.2.1 基层处理用工具、机具

基层处理用工具、机具，包括手工基层处理工具和小型机具，如图1-133、图1-134所示。它们主要用于打磨敲铲、刷扫清除基层面上的锈斑、污垢、附着物及尘土等杂物。

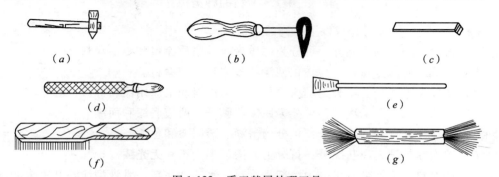

图1-133 手工基层处理工具

(a) 尖头锤；(b) 尖类锤；(c) 弯头刮刀；(d) 圆纹锉；(e) 刮铲；(f) 钢丝刷；(g) 钢丝束

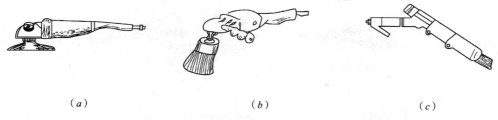

图 1-134 常用基层处理小型机具

(a) 圆盘打磨机;(b) 旋转钢丝刷;(c) 钢针除锈机

### 8.2.2 涂料涂施用工具、机具

涂料饰面工程施工的涂料涂施用工具、机具,如图 1-135、图 1-136 所示。

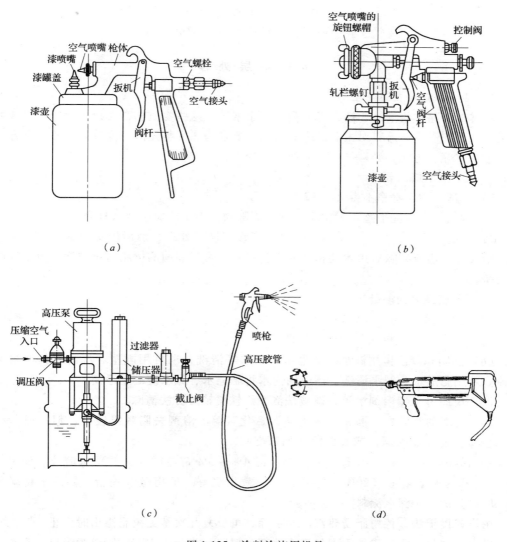

图 1-135 涂料涂施用机具

(a) PQ—1 型涂料喷枪;(b) PQ—2 型涂料喷枪;(c) 高压无空气喷涂机;(d) 手提式涂料搅拌器

95

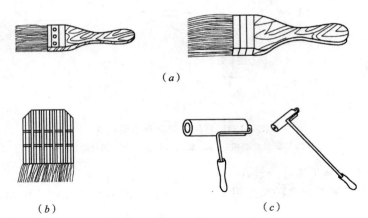

图 1-136 涂料涂施用工具
（a）油刷；（b）排笔；（c）涂料辊

## 8.3 基层处理

### 8.3.1 木基层表面处理

木材本身除木质素外，还含有油脂、单宁素等。这些物质的存在，使涂层的附着力和外观质量受到影响。涂料对木制品表面的基本要求为：平整光滑、少节疤、棱角整齐、木纹颜色一致等。为此，必须做如下的加工和处理：

（1）对木基层的要求

1）木基层的含水率不得大于12%。

2）木制品表面应平整，无尘土、油污等脏物，施工前应用砂纸打磨。

3）木制品表面的缝隙、毛刺、掀岔及脂囊应进行处理，然后用腻子刮平、打光。较大的脂囊和节疤应剔除后用木纹相同的木料修补。木料表面的树脂、单宁素、色素等应清除干净。

（2）木制品表面的处理

1）表面毛刺、污垢等处理方法。

（a）毛刺可用火燎法和润湿法处理。

（b）油脂和胶渍可用温水、肥皂水、碱水等清洗，也可用酒精、汽油或其他溶剂擦拭掉。若用肥皂水、碱水清洗，还应用清水将肥皂水、碱水洗刷干净。

（c）树脂可采用溶剂溶解、碱液洗涤或烙铁烫铲等方法清除。

常用的溶剂有丙酮、酒精、苯类与四氯化碳等。溶剂去脂效果较好，但一般价格较贵，且易着火（如丙酮）或有毒性（如苯类）。

常用的碱液是5%~6%碳酸钠水溶液或4%~5%苛性钠（火碱）水溶液。如将碱液（80%）和丙酮水溶液（20%）掺合使用，效果更好。但用碱液去脂，易使木材颜色变深，所以只适用于深色涂料。

用烙铁烫铲法，待树脂受热渗出时铲除，可反复几次至无树脂渗出时为止。

以上处理只能解决渗露于木材表面的部分树脂。为防止内部树脂继续渗出，宜在铲去脂囊的部位，涂一层虫胶漆封闭，在节疤处用虫胶漆点涂2~3遍。

（d）除单宁素可用蒸煮法和隔离法。单宁素多在栗木、麻栎木等中含有，如不消除将会与某些颜料发生化学反应，得不到预期的颜色，严重影响装饰效果。

2）找平、磨光。除高级细木活外，一般木制品表面应用腻刀刮平，然后用砂纸磨光，以达到表面平整的要求。应根据木制品精度要求，选择不同型号的砂纸进行磨光。

3）漂白。对于浅色、本色的中、高级清漆装饰，应采用漂白的方法将木材的色斑和不均匀的色调消除。漂白一般是在局部色深的木材表面上进行，也可在制品整个表面进行，其常用方法简介如下：

（a）过氧化氢。过氧化氢，俗称"双氧水"。常用浓度为15%～30%。用双氧水（3%）100g和氨水（25%）10～20g的混合溶液，均匀涂在木材、木夹板表面，涂刷后2～3d，木材、木夹板表面均匀而白净，也不需要任何处理，就可以进行油漆工序。但氨水掺量不宜过多，否则，反而影响白度。

（b）草酸。使用草酸漂白，应先配成以下三种溶液：

① 在1000mL水中溶解75g结晶草酸。

② 在1000mL水中溶解75g结晶硫代硫酸钠（俗称"大苏打"）。

③ 在1000mL水中溶解24.5g结晶硼砂。配制这三种溶液时，均用蒸馏水加热至70℃左右，在不断搅拌下，将事先称量好的药品放入蒸馏水中，直至完全溶解，待溶液冷却后使用。在使用时，应先将草酸溶液涂在木材表面上，约停歇4～5min，稍干后再涂硫酸钠水溶液。干燥木材即变白，如木材的颜色尚未达到要求的白度，可重复以上过程，局部未达到白度，可在局部重涂。等白度达到均匀后，再涂刷硼砂水溶液，使木材表面湿润即可，并随时用清水洗涤和擦拭干净。

（c）次氯酸钠。先用3%次氯酸钠水溶液（约70℃）涂刷木制品表面，过一段时间（约30min），再用0.5%醋酸溶液涂刷。重复前述操作，直至木料表面变白为止。

（d）碳酸钠—双氧水。先在木料表面涂刷15%碳酸钠热溶液，约5min后擦去表面渗出物，再用4:1的双氧水溶液涂刷，待达到要求后，再用湿布擦净表面。

（e）二氧化硫。细木雕刻或烫花的小型高级木制品，可放密室内，利用燃烧硫生成的二氧化硫的氧化作用进行漂白。

（f）漂白粉。漂白粉使用方法：先配成5%的碳酸钾和碳酸钠（1:1水溶液1L），再加入50g漂白粉，搅拌均匀。用此溶液涂刷木材表面，待漂白后用2%的肥皂水或稀盐酸溶液清洗被漂白表面，并擦拭干净。

需要注意的是漂白剂多属强氧化剂，贮存和使用中，不同质的漂白剂不得混合（只能在木材表面上混合），否则会引起燃烧或爆炸。配制成的漂白溶液不得盛在金属容器内（用玻璃或陶瓷容器），以免与金属发生反应而变质。漂白剂对人体皮肤有腐蚀作用，操作时应戴橡皮手套和面具。

4）着色。为了得到木材表面优美的纹理，可以采用染料着色或化学着色。颜料着色，一般分为水色和酒色两种。水色是颜料的水溶液，配制水色颜料是用酸性颜料。酒色颜料常是将碱性颜料洒在酒精漆片中（虫胶漆）。化学着色是利用化学药品与木材中的某些物质发生化学反应而着色。

5）填管孔。填管孔，又称"生粉"、"润粉"。涂刷清漆，在表面准备阶段，应配制专用的填孔材料（大白粉或滑石粉加胶粘剂和适量颜料），将木材的管孔全部填塞封闭，称为"填孔"。这对清漆涂饰是十分重要的工序。

填孔材料多自行调配,组成与腻子类似,但黏度比腻子低。

常用的填孔料分水性和油性两类:

(a) 水性填孔料主要用水与体质颜料(如大白粉、滑石粉等)和少量着色颜料调配而成。用于粗纹孔材表面,要调得稠些(如糊状);用于细纹孔材表面,要调稀些(如粥状)。

(b) 油性填孔料的组成基本与油腻子相同。因其黏度、用法与配方的不同,分为油粉子与填孔油腻子。前者黏度比后者稀,可用手工擦涂或滚涂;后者多用于粗纹孔材表面,用手工刮涂。油性填孔料的配合比,见表1-28。

油性填孔腻子配合比(质量比)及方法　　　　表1-28

| 种类 | 材料及配比 | 调配方法 |
|---|---|---|
| 水性填孔料 | 俗称水老粉,由大白粉、着色颜料和水调配而成,重量配比为:大白粉65%~72%、水28%~35%、颜料适量 | 调配时按配比将水和大白粉搅拌成糊状,取出少量糊状大白粉与颜料搅拌均匀,然后再与原有大白粉上下充分搅拌均匀,不能使大白粉或颜料有结块现象。颜料的用量应使填孔料的颜色略浅于样板木纹表面或管孔中的颜色 |
| 油性填孔料 | 俗称油老粉,由大白粉、清油、松香水、煤油、着色颜料调配而成,其重量配比为:大白粉60%、清油10%、煤油10%、松香水和颜料适量 | 调配方法与水性填孔料基本相同,优点:木纹不会膨胀,收缩开裂小,干后坚固;缺点:干燥慢,价格高,操作不如水性填孔料方便 |

当油性填孔料根据产品色调需要掺入适量着色颜料时,则构成油填孔着色剂(也称油粉子),应在填孔的同时,做好木材着色。

油性填孔料具有不会因润湿木材表面而使木材膨胀,收缩开裂少,且干燥后坚固,着色效果好,木纹清晰透明,与木材面及涂膜附着好等特点。但也存在干燥慢、价格高、操作不如水粉方便等缺点。目前,大多数中、高级清漆装饰仍采用油性填孔料。各色填孔料的调配见表1-29。

各色填孔料的调配　　　　表1-29

| 颜色名称 | 填孔料种类 | 材料及配比(重量%) |
|---|---|---|
| 本色 | 水性填孔料 | 大白粉71、立德粉0.95、铬黄0.05、水28 |
| | 油性填孔料 | 大白粉74、立德粉1.3、松香水12.5、煤油7.6、光油4.55、铬黄0.05 |
| 淡黄色 | 水性填孔料 | 大白粉71.5、铁红0.21、铁黄0.1、水27.78、铁棕0.41(如无铁棕可采用:铁红0.28、铁黄0.15、铁黑0.29) |
| | 油性填孔料 | 大白粉71.3、松香水12.34、煤油10.34、光油5.3、铁红0.21、铁黄0.1、铁棕0.41 |
| 橘黄色 | 水性填孔料 | 大白粉69、红丹0.5、铁红0.5、铬黄2、水28 |
| 荔枝色 | 水性填孔料 | 大白粉68、黑墨水5.5、铁红1.5、铁黄1、水24;或大白粉68.175、黑墨水5.328、铁棕5.06、铁红1.515、水19.92 |
| 粟壳色 | 水性填孔料 | 大白粉72、黑墨水6.5、铁红2.4、铁黄1、水18.1;或大白粉71.4、黑墨水5.3、铁红1.3、铁棕4.4、水17.6 |

8.3.2 金属面基层处理

(1) 对金属表面的基本要求

涂装对金属表面的基本要求为：表面干燥、无灰尘、油污、锈斑、鳞皮、焊渣、毛刺、旧漆等污染物。

(2) 金属面基层处理方法

1) 手工除锈：手工除锈主要用砂布、钢丝刷、锉刀、钢铲、风磨机等除锈。一般情况下，小面积除锈或工件除锈可用粗细不同型号的砂布仔细打磨。大面积锈蚀可先用砂轮机、风磨机及其他电动除锈工具除锈，然后配以钢丝刷、锉刀、钢铲及砂布等工具刷、锉、磨除去剩余铁锈及杂物。

2) 喷砂除锈：根据处理件表面锈蚀的程度、材质及厚度，选择合理粒度的干砂或湿砂装入专用的喷砂机内，选用合理的压缩空气压力（空气无油水）、喷射距离和喷射角度，用砂喷射冲击处理件的表面，达到除锈的目的。喷射用砂应具有足够的硬度，不含油污、泥土和石灰质。

干喷砂时，应注意通风排尘。一般情况下，喷射距离为0.5m左右，喷射角为45°~80°，喷射压缩空气的压力为0.4~0.6MPa，喷射压力还可根据处理件的材质、厚度适当降低到0.2MPa。喷射时，应注意移动速度。喷射完毕应及时清除粘附在处理件表面的砂尘等。处理完毕的工件表面应呈现一定光泽的金属本色，表面无砂尘，较薄壁件不得有变形。

3) 化学除锈及去污：使用各种配方的酸性溶液与钢铁表面的锈斑、氧化皮和污物起化学反应，从而除净锈斑，氧化皮和污物。

8.3.3 混凝土和抹灰（包括水泥砂浆、石灰砂浆）基层表面处理

(1) 对基层的要求

1) 基层的碱度 pH 值应在 10 以下，含水率应在 8% 和 10% 以下。
2) 基层表面应平整，阴、阳角及角线应密实，轮廓分明。
3) 基层应坚固，如有空鼓、酥松、起泡、起砂、孔洞、裂缝等缺陷，应进行处理。
4) 外墙预留的伸缩缝应进行防水密封处理。
5) 表面应无油污、灰尘、溅沫及砂浆流痕等杂物。

(2) 基层处理方法

1) 基层清理

涂料饰面工程施工前，应认真检查基层质量，基层经验收合格后方可进行下道工序的操作。基层清理的目的在于清除基层表面的粘附物，使基层清洁，不影响涂料对基层的粘结。常见的基层粘附物及清理方法，见表 1-30。

2) 基层修补与找平

(a) 水泥砂浆基层分离的修补。水泥砂浆基层分离时，一般情况下都应将其分离部分铲除，重新做基层。当其分离部分不能铲除时，可用电钻（$\phi 5 \sim \phi 10mm$）钻孔，采用不致于使砂浆分离部分重新扩大的压力，往缝隙注入低黏度的环氧树脂，使其固结。表面裂缝用合成树脂或水泥聚合物腻子嵌平，待固结后打磨平整。

(b) 小裂缝修补。用防水腻子嵌平，然后用砂纸将其打磨平整。对于混凝土板材出现的较深小裂缝，应用低黏度的环氧树脂或水泥浆进行压力灌浆，使裂缝被浆体充满。

常见的基层粘附物及清理方法　　　　　　　　表 1-30

| 项次 | 常见的粘附物 | 清 理 方 法 |
|---|---|---|
| 1 | 灰尘及其他粉末状粘附物 | 可用扫帚、毛刷进行清扫或用吸尘器进行除尘处理 |
| 2 | 砂浆喷溅物、水泥砂浆流痕、杂物 | 用铲刀、錾子铲剔凿或用砂轮打磨，也可用刮刀、钢丝刷等工具进行清除 |
| 3 | 油脂、脱膜剂、密封材料等粘物 | 要先用 5%～10% 浓度的火碱水清洗，然后用清水洗净 |
| 4 | 表面泛"白霜" | 可先用 3% 的草酸液清洗，然后再用清水洗 |
| 5 | 酥松、起皮、起砂等硬化不良或分离脱壳部分 | 应用錾子、铲刀将脱离部分全部铲除，并用钢丝刷刷去浮灰，再用水清洗干净 |
| 6 | 霉斑 | 用化学去霉剂清洗，然后用清水清洗 |
| 7 | 油漆、彩画及字痕 | 可用 10% 浓度的碱水清洗，或用钢丝刷蘸汽油或去油剂刷净，也可用脱漆剂清除或用刮刀刮去 |

（c）大裂缝处理。先用手持砂轮或錾子将裂缝打磨成或凿成 V 形口子，并清洗干净，沿嵌填密封防水材料的缝隙涂刷一层底层涂料，这种底层涂料应为与密封材料配套使用的材料。然后，用嵌缝枪或其他工具将密封防水材料嵌填于缝隙内，并用竹板等工具将其压平，在密封材料的外表用合成树脂或水泥聚合物腻子抹平，最后打磨平整。

（d）孔洞修补。一般情况下，$\phi 3mm$ 以下的孔洞可用水泥聚合物腻子填平，$\phi 3mm$ 以上的孔洞应用聚合物砂浆填充，待固结硬化后，用砂轮机打磨平整。

（e）表面凹凸不平的处理。凸出部分可用錾子凿平或用砂轮机打磨平，凹入部分用聚合物砂浆填平，待硬化后，整体打磨一次，使之平整。

（f）接缝错位处的处理。先用砂轮磨光机打磨或錾子凿平，再根据具体情况用水泥聚合物腻子或聚合物砂浆进行修补填平。

（g）露筋处理。可将露面的钢筋直接涂刷防锈漆，或用磨光机将铁锈全部清除后再进行防锈处理。根据情况不同，可将混凝土进行少量剔凿，并将混凝土内露出的钢筋进行防锈处理后，再用聚合物砂浆补抹平整。

另外，还有麻面及脆弱部位的处理。这些部位的处理，首先应清洗干净，然后用水泥聚合物腻子或聚合物砂浆抹平即可。

（3）注意事项

1）混凝土外墙面一般用水泥腻子修补其表面缺陷，绝对禁用不耐水的大白腻子。

2）混凝土内墙面做一般浆活或涂刷涂料，为了增加腻子与基层的附着力，要先用 4% 的聚乙烯醇溶液，或 30% 的 108 胶，或 2% 的乳液水喷刷于基层，晾干后刮批大白腻子、石膏腻子，如厨房、厕所、浴室等潮湿的房间采用耐擦洗及防潮防火涂料，则应采用强度相当、耐火性好的腻子。

3）抹灰基层面在嵌批腻子前，通常兑基底汁胶或涂刷基层处理剂。汁胶的胶水应根据面层装饰涂料的要求而定，一般浆活和内墙水性涂料可采用 30% 左右的胶水；油性涂料可用熟桐油加汽油配成清油在基底上涂刷一层。有些涂料配有专用的底漆或基底处理剂，待胶水或底漆干后，即可嵌批腻子。

4）若腻子层太厚，应分层刮批，干燥后用砂纸打磨平整，并将表面的粉尘及时清扫干净。

## 8.4 涂料施工的基本条件及要求

### 8.4.1 基本要求

（1）涂料施工应在抹灰工程、地面工程、木装修工程、水暖工程、电气工程等全部完工并经验收合格后进行。门窗的面层涂料、地面涂饰应在墙面、顶棚等装修工程完毕后进行。

（2）根据装饰设计的要求，确定涂料工程的等级和涂饰施工的涂料材料，并根据现行材料标准，对材料进行检查验收。

（3）要认真了解施工涂料的基本特性和施工特性。

（4）了解施工涂料对基层的基本要求，包括基层材质材性、坚实程度、附着能力、清洁程度、干燥程度、平整度、酸碱度（pH值）、腻子等，并按其要求进行基层处理（详见本课题8.3节基层处理有关内容）。

（5）涂料施工的环境必须符合涂料施工的环境要求。环境温度不能低于涂料正常成膜温度的最低值，相对湿度也应符合涂料施工相应的要求。室外涂料工程施工过程中，应注意气候的变化，遇大风、大雨、雪及风沙等天气时不应施工。

（6）涂料的溶剂（稀释剂）、底层涂料、腻子等均应合理地配套使用，不得乱配套。

（7）涂料使用前应调配好。双组分涂料的施工，必须严格按产品说明书规定的配合比，根据实际使用量情况分批混合，并在规定的时间内用完。其他涂料应根据施工方法、施工季节、温度、湿度等条件调整涂料的施工黏度或稠度。在整个施工过程中，涂料的施工黏度应有专人负责调配，不应任意加稀释剂或水。施工黏度或稠度必须加以控制，使涂料在施涂时不流坠、不显刷纹。外墙涂饰，同一墙面应用相同品种和相同批号的涂料。

（8）所用涂料在施涂前及施涂过程中，必须充分搅拌，以免沉淀，影响施涂作业和施工质量。

（9）涂料施工前，必须根据设计要求按操作规程或标准试做样板或样板间，经质检部门鉴定合格后方可大面积施工。样板或样板间应一直保留到竣工验收为止。

（10）外墙涂料工程施工分段进行时，应以分格缝、墙的阴角处或雨水管等处为分界线。

（11）一般情况下，后一遍涂料的施工必须在前一遍涂料表面完全干燥后进行。每一遍涂料应施涂均匀，各层涂料必须结合牢固。

（12）采用机械喷涂涂料时，应将不需施涂部位遮盖严实，以防沾污。

（13）建筑物中的细木制品，金属构件和制品，如为工厂制作组装，其涂料宜在生产制作阶段施涂，最后一遍涂料宜在安装后施涂，如为现场制作组装，组装前应先涂一遍底子油（干性油、防锈涂料），安装后再施涂涂料。

（14）防锈涂料和第一遍银粉涂料，应在设备、管道安装就位前刷涂。最后一遍银粉涂料应在刷浆工程完后再刷涂。

（15）涂料工程施工完毕，应注意保护成品。保护成膜硬化条件及已硬化成膜部分不受沾污。其他非饰涂部位的涂料必须在涂料干燥前清理干净。

### 8.4.2 木料表面施涂的技术要求

（1）刷底油时，木材表面、门窗玻璃口四周等，均须刷到刷匀，不可遗漏。

(2) 抹腻子，对于宽缝、深洞要深入压实，抹平刮光。

(3) 磨砂纸要打磨光滑，不能磨穿油底，不可磨损棱角。

(4) 涂刷涂料时，均应做到横平竖直、纵横交错、均匀一致。在涂刷顺序上应先上后下，先内后外，先浅色后深色，按木纹方向理平理直。

(5) 涂刷混色涂料，一般不少于四遍；涂刷清漆时，一般不宜少于五遍。

(6) 当涂刷清漆时，在操作上应当注意色调均匀，拼色相互一致，表面不得显露节疤。

(7) 涂刷清漆、打蜡时，要做到均匀一致，理平理光，不可显露刷纹。

(8) 有打蜡、出光要求的工程，应当将砂蜡打匀，擦油蜡时要薄要匀，赶光一致。

(9) 木地（楼）板施涂涂料不得少于三遍。硬木地（楼）板应施涂清漆或烫硬蜡。烫硬蜡时，地板蜡应洒布均匀，不宜过厚，并防止烫坏地（楼）板。

8.4.3 金属表面施涂的技术要求

(1) 金属面上的油污、鳞皮、锈斑、焊渣、毛刺、浮砂、尘土等，务必要清除干净。

(2) 防锈涂料要涂刷均匀，不得遗漏。当金属表面镀锌时，应选用 C53—33 锌黄醇酸防锈涂料，面漆宜用 C04—45 灰醇酸磁漆。C04—45 灰醇酸磁漆为双组分分罐色浆，使用时按甲组分（C04—45 醇酸清漆）：乙组分（铝锌金属浆）= 100:20~25（质量比）调配，充分搅匀后用 1600 孔/$cm^2$ 筛滤去杂质后使用。调配后的油漆其黏度在 50~60s（0.14~0.18Pa·s），再用二甲苯:松香水（200 号）= 1:2.4 的稀释剂（亦可单独用松香水）加以稀释。

(3) 金属表面除锈完毕后，应在 8h 内（湿度大时为 4h 内）尽快涂刷底漆，待底漆充分干燥后再涂刷次层油漆，其间隔时间视具体条件而定，一般不应少于 48h。第一和第二层防锈涂料涂刷间隔时间不应超过 7d。当第二层防锈涂料干后，应尽快涂刷第一层面漆。

(4) 金属面涂刷涂料一般宜为 4~5 遍。漆膜总厚度：室外为 125~175$\mu m$，室内为 100~150$\mu m$。按使用要求的不同，漆膜厚度可参见表 1-31。

漆膜总厚度的选择参考表　　　　　　表 1-31

| 涂层等级 | 控制厚度（$\mu m$） | 涂层等级 | 控制厚度（$\mu m$） |
|---|---|---|---|
| 一般性涂层 | 80~100 | 耐磨性涂层 | 250~300 |
| 装饰性涂层 | 100~150 | 高固体分涂层 | 700~1000 |
| 保护性涂层 | 150~200 | | |

(5) 设备、管道工程在安装就位前涂刷防锈涂料和第一遍银粉涂料，安装就位后和刷浆工程完工后涂刷最后一遍银粉涂料。

(6) 薄钢板制作的屋脊、檐沟和天沟等咬口处，应用防锈油腻子填抹密实。

8.4.4 混凝土表面和抹灰表面施涂的技术要求

(1) 施涂前应将基体或基层的缺棱掉角处，用 1:3 的水泥砂浆（或聚合物水泥砂浆）修补，表面麻面及缝隙应用腻子填补齐平。

(2) 外墙涂料工程分段进行时，应以分格缝、墙的阴角处或水落管等为分界线。

(3) 外墙涂料工程，同一墙面应用同一批号的涂料，每遍涂料不宜施涂过厚，涂层应均匀，颜色应一致。

（4）施涂复层涂料应符合下列规定

（a）复层涂料一般是以封底涂料、主层涂料和罩面涂料组成。施涂时应先喷涂或刷涂封底涂料，待其干燥后再喷涂主层涂料，干燥后再施涂两遍罩面涂料。

（b）喷涂主层涂料时，其点状大小和疏密程度应均匀一致，不得连成片状。

（c）水泥系主层涂料喷涂后，应先干燥12h，然后洒水养护24h，再干燥12h后，才能施涂罩面涂料。

（d）施涂罩面涂料时，不得有漏涂和流坠现象，待第一遍罩面涂料干燥后，才能施涂第二遍罩面涂料。

## 8.5 木质表面涂料施工的主要工序与要求

### 8.5.1 木质表面施涂溶剂型混色涂料的主要工序

木质表面施涂溶剂型混色涂料主要工序见表1-32。

木质表面施涂溶剂型混色涂料（油漆）的主要工序　　　　表1-32

| 项次 | 工序名称 | 普通涂料 | 高级涂料 |
|---|---|---|---|
| 1 | 清扫、起钉子、除油污等 | + | + |
| 2 | 铲去脂囊、修补平整 | + | + |
| 3 | 磨砂纸 | + | + |
| 4 | 节疤处点漆片 | + | + |
| 5 | 干性油或带色干性油打底 | + | + |
| 6 | 局部刮腻子、磨光 | + | + |
| 7 | 腻子处涂干性油 | — | + |
| 8 | 第一遍满刮腻子 | + | + |
| 9 | 磨光 | + | + |
| 10 | 第二遍满刮腻子 | — | + |
| 11 | 磨光 | — | + |
| 12 | 刷涂底涂料 | + | + |
| 13 | 第一遍涂料 | + | + |
| 14 | 复补腻子 | + | + |
| 15 | 磨光 | + | + |
| 16 | 湿布擦净 | + | + |
| 17 | 第二遍涂料 | + | + |
| 18 | 磨光（高级涂料用水砂纸） | + | + |
| 19 | 湿布擦净 | + | + |
| 20 | 第三遍涂料 | + | + |

注：1. 表中"+"号表示应进行的工序。
2. 高级涂料做磨退时，宜用醇酸涂料涂刷，并根据涂膜厚度增加1~2遍涂料和磨退、打砂蜡、打油蜡、擦亮等工序。
3. 木料及胶合板内墙、顶棚表面施涂溶剂型混色涂料的主要工序同本表。

8.5.2 木质表面施涂清漆的主要工序，见表1-33。

木质表面施涂清漆的主要工序　　　　　　　表 1-33

| 项次 | 工序名称 | 普通清漆 | 高级清漆 | 项次 | 工序名称 | 普通清漆 | 高级清漆 |
|---|---|---|---|---|---|---|---|
| 1 | 清扫、起钉子、除油污等 | + | + | 13 | 磨光 | + | + |
| 2 | 磨砂纸 | + | + | 14 | 第二遍清漆 | + | + |
| 3 | 润粉 | + | + | 15 | 磨光 | + | + |
| 4 | 磨砂纸 | + | + | 16 | 第三遍清漆 | + | + |
| 5 | 第一遍满刮腻子 | + | + | 17 | 磨水砂纸 |  | + |
| 6 | 磨光 | + | + | 18 | 第四遍清漆 |  | + |
| 7 | 第二遍满刮腻子 |  | + | 19 | 磨光 |  | + |
| 8 | 磨光 |  | + | 20 | 第五遍清漆 |  | + |
| 9 | 刷油色 | + | + | 21 | 磨退 |  | + |
| 10 | 第一遍清漆 | + | + | 22 | 打砂蜡 |  | + |
| 11 | 拼色 |  | + | 23 | 打油蜡 | + | + |
| 12 | 复补腻子 | + | + | 24 | 擦亮 |  | + |

注：表中"+"号表示应进行的工序。

8.5.3 木质表面涂料的施工方法

（1）木地板刷混色涂料的施工方法

1）主要施工工具　刷涂工具：油刷、牛角板、刮板、砂纸等及其辅助工具。

2）主要材料　涂料材料：地板涂料（钙酯地板漆、酯胶紫红地板漆）、清油、漆片、松香水等及其辅助材料。

3）施工操作步骤

（a）基层处理：基层处理方法参见本课题8.3节"基层处理"有关内容。应当注意，地板的裂缝、拼缝内的砂灰，可用铲刀刮松，再用皮老虎吹净。磨砂纸时，先用 $1\frac{1}{2}$ 号木砂纸顺木纹方向打磨，然后再用1号砂纸打磨。打磨后扫净，在节疤处点漆片2～3遍。

（b）刷底子油：底子油可用清油、松香水混合配制，也可用大漆或松香水与熟桐油配制。底子油中宜加一点红土子颜料，配好的底子油应过筛。涂刷顺序为：从最里面退向门口，先小面后大面，顺木纹涂刷。涂刷要均匀一致，不得漏刷，干后用湿布擦净。

（c）局部补嵌腻子：用较硬的石膏腻子将裂缝、拼缝及较大的缺陷填实嵌平。待干后用1号砂纸打磨平整，并清扫干净。

（d）满批腻子：用油性较大的稀腻子顺木纹方向满刮一遍。批刮腻子应薄、匀、平。待腻子干后用 $1\frac{1}{2}$ 号木砂纸打磨，然后清扫干净。

（e）刷涂第一遍地板涂料：将地板涂料加松香水搅拌均匀过滤。涂刷时，将涂料涂抹在地板上，用刷子斜向往来纵横展开，然后顺木纹顺理，接槎处刷子应轻飘，要均匀一致，不显接槎，刷纹通顺。

(f) 刷涂第二遍地板涂料：头遍涂料干透后，若存在收缩裂纹、塌下等缺陷，应用腻子复补，待干后磨平，扫净。第二遍涂料的涂刷方法与第一遍相同。刷完后，应仔细检查，涂层应色泽一致、无刷痕、无积油、无漏刷，如有疵毛病应及时处理。

4) 施工注意事项

(a) 涂刷前应清理周围环境，防止尘土飞扬，以免污染涂层。

(b) 注意掌握涂料的施工黏度，以流平性好，不显刷纹，涂膜盖底为宜。

(c) 涂刷过程中，对其他不需饰涂部位的污染应及时清除。

(d) 注意成品保护。

(2) 硬木地板刷清漆的施工方法

1) 主要施工工具　刷涂工具：油刷、排笔、开刀、牛角板、砂纸、刮板等及其辅助工具。

2) 主要材料　涂料材料：清油、黑漆、聚氨酯、清漆、熟桐油等及其辅助材料。

3) 施工操作步骤

(a) 基层处理，将地板上及板缝里的灰土扫净，油渍等用铲刀刮净并过水。然后用砂纸打磨，直至光滑平整，最后用湿布揩净。

(b) 润油粉：油粉由大白粉、地板黄、红土子、熟桐油、黑漆、汽油、清油、煤油等按一定比例配制而成，颜色与样板色相同。用麻头、棉丝蘸油粉来回多次揩擦地板。有棕眼处注意擦满棕眼，做到润到、擦匀、擦净。

(c) 刮腻子：腻子由石膏粉与聚氨酯清漆先调成清漆腻子，再根据地板的颜色加地板黄、红土子、黑烟子等颜料进行调配。刮腻子应顺木纹方向刮。头遍腻子干后用1号砂纸打磨，并检查裂缝等缺陷处是否处理平整，否则应进行补嵌腻子。

(d) 刷聚氨酯清漆：聚氨酯清漆分组分Ⅰ和组分Ⅱ两种。使用时应按产品说明给定的配合比进行配制。应注意，需要多少就配多少，配好的涂料应在规定的时间内用完。涂料太稠可用配套的稀释剂适当稀释。

刷聚氨酯清漆通常两遍成活。一般的小房间2~3人一档。先刷四周踢脚线，然后从里面靠窗处刷地板，向门口方向退着刷。人字、席纹地板按一个方向刷，长条地板要顺木纹方向刷。刷漆时，要充分用力刷开、刷匀，不得漏刷。刷完第一遍清漆后，应仔细检查一遍，如发现不平处，应用腻子补平，干后打磨。若有大块腻子疤，应用油色或漆片加颜料进行修色。第一遍清漆与第二遍清漆的时间间隔为2~3d。第二遍清漆完后亦应仔细检查，如发现缺陷及时处理。

4) 施工注意事项

(a) 每次涂刷涂料前，都应将地面、窗台等清扫干净，防止尘土飞扬影响涂刷质量。

(b) 第一遍涂料涂刷完后如不接着刷第二遍，应用帆布等物保护。

(c) 多人合作施工时，应注意配合好，特别两人刷涂的接头处应刷平。各人涂刷的厚薄应一致。

(d) 涂料施工完后，应将门窗关闭，以免污染。

(3) 木门窗混色涂料的施工方法

木门窗刷涂溶剂型混色涂料可用清油、厚漆和调合漆配套。

1）主要施工工具

刷涂工具：油刷、牛角板、刮板、砂纸等及其他涂料施工工具。

2）主要材料

涂料：清油、厚漆、调合漆、漆片等及其辅助材料。

3）施工操作步骤

（a）基层处理：基层处理方法详见本课题8.3节"基层处理"有关内容。木材面的木毛、边棱用1号以上砂纸打磨，先磨线角后磨四口平面，要顺木纹打磨，如有小活翘皮应用小刀撕掉，有重皮处则应用小钉钉牢固。在节疤和油迹处，用酒精漆片点刷。

（b）刷底子油：除木门扇下口刷氟化钠外，其他各面均应涂刷一遍清油。清油中可适当加入颜料，以免漏刷。涂刷顺序为：从外至内、从左至右、从上至下，顺木纹涂刷。刷木窗时应先窗框后亮子再窗扇。两扇窗时先左扇后右扇，三扇窗时先两边后中间。刷木门则是先亮子后门框再门扇，门扇涂刷又是先背面后正面。涂刷时注意保护门窗框边墙及五金件的清洁。

（c）抹腻子：木门窗所使用的腻子大多为石膏腻子。腻子应不软不硬、不出蜂窝，挑丝不倒为宜。批刮时应横抹竖起，将腻子刮入钉孔及裂缝内。如果裂缝较大，应用牛角板将裂缝用腻子嵌满。表面腻子应刮光，无野腻子及残渣。上下冒头、榫头等处均应抹到。

（d）磨砂纸：用1号砂纸打磨。打磨时应注意不可磨穿涂膜并保护棱角。磨完后用湿布擦净。对于质量要求比较高的门窗，可增加腻子及打磨的遍数。

（e）刷第一遍厚漆：将调制好的厚漆涂刷一遍。其施工顺序与刷底子油的施工顺序相同。应当注意厚漆的稠度以达到盖底、不流挂、不显痕为宜。涂刷时应厚薄均匀。一樘门窗刷完后，应上下左右观察一下，检查有无流坠、裹棱及透底现象。

待厚漆干透后，对于底腻子收缩或残缺处，再用石膏腻子抹刮一次。待腻子干透后，用砂纸磨光。

（f）刷第二遍厚漆：涂刷第二遍厚漆的施工方法与第一遍相同。待施工完毕，便可安装玻璃，然后抹玻璃磨砂纸。抹玻璃时应注意保护油灰和八字角。磨砂纸应轻磨，不能把涂层磨穿。刚用的新砂纸应先将两张对磨，把粗砂粒磨掉，防止磨砂纸时把涂膜划破。

（g）刷调合漆：涂刷方法与厚漆施工方法相同。由于调合漆黏度较大，涂刷时要多刷多理，刷油饱满，动作敏捷，使涂料涂刷得光亮、均匀，色泽一致。刷完后仔细检查一遍，有毛病应及时修整。

4）施工注意事项

（a）涂刷涂料前应清理周围环境，防止尘土飞扬，影响施涂质量，而且应通风良好。

（b）刷涂门窗扇时，上冒头顶面和下冒头底面不得漏刷涂料。

（c）每遍涂料涂刷后，都应将门窗用风钩勾住或用木楔固定，防止扇、框涂料粘结而影响质量和美观，同时防止门窗玻璃损坏。

（d）被涂料污染的部位应及时清除。

## 8.6 金属表面施涂涂料的主要工序与方法

### 8.6.1 金属表面施涂涂料的主要工序

金属表面施涂涂料的工序见表1-34。

金属表面施涂涂料的主要工序  表1-34

| 项 次 | 工 序 名 称 | 普通涂料 | 高级涂料 |
|---|---|---|---|
| 1 | 除锈、清扫、磨砂纸 | + | + |
| 2 | 刷涂防锈涂料 | + | + |
| 3 | 局部刮腻子 | + | + |
| 4 | 磨光 | + | + |
| 5 | 第一遍满刮腻子 | + | + |
| 6 | 磨光 | + | + |
| 7 | 第二遍满刮腻子 |  | + |
| 8 | 磨光 |  | + |
| 9 | 第一遍涂料 | + | + |
| 10 | 复补腻子 | + | + |
| 11 | 磨光 | + | + |
| 12 | 第二遍涂料 | + | + |
| 13 | 磨光 | + | + |
| 14 | 湿布擦净 | + | + |
| 15 | 第三遍涂料 | + | + |
| 16 | 磨光（用水砂纸） |  | + |
| 17 | 湿布擦净 |  | + |
| 18 | 第四遍涂料 |  | + |

注：1. 表中"+"号表示应进行的工序。
2. 薄钢板屋面、檐沟、水落管、泛水等施涂涂料，可不刮腻子。施涂防锈涂料不得少于两遍。
3. 高级涂料做磨退时，应用醇酸树脂涂料施涂，并根据涂膜厚度增加1～3遍涂料和磨退、打砂蜡、打油蜡、擦亮的工序。
4. 金属构件和半成品安装前，应检查防锈涂料有无损坏，损坏处应补刷。
5. 钢结构施涂涂料，应符合现行《钢结构工程施工质量及验收规范》GB 50205—2001的有关规定。

### 8.6.2 金属表面涂料的施工方法

（1）一般金属面涂料的施工方法

1）主要施工工具　基层处理工具：喷砂除锈机、钢丝刷、小锤、砂布、砂纸、圆盘打磨机等及其辅助工具。刷涂工具：油刷、开刀、牛角板、刮板等及其辅助工具。

2）主要材料　涂料材料：防锈涂料、磷化底漆、厚漆、调合漆（磁性调合漆、油性调合漆）等及其辅助材料。

3）施工操作步骤

（a）基层处理：详见本课题8.3节"金属面基层处理"部分。

（b）刷防锈涂料：金属构件在工厂制成后，应先刷一遍防锈涂料。运往工地后，如放置时间较长且有部分剥落生锈，则应清除干净后再刷一遍防锈涂料。常用防锈涂料有红丹防锈漆、铁红防锈漆等。刷防锈漆时，金属表面必须非常干燥，如有水汽必须擦干。刷防锈漆时，一定要刷满刷匀。小件金属制品花样复杂的可采用两人合作，一人用棉纱蘸漆揩擦，另一人用油刷理油。

对于钢结构中不易涂刷的缝隙处，应在装配前将拼合缝隙处的除锈和涂漆等工序做完。但铆钉孔内不可涂入涂料，以免铆接后钉眼中有夹渣。

（c）刮腻子　防锈漆干燥后，用石膏油性腻子将缺陷处刮平。腻子中可适量加入厚漆或红丹粉，以增加其干硬性。腻子干后应打磨平整并清扫干净。

（d）刷磷化底漆　磷化底漆由两部分组成：一部分为底漆，另一部分为磷化液。常用磷化液的配比为：工业磷酸70%，一级氧化锌5%，丁醇5%，乙醇10%，水10%。磷化底漆的配比为磷化液:底漆＝1:4（质量比），有时也单独使用磷化液来处理。

涂刷时以薄为宜，不能涂刷太厚，否则效果较差。若涂料的稠度较大，可适量加入稀释剂进行稀释。一般情况下，涂刷后24h，可用清水冲洗或用毛板刷除去表面的磷化剩余物。

（e）刷厚漆　操作方法与刷防锈涂料相同。镀锌薄钢板制品、各种管子、散热器等可在工厂刷好厚漆，安装后再涂刷一层面层涂料。

（f）刷调合漆　一般金属构件只要在面上打磨平整、清扫干净即可涂刷涂料。涂刷顺序为：从上至下，先难后易。构件的周围都要刷满，刷匀。刷后反复检查，以免漏刷。

4）施工注意事项

（a）擦涂料的棉纱应保持清洁，不允许有零碎的棉纱头沾在涂材面上。

（b）调好的磷化底漆须在12h内用完，不宜放置时间过长。

（c）磷化液的使用量必须按比例确定，不得任意增减。磷化底漆的配制须在非金属容器内进行。

（d）薄钢板制作的屋脊、檐沟和天沟的咬口处，应用防锈油腻子填补密实。

（e）防锈涂料应在设备，管道安装就位前后，刷涂。

### 8.6.3　钢门窗刷涂混色涂料

（1）主要施工工具　基层处理工具：钢丝刷、小锤、铲刀、砂布、砂纸等及其辅助工具。刷涂工具：油刷、开刀、牛角板、掏子、刮板等及其辅助工具。

（2）主要材料　涂料材料：清油、熟桐油、厚漆、防锈涂料（红丹防锈漆、铁红防锈漆）、调合漆（磁性调合漆、油性调合漆）、汽油等及其辅助材料。

（3）施工操作步骤

1）基层处理：钢门窗上的浮土、灰浆须打扫干净。已刷防锈涂料但出现锈斑的钢门窗，须用铲刀铲除底层防锈涂料后，再用钢丝刷和砂布彻底打磨干净，补刷一道防锈涂料。待防锈漆干透后，将钢门窗的砂眼、凹坑、缺棱、拼缝等处，用石膏腻子刮抹平整，待腻子干后用1号砂纸打磨，磨完后湿布擦净。

2）刮腻子：用牛角板或橡皮刮板在钢门窗上满刮一遍石膏腻子。要求刮薄收净、均匀平整无毛刺。腻子干透后，用1号砂纸打磨平整、光滑。

3）刷第一遍厚漆：将厚漆与清油、熟桐油和汽油按比例配制，其稠度以达到盖底、不流淌、不显刷痕为宜。刷漆应厚薄均匀，刷纹通顺。

刷窗子时先刷窗框上部再刷亮子，然后刷窗框的下半部。刷窗扇时，两扇窗先刷左扇再刷右扇，三扇窗应先刷两边，再刷中扇。

刷门时先刷亮子后刷门框，再刷门扇。刷门窗应先刷背面后刷正面。

全部刷完后应仔细检查一下有无漏刷处，对于有线角和阴阳角处有流坠、裹棱、透底等毛病的，应清理修补。

待厚漆干透后，底腻子收缩或残缺处，再用石膏腻子补抹一次。待腻子干后，打磨平整。

4）刷第二遍厚漆：涂刷方法与第一遍涂刷方法相同。第二遍厚漆刷好后，安装门窗的玻璃，然后用湿布将玻璃内外擦干净。应用1号砂纸或旧细砂纸轻磨一遍，最后打扫干净。

5）刷调合漆：涂刷方法同前。由于调合漆黏度较大，涂刷时要多刷多理，刷油饱满，不流不坠，使之光亮、均匀，色泽一致，刷完后要仔细检查一遍，如有疵病及时修理。

(4) 施工注意事项

1）底层腻子中应适量加入防锈漆、厚漆。腻子要调得不软、不硬、不出蜂窝、挑丝不倒为宜。

2）刷涂料前应清理周围环境，防止尘土飞扬，影响质量。

3）每遍涂料后，应将门窗用风钩或木楔固定，防止扇、框涂料粘结而影响质量和美观。

4）及时清理滴在地面、窗台以及墙上的涂料。

## 8.7 混凝土和抹灰表面施涂涂料的主要工序与方法

### 8.7.1 混凝土表面和抹灰表面施涂涂料的主要工序

混凝土表面和抹灰表面施涂的涂料，分薄涂料、厚涂料和复层建筑涂料三类。其中，薄涂料主要有水性薄涂料、合成树脂乳液薄涂料、溶剂型（包括油性）薄涂料、无机薄涂料等；厚涂料主要有合成树脂乳液厚涂料、合成树脂乳液砂壁状涂料、合成树脂乳液轻质厚涂料和无机厚涂料等；复层建筑涂料主要有水泥系复层涂料、合成树脂乳液系复层涂料、硅溶胶系复层涂料和反应固化型合成树脂乳液系复层涂料。

(1) 混凝土及抹灰内墙、顶棚表面薄涂料工程主要工序，见表1-35。

混凝土及抹灰内墙、顶棚表面薄涂料工程的主要工序　　　表1-35

| 项次 | 工序名称 | 水性薄涂料 普通 | 乳液薄涂料 普通 | 乳液薄涂料 高级 | 溶剂型薄涂料 普通 | 溶剂型薄涂料 高级 | 无机薄涂料 普通 | 无机薄涂料 中级 |
|---|---|---|---|---|---|---|---|---|
| 1 | 清扫 | + | + | + | + | + | + | + |
| 2 | 填补缝隙、局部刮腻子 | + | + | + | + | + | + | + |
| 3 | 磨平 | + | + | + | + | + | + | + |
| 4 | 第一遍满刮腻子 | + | + | + | + | + | + | + |
| 5 | 磨平 | + | + | + | + | + | + | + |
| 6 | 第二遍满刮腻子 | + | + | + | + | + | — | + |
| 7 | 磨平 | + | + | + | + | + | — | + |

续表

| 项次 | 工序名称 | 水性薄涂料 普通 | 乳液薄涂料 普通 | 乳液薄涂料 高级 | 溶剂型薄涂料 普通 | 溶剂型薄涂料 高级 | 无机薄涂料 普通 | 无机薄涂料 中级 |
|---|---|---|---|---|---|---|---|---|
| 8 | 干性油打底 | — | — | — | + | + | — | — |
| 9 | 第一遍涂料 | + | + | + | + | + | + | + |
| 10 | 复补腻子 | + | + | + | + | + | — | + |
| 11 | 磨平（光） | + | + | + | + | + | + | + |
| 12 | 第二遍涂料 | + | + | + | + | + | + | + |
| 13 | 磨平（光） | — | — | + | + | + | — | — |
| 14 | 第三遍涂料 | — | — | + | + | + | + | + |
| 15 | 磨平（光） | — | — | — | — | + | + | + |
| 16 | 第四遍涂料 | — | — | — | — | + | — | — |

注：1. 表中"+"号表示应进行的工序。
2. 机械喷涂可不受表中施涂遍数的限制，以达到质量要求为准。
3. 高级内墙、顶棚薄涂料工程，必要时可增加刮腻子的遍数及1~2遍涂料。
4. 石膏板内墙、顶棚表面薄涂料工程的主要工序除板缝处理外，其他工序同本表。
5. 湿度较高或局部遇明水的房间，应用耐水性的腻子和涂料。

（2）混凝土及抹灰外墙表面薄涂料工程的主要工序，见表1-36。

**混凝土及抹灰外墙表面薄涂料工程的主要工序**　　　　表1-36

| 项次 | 工序名称 | 乳液薄涂料 | 溶剂型薄涂料 | 无机薄涂料 |
|---|---|---|---|---|
| 1 | 修补 | + | + | + |
| 2 | 清扫 | + | + | + |
| 3 | 填补缝隙、局部刮腻子 | + | + | + |
| 4 | 磨平 | + | + | + |
| 5 | 第一遍涂料 | + | + | + |
| 6 | 第二遍涂料 | + | + | + |

注：1. 表中"+"号表示应进行的工序。
2. 如施涂两遍涂料后，装饰效果不理想时，可增加1~2遍涂料。

（3）混凝土及抹灰室内顶棚表面轻质厚涂料工程的主要工序，见表1-37。

**混凝土及抹灰室内顶棚表面轻质厚涂料工程的主要工序**　　　　表1-37

| 项次 | 工序名称 | 珍珠岩粉厚涂料 普通 | 聚苯乙烯泡沫塑料粒子厚涂料 普通 | 聚苯乙烯泡沫塑料粒子厚涂料 高级 | 蛭石厚涂料 普通 | 蛭石厚涂料 高级 |
|---|---|---|---|---|---|---|
| 1 | 清扫 | + | + | + | + | + |
| 2 | 填补缝隙、局部刮腻子 | + | — | + | + | + |
| 3 | 磨平 | + | + | + | + | + |
| 4 | 第一遍满刮腻子 | + | + | + | + | + |

续表

| 项次 | 工序名称 | 珍珠岩粉厚涂料 普通 | 聚苯乙烯泡沫塑料粒子厚涂料 普通 | 聚苯乙烯泡沫塑料粒子厚涂料 高级 | 蛭石厚涂料 普通 | 蛭石厚涂料 高级 |
|---|---|---|---|---|---|---|
| 5 | 磨平 | + | + | + | + | + |
| 6 | 第二遍满刮腻子 | + | + | + | + | + |
| 7 | 磨平 | + | + | + | + | + |
| 8 | 第一遍喷涂厚涂料 | + | + | + | + | + |
| 9 | 第二遍喷涂厚涂料 | — | — | + | — | + |

注：1. 表中"+"号表示应进行的工序。
　　2. 高级顶棚轻质厚涂料装饰，必要时可增加一遍满喷厚涂料后，再进行局部喷涂厚涂料。
　　3. 合成树脂乳液轻质厚涂料有珍珠岩粉厚涂料、聚苯乙烯泡沫塑料粒子厚涂料和蛭石厚涂料等。
　　4. 石膏板室内顶棚表面轻质厚涂料工程的主要工序，除板缝处理外，其他工序同本表。

（4）混凝土及抹灰外墙表面厚涂料工程的主要工序，见表1-38。

**混凝土及抹灰外墙表面厚涂料工程的主要工序**　　表1-38

| 项次 | 工序名称 | 合成树脂乳液厚涂料、合成树脂乳液砂壁状涂料 | 无机厚涂料 |
|---|---|---|---|
| 1 | 修补 | + | + |
| 2 | 清扫 | + | + |
| 3 | 填补缝隙、局部刮腻子 | + | + |
| 4 | 磨平 | + | + |
| 5 | 第一遍厚涂料 | + | + |
| 6 | 第二遍厚涂料 | + | + |

注：1. 表中"+"号表示应进行的工序。
　　2. 机械喷涂可不受表中涂料遍数的限制，以达到质量要求为准。
　　3. 合成树脂乳液和无机厚涂料有云母状、砂粒状。
　　4. 砂壁状建筑涂料必须采用机械喷涂方法施涂，否则将影响装饰效果，砂粒状厚涂料宜采用喷涂方法施涂。

（5）混凝土及抹灰内墙、顶棚表面复层建筑涂料工程的主要工序，见表1-39。

**混凝土及抹灰内墙、顶棚表面复层涂料工程的主要工序**　　表1-39

| 项次 | 工序名称 | 合成树脂乳液复层涂料 | 硅溶胶类复层涂料 | 水泥系复层涂料 | 反应固化型复层涂料 |
|---|---|---|---|---|---|
| 1 | 清扫 | + | + | + | + |
| 2 | 填补缝隙、局部刮腻子 | + | + | + | + |
| 3 | 磨平 | + | + | + | + |
| 4 | 第一遍满刮腻子 | + | + | + | + |
| 5 | 磨平 | + | + | + | + |
| 6 | 第二遍满刮腻子 | + | + | + | + |

续表

| 项次 | 工序名称 | 合成树脂乳液复层涂料 | 硅溶胶类复层涂料 | 水泥系复层涂料 | 反应固化型复层涂料 |
|---|---|---|---|---|---|
| 7 | 磨平 | + | + | + | + |
| 8 | 施涂封底涂料 | + | + | + | + |
| 9 | 施涂主层涂料 | + | + | + | + |
| 10 | 滚压 | + | + | + | + |
| 11 | 第一遍罩面涂料 | + | + | + | + |
| 12 | 第二遍罩面涂料 | + | + | + | + |

注：1. 表中"+"号表示应进行的工序。
　　2. 如需要半球面点状造型时，可不进行滚压工序。
　　3. 石膏板的室内墙面、顶棚表面复层涂料工程的主要工序，除板缝处理外，其他工序同上表。

（6）混凝土及抹灰外墙表面复层建筑涂料工程的主要工序，见表1-40。

混凝土及抹灰外墙表面复层涂料工程的主要工序　　　表1-40

| 项次 | 工序名称 | 合成树脂乳液复层涂料 | 硅溶胶类复层涂料 | 水泥系复层涂料 | 反应固化型复层涂料 |
|---|---|---|---|---|---|
| 1 | 修补 | + | + | + | + |
| 2 | 清扫 | + | + | + | + |
| 3 | 填补缝隙、局部刮腻子 | + | + | + | + |
| 4 | 磨平 | + | + | + | + |
| 5 | 施涂封底涂料 | + | + | + | + |
| 6 | 施涂主层涂料 | + | + | + | + |
| 7 | 滚压 | + | + | + | + |
| 8 | 第一遍罩面涂料 | + | + | + | + |
| 9 | 第二遍罩面涂料 | + | + | + | + |

注：1. 表中"+"号表示应进行的工序。
　　2. 如需要半球面点状造型时，可不进行滚压工序。

8.7.2　混凝土与抹灰表面涂料的施工方法
调合漆的刷涂施工

1）主要施工工具　基层清理工具：刮刀、钢丝刷、扫帚等。涂刷工具：腻子刮板、油漆刷等及其他辅助工具。

2）主要材料　腻子材料：大白粉、滑石粉、石膏粉、光油、清油、羟甲基纤维素、聚醋酸乙烯乳液等。涂料材料：各色油性调合漆（酯胶调合漆、酚醛调合漆、醇酸调合漆）、各色无光调合漆。

3）施工操作步骤与方法

（a）基层处理：将墙面上的灰渣等杂物清理干净，用扫帚将墙面的浮灰尘土扫净。用石膏腻子将墙面磕碰处、麻面、缝隙等处修补好，干燥后用砂纸将凸出处磨平。

（b）第一遍满刮腻子：满刮第一遍大白腻子，干燥后用砂纸将墙面的腻子渣、斑迹磨平磨光，然后将墙面清扫干净。

（c）第二遍满刮腻子（高级装饰）：满刮第二遍大白腻子，干后用砂纸磨平磨光。并对个别地方再复补腻子，如有大孔洞可复补石膏腻子，干燥后再用砂纸打磨平整并清扫干净。

（d）刷第一道涂料：可刷铅油。它是一种遮盖力强的涂料，也是罩面漆的底漆。铅油的稠度以盖底、不流淌，不显刷痕为宜。涂刷墙面的顺序是从上到下、从左到右，不能乱刷，以免漏刷或涂刷过厚，不均。

（e）复补腻子：第一遍涂料干后，个别缺陷或漏抹腻子处要复补腻子。干后，用砂纸将小疙瘩、腻子渣、斑迹磨平磨光，然后清扫干净。

（f）刷第二遍涂料：如墙面为中级装饰时，可刷铅油，如为高级装修时，则可刷调合漆。如果最后一道涂料为无光调合漆，可将此道铅油改为有光调合漆。涂料的刷涂方法与第一遍涂料相同。干燥后用较细砂纸打磨光滑，清扫干净，同时用潮湿擦布将墙面擦抹一遍。

（g）刷第三道涂料：刷涂调合漆。由于调合漆的黏度较大，涂刷时应多刷多理，这样可使涂料的漆膜饱满、厚薄均匀一致，不流不坠。如墙面为中级装饰，此道工序为最后一道涂料，即为罩面漆。

（h）刷第四道涂料：刷涂醇酸磁漆，施工方法同上。

4）施工注意事项

（a）墙面必须干燥，基层含水率不得大于8%。

（b）墙面的设备管洞应提前处理完毕，并用砂浆补齐。门窗提前安完玻璃。

（c）如果墙面有分色线，应在涂刷涂料前弹线，先刷浅色涂料后刷深色涂料。

（d）冬期施工，应保持室温均衡，防冻。

5）成品保护

（a）涂刷墙面涂料时，不得污染地面、踢脚、阳台、窗台、门窗及玻璃等已完工程。

（b）最后一道涂料刷完后，空气要畅通，以防涂膜干燥后表面无光或光泽不足。

（c）明火不得靠近墙面，不得磕碰弄脏墙面。

（d）涂料未干前，室内环境要干净，不应打扫地面等，防止灰尘弄脏墙面涂料。

### 8.7.3 聚乙烯醇系内墙涂料施工

聚乙烯醇系内墙涂料主要采用刷涂或滚涂施工方法。

（1）主要施工工具　基层清理工具：刮刀、钢丝刷、扫帚等。涂刷工具：腻子刮板、油刷、排笔、羊毛辊等及其他辅助工具。

（2）主要材料　腻子材料：大白腻子、内墙涂料腻子等。涂料材料：聚乙烯醇系内墙涂料。

（3）施工操作步骤

1）清理基层：基层处理方法参见本课题 8.3 节"基层处理"有关内容。

2）填补裂缝和磨平：将墙面上的气孔、毛面、裂缝、凹凸不平等缺陷进行修补，并用涂料腻子填平，待腻子干燥后用砂纸打磨平整。

3）满刮腻子：在满刮腻子前，先用聚乙烯醇缩甲醛胶（10%）：水＝1:3的稀释液满涂一层，然后在上面批刮腻子。

4）磨平：待腻子实干后，用0号或1号铁砂纸打磨平整，并清除粉尘。

5）涂刷内墙涂料：待磨平后，可以用羊毛辊或排笔涂刷内墙涂料，一般墙面涂刷两遍即成。对于高级墙面，在第一遍涂刷完毕干燥后进行打磨，批第二遍腻子，再打磨，然后涂第二、三遍涂料。

（4）施工注意事项

1）基层含水率在15%以内，抹灰面泛白无湿印，手摸基本干燥，或用刀划表面有白痕时，可进行涂饰施工。

2）施工温度应在10℃以上，相对湿度在85%以下施工较合适。

3）施工的适宜黏度为50~150s。现场施工时，不能用水稀释涂料，应按产品使用说明指定的稀释方法进行稀释。

4）施工中如发现涂料沉淀，应用搅拌器不断地拌匀。

### 8.7.4 乳胶类内外墙涂料施工

（1）主要施工工具　基层清理工具：刮刀、钢丝刷、扫帚等。涂刷工具：排笔、毛辊及其他辅助工具。

（2）主要材料　腻子材料：水泥聚合物腻子、内墙涂料腻子等。涂料材料：合成树脂乳胶涂料，如乙-丙外墙乳胶漆、聚醋酸乙烯内墙乳胶漆、苯-丙内外墙乳胶漆、氯-偏-丙内外墙乳胶漆等。

（3）施工操作步骤

1）基层处理：基层处理方法参见本课题8.3节"基层处理"有关内容。应当特别注意基层应表面平整、纹理质感均匀一致，否则会因光影作用而使涂膜颜色显得深浅不一致。基层表面不宜太光滑，以免影响涂料与基层的粘结力。

2）涂刷稀乳液：为了增强基层与腻子或涂料的粘结力，可以在批刮腻子或涂刷涂料之前，先刷一遍与涂料体系相同或相应的稀乳液，这样稀乳液可以渗透到基层内部，使基层坚实干净，增强与腻子或涂层的结合力。

3）满刮腻子：如果是内墙和顶棚，应满刮乳胶涂料腻子2~3遍，第一遍用胶皮刮板横向满刮，一刮板紧接一刮板，接头不得留槎，最后收头要干净利落，干燥后用砂纸磨平磨光，并清扫干净。第二遍用胶皮板竖向满刮，干燥后用砂纸磨平磨光并清扫干净。第三遍用胶皮刮板找补腻子或用钢片刮板满刮腻子，将墙面刮平刮光，干燥后用细砂纸磨平磨光，但不得将腻子磨穿。最后将粉尘擦净。

4）刷第一遍乳胶漆：涂刷顺序是先顶板后墙面，墙面是先上后下。乳胶漆可用排笔涂刷或滚涂。涂刷前应将涂料搅匀，并将其稀释，以满足施工要求。施工时，涂料的涂膜不宜过厚或过薄。过厚时易流坠起皱，影响干燥和施工质量，过薄，则不能发挥涂料的作用。一般以充分盖底，不透虚影，表面均匀为宜。干燥后复补腻子，腻子干后用砂纸磨光，清扫干净。

5）刷第二遍乳胶漆：操作方法与第一遍相同。使用前充分搅匀，如不很稠，不宜再稀释，以防露底。涂膜干燥后，用细砂纸将墙面小疙瘩和排笔毛等杂物磨掉，磨光滑后清扫干净。

6）刷第三遍乳胶漆：第三遍乳胶漆的操作要求与第二遍相同。由于乳胶漆的涂膜干燥快，应连续操作，涂刷时从一端开始，逐渐刷向另一端，要上下顺刷相互衔接，后一排紧接前一排，避免干燥后出现接头。

（4）施工注意事项

1）注意检查环境条件是否符合涂料的施工条件。

2）乳胶涂料干燥快，如大面积涂刷，应注意配合操作，流水作业。要注意接头，顺一方向刷，接槎处应处理好。

3）如墙面有分色线，施工前应认真划好粉线，刷分色线时要靠放直尺，用力均匀，起落要轻，排笔蘸漆量要适当，从前往后刷。

4）涂刷带颜色的涂料时应配料适当，保证独立面每遍用同一批涂料，以保色泽一致。

5）乳胶涂料应储存在0℃以上的地方，使涂料不冻，不破乳。储存期已过的涂料须经检验后方可使用。

8.7.5 溶剂型内外墙涂料施工

（1）主要施工工具 基层清理工具：刮刀、钢丝刷、扫帚等。涂刷工具：油漆刷、排笔、羊毛辊具及其他辅助工具。

（2）主要材料 腻子：油性大白腻子等。涂料：氯化橡胶内外墙涂料、过氯乙烯内外墙涂料、合成丙烯酸酯外墙涂料等。

（3）施工操作步骤

1）基层处理：基层处理方法参见本课题8.3节"基层处理"有关内容。特别注意：基层必须充分干燥，基层含水率在6%以下，但氯化橡胶涂料可以在基层基本干燥的条件下施工。把基层附着污染物清除干净后，用所使用的溶剂型涂料清漆与大白粉或滑石粉配成的腻子将基面缺陷嵌平，待干燥后打磨。腻子的批刮遍数主要根据质量等级来定。

2）涂刷涂料：在涂刷涂料之前，先用该涂料清漆的稀释液打底。通常采用羊毛辊具或者排笔涂刷两遍，其时间间隔在2h左右，对高级内墙装修可适当增加涂刷遍数。

（4）施工注意事项

1）溶剂型涂料在0℃以上温度均可施工，但在高温、阴雨天不得施工。

2）涂刷操作时，不宜反复多次涂刷，否则由于涂料变稠，会在涂层表面留下刷痕，并会损坏底层涂层。

3）溶剂型涂料易燃有毒，施工时应注意通风防火。操作人员操作时应戴口罩、手套等劳保防护用品。

## 8.8 涂料工程质量要求及评定标准

8.8.1 涂料工程的质量要求

（1）薄涂料施工的质量要求，应符合表1-41。

薄涂料施工质量要求　　　　　　　　　　表 1-41

| 项次 | 项 目 | 普通涂饰 | 高级涂饰 | 检验方法 |
|---|---|---|---|---|
| 1 | 颜色 | 均匀一致 | 均匀一致 | 观察 |
| 2 | 泛碱、咬色 | 允许少量轻微 | 不允许 | 观察 |
| 3 | 流坠、疙瘩 | 允许少量轻微 | 不允许 | 观察 |
| 4 | 砂眼、刷纹 | 允许少量轻微砂眼，刷纹通顺 | 无砂眼，无刷纹 | 观察 |
| 5 | 装饰线、分色线直线度允许偏差（mm） | 2 | 1 | 拉 5m 线，不足 5m 拉通线，用钢直尺检查 |

（2）厚涂料施工的质量要求，应符合表 1-42。

厚涂料施工质量要求　　　　　　　　　　表 1-42

| 项次 | 项 目 | 普通涂饰 | 高级涂饰 | 检验方法 |
|---|---|---|---|---|
| 1 | 颜色 | 均匀一致 | 均匀一致 | 观察 |
| 2 | 泛碱、咬色 | 允许少量轻微 | 不允许 | 观察 |
| 3 | 点状分布 | — | 疏密均匀 | 观察 |

（3）复层涂料表面的质量，应符合表 1-43 的规定。

复层涂料表面质量要求　　　　　　　　　　表 1-43

| 项次 | 项 目 | 质量要求 | 检验方法 |
|---|---|---|---|
| 1 | 颜色 | 均匀一致 | 观察 |
| 2 | 泛碱、咬色 | 不允许 | 观察 |
| 3 | 喷点疏密程度 | 均匀，不允许连片 | 观察 |

（4）溶剂型涂料表面的质量要求，应符合表 1-44 的规定。

溶剂型涂料表面质量要求　　　　　　　　　　表 1-44

| 项次 | 项 目 | 普通涂饰 | 高级涂饰 | 检验方法 |
|---|---|---|---|---|
| 1 | 颜色 | 均匀一致 | 均匀一致 | 观察 |
| 2 | 光泽、光滑 | 光泽基本均匀，光滑无挡手感 | 光泽均匀，一致光滑 | 观察、手摸检查 |
| 3 | 刷纹 | 刷纹通顺 | 无刷纹 | 观察 |
| 4 | 裹棱、流坠、皱皮 | 明显处不允许 | 不允许 | 观察 |
| 5 | 装饰线、分色线直线度允许偏差（mm） | 2 | 1 | 拉 5m 线，不足 5m 拉通线，用钢直尺检查 |

注：无光色漆不检查光泽。

1）主控项目

（a）溶剂型涂料涂饰工程所选用涂料的品种、型号和性能应符合设计要求。

检验方法：检查产品合格证书、性能检测报告和进场验收记录。

（b）溶剂型涂料涂饰工程的颜色、光泽、图案应符合设计要求。

检验方法：观察。

（c）溶剂型涂料涂饰工程应涂饰均匀、粘结牢固，不得漏涂、透底、起皮和反锈。

检验方法：观察；手摸检查。

（d）溶剂型涂料涂饰工程的基层处理应符合规范。

2）一般项目

溶剂型涂料的涂饰质量和检验方法应符合表1-44的规定。

（5）涂清漆表面的质量，应符合表1-45的规定。

清漆表面质量要求　　　　　　　　　　　　　　　　表1-45

| 项次 | 项目 | 普通涂饰 | 高级涂饰 | 检验方法 |
|---|---|---|---|---|
| 1 | 颜色 | 基本一致 | 均匀一致 | 观察 |
| 2 | 木纹 | 棕眼刮平、木纹清楚 | 棕眼刮平、木纹清楚 | 观察 |
| 3 | 光泽、光滑 | 光泽基本均匀，光滑无挡手感 | 光泽均匀、一致光滑 | 观察、手摸检查 |
| 4 | 刷纹 | 无刷纹 | 无刷纹 | 观察 |
| 5 | 裹棱、流坠、皱皮 | 明显处不允许 | 不允许 | 观察 |

## 8.9 涂料工程的常见质量通病及其防治措施

涂层的质量受许多因素的影响，如涂料品种及质量、涂装工艺、施工方法、基层情况、施工及使用环境条件等因素，涂层产生的质量问题也是这些因素造成的。为了预防或尽量减少涂层质量问题的发生，一定要注意正确合理地选用涂料品种，严格按施工工艺规程的要求施工。发生质量问题时，首先要找出原因，然后采取必要的措施加以补救。

### 8.9.1 常见质量弊病

涂层容易出现的质量弊病种类很多，其中包括：露底、起泡、剥落、开裂、发白、失光、浮色、针孔、皱纹、流挂、气泡、污染、退色、污点、斑点、皱皮、损伤、漏涂等。这些弊病有的是因涂料本身质量而产生的，有的是因施工及使用不当而产生。

### 8.9.2 质量弊病产生的原因及防治措施

（1）脱落

脱落是指涂膜失去粘附力而大片的剥落。脱落有时是所有的涂层，有时仅是面漆。各类涂料都会出现脱落，但出现最多的还是乳胶漆，特别是聚醋酸乙烯乳胶漆。

1）产生的原因：涂膜出现脱落一般是由于各涂层间的膨胀收缩率不同造成的（出现单层脱落）；基层受温度变化影响产生较大的变形也会出现脱落，如在铝板或薄钢板上的涂层（出现多层脱落）；各涂层或基层涂刷前清除不干净，含有油污或没充分打磨也会引起脱落；乳胶漆和基层粘附不牢或在潮湿环境中同样会出现脱落。

2）防治措施：要尽量避免各涂层使用不同材料的涂料，如出现渗色物时，尽量不使用封闭底漆以免降低层间的附着力。各类基层涂刷前都应彻底清除干净并经适当打磨。乳胶漆不要在不坚实的基层上涂刷，受冷凝影响或潮湿的环境不应使用乳胶漆。

当出现脱落时，应清除掉所有脱落的漆膜，然后重新涂刷。

（2）碎落

碎落是指漆膜受撞击后成片掉落，露出下面的涂层或基层。抛光金属、玻璃、釉面砖上的涂层，受撞击后，所有涂层易碎落露出基层。木材、砂浆、纸张等基层表面较粗糙，附着力强，受撞击后常是表面涂层碎落而露出下面涂层。

1）产生原因：碎落的原因主要是涂层的附着力较差。一般来说颜料含量高的涂料要比漆料含量高的涂料附着力差；错误地选用底漆也会出现碎落，特别是在光滑面上；硬脆的涂膜要比柔软、弹性好的涂膜易碎落。此外，光滑基层要比多孔隙基层易碎落；涂层间含有油污或蜡质也会对层间附着力产生影响，导致涂层碎落。

2）防治措施：为了防止碎落，涂层必须具有良好的附着力以抵御外来冲击力对涂膜产生的张力。为此，基层应稍粗糙或有孔隙。当涂刷在光滑无孔隙的基层上时，涂层只能依靠本身固有的附着力来维持涂膜的粘附（附着力的大小与所选择涂料有关）。对光滑的基层进行彻底的处理及选用正确的涂料对防止碎落是很重要的。

当涂层碎落是由于涂层硬脆或与基层附着性差时，须清除所有碎落的漆膜，然后用溶剂清洗裸露部位，再用洗涤剂刷洗、清水漂洗并干燥。当裸露部位是玻璃、釉面砖一类光滑无孔隙基层时，应用水砂纸将表面磨糙以利涂层粘附，然后涂刷一层粘附性较强的金胶或短油清漆，下一层涂料应在24h内涂刷，以便获得良好的层间附着力。对由于基层是光滑的有色金属引起的碎落，可将碎落的漆膜刮除或打磨干净，然后打磨基层。涂刷面漆要待底漆变硬后进行。

（3）粗粒

粗粒是指漆膜表面漂浮或内部含有灰尘、脏物颗粒等细小外来物。各类涂膜都有可能出现这类毛病，但有光漆由于表面光滑最明显，亚光漆稍好，无光漆不易发现这类弊病。在光滑基层上涂刷的高级有光涂层要比在粗糙面上涂刷的一般涂层容易发现这类弊病。

1）原因：涂料制造、灌装及倒出使用时如不过滤或过滤不仔细，有污染环境等都会形成粗粒；涂刷工具不干净、涂料表面形成胶状膜（无法过滤干净）、涂层涂刷后间隙时间过长也易形成粗粒。

2）防治措施：涂刷前物件表面要保持清洁，用抹布擦净，所用涂料要选用优质涂料，过滤时不可用油刷挤压。涂刷工具使用后应及时清洗保持干净。为避免空气中的尘埃污染，涂层干燥后应尽快涂刷。涂刷前应将地面清扫、湿润，以防走动时将尘土带起，尽量减少来回走动的次数，与工作无关的人员尽量不要留在施工现场，室外施工防止污染比较困难，可在雨后天气涂刷。

如果出现粗粒，可用水砂纸加肥皂水打磨表面，为避免划伤或遗留粉尘，切不可使用普通砂纸干磨。

(4) 起泡

富有弹性非渗透性的涂膜被其下面的气体、固体或液体形成的压力鼓起时，便形成各种气泡。气泡内的物质与涂刷面的材料有关，有水、气体、树脂、晶化盐及锈蚀等。新气泡软而有弹性，不易清除；旧气泡硬、脆便于清除。

涂膜下的水、树脂和潮气上升到涂刷面形成气泡，与阳光或其他热源产生的热量有关，热量越大、越持久，产生气泡的可能性就越大。深色涂料由于反射弱，对热量的吸收多，要比浅色涂料容易产生气泡。

油漆涂料常出现气泡，乳胶漆和水浆涂料很少有气泡，它只是局部失去粘附力，然后出现脱落。

1) 木质基层上的油漆涂层出现气泡的原因如下：

(a) 未风干或烘干的木质基层，由于其含水率高，当气温较高或较低时容易起泡。涂刷时必须严格控制木材的含水量，当现场环境湿度较大无法降低含水量时，可待其含水量达到规定标准，涂刷防潮涂料后安装使用。

(b) 已风干的木质基层，当遇到潮湿环境时，也会产生气泡。所以表面处理后应尽快涂刷优质底漆，底漆应用油刷刷进木材管孔内。基层的边缘及与砖石、水泥接触的部位宜涂刷两道底漆，以防潮气渗入。

(c) 硬木面，由于表面有许多开放的管孔，涂刷涂料时易将空气封闭在管孔内，受热后就形成气泡。所以，涂刷前应用麻布将填孔剂擦在木材的管孔内，除去里边的空气后再涂刷底漆。

(d) 使用带水的油刷涂刷、漆桶内有水或涂刷面上有露水等，都可以使涂层间形成潮气产生气泡。所以涂刷时一定要注意这些问题。

2) 金属基层上的涂膜出现气泡：钢铁面由于基层处理不当或底漆涂刷不善而产生锈蚀，含有潮气的锈蚀被涂膜封闭后就会产生气泡。这种气泡的形状不规则，小而密。气泡的大小与涂膜的弹性和下面的锈蚀量有关。涂膜出现气泡后会引起涂膜开裂，使水分渗入加快锈蚀，最后导致涂膜完全毁坏。

应尽可能将锈蚀全部清除掉，然后涂刷高抗张强度的防锈底漆，如红丹底漆，一般应涂刷两遍，然后再涂刷面漆。涂刷工作最好在干燥气候中进行。

如果出现气泡，应将涂膜刮除后，清除表面的锈蚀，特别是锈斑的凹坑部位。如有可能最好采用火焰清除法清除锈蚀，以利于潮气的驱散，清除后应在表面冷却前涂刷防锈底漆，然后再涂刷面漆。

3) 砖石、砂浆及混凝土基层上的涂膜出现气泡：新砖石、砂浆及混凝土基层一般都含有较高的水分，含水时间的长短与环境条件有关。由于基层深处的水分缓慢地上升至表面，然后迅速蒸发，因而常给人一种基层已完全干燥的假象。此时如在基层上涂刷非渗透性涂料，特别是墙的两面都涂刷这种涂料，潮气会被封闭在墙体内，便很容易产生气泡。产生气泡的时间主要与基层含水量的多少、涂膜弹性、基层所受热量及水分或潮气是否有可能从其他方面挥发等因素有关。

新基层应尽可能搁置一段时间，待内部水分基本干燥后再进行涂刷。

如出现气泡，应将开裂、突起的漆膜刮至完好漆膜的边缘，然后放置一段时间让其干燥。当两面都有涂料，裸露部位较小不利潮气散发时，可采用加热措施缩短其干燥时间。重新涂刷前应将裸露部位点涂耐碱底漆。

(5) 刷痕

刷痕是以谷和梁的形式表现在已干的漆膜上的。刷痕严重时不仅影响涂层的外观，而且漆谷的底部还是涂膜的最薄弱部位，是引起漆膜开裂的根源。有光涂料流动性好，涂刷在平整的底面上时不显刷痕，但当底面有刷痕时，不但涂刷后会显出相同的痕迹，而且刷痕会更明显。无光涂料湿时虽显刷痕，但干后就不显了。

刷痕在平整光滑的表面比较明显，当表面比较粗糙时就不显刷痕了，此外凸面也可起到降低刷痕的作用。

刷痕的产生主要与刷毛种类、涂刷技术及涂料品种有关。

猪鬃油刷对涂料的吸附性适宜，弹性也好，适宜涂刷各种涂料。与猪鬃混合使用油刷及尼龙或其他纤维的刷毛不仅易产生刷痕，还不易将涂层刷匀。

涂刷技术是产生刷痕的重要原因，即使使用优质油刷，如果涂刷时不仔细、涂刷方法不正确也会产生刷痕，如漏刷、油刷倾斜角度不对、收刷方向杂乱、每刷次间隔时间过长、基层过糙、稀料过多、涂料流动性差等。

涂刷时应找出各类涂层产生刷痕的原因，使用优质油刷，熟练正确地运用涂刷技术进行涂刷。

如果出现刷痕，应用砂纸蘸肥皂水将表面打磨光滑，平整后使用优质油刷正确涂刷。

(6) 微裂

微裂是指干涂膜上出现细而浅的肉眼看不到的小裂缝。微裂一般以三种形式出现，即形状有不规则状、梯子状或鸟爪状。

微裂是因涂膜轻微收缩、运动产生的，与所用涂料质量有关。

涂刷时应避免使用劣质涂料，一旦中间涂层变硬后应尽快涂刷面漆。

如果出现微裂，应先将表面污垢刷洗掉并进行打磨，然后至少涂刷两遍涂料。

## 课题9 建筑幕墙（*）

由板材与金属构件组成的、悬挂在建筑物主体结构上的、非承重连续外围护结构称为建筑幕墙。建筑幕墙以其较好的建筑装饰艺术效果、完善的功能（风压变形性能、空气渗透性能、雨水渗漏性能、保温隔声性能）和质轻、安装效率高而得到广泛应用。

建筑物外墙使用幕墙装饰始于20世纪初期，发展至今，按其材料可分为玻璃幕墙、金属幕墙、石材幕墙、全玻璃幕墙以及用各种材料组合的组合式幕墙；按其结构形式可分为明框幕墙、隐框幕墙、半隐框幕墙、悬挂玻璃幕墙、点式幕墙；按其制作与安装方法可分为元件（构件）幕墙和单元式幕墙。

我国建筑幕墙经过20多年的发展，已经跃居世界第一生产大国和使用大国，现已成为现代建筑的标志。幕墙制作安装是建筑行业比较复杂的工种，根据学员的实际情况，本课题只做简单介绍，供有兴趣和有条件的学员学习。本课题包括幕墙的组成材料、结构构造、制作安装和检验方法等。

## 9.1 幕墙的组成材料

玻璃幕墙是由各种不同材质和不同性能的材料组合而成的。主要材料有：钢材、铝合金、玻璃、紧固件和密封胶。

### 9.1.1 钢材

钢材在玻璃幕墙中的作用非常重要，比较大的玻璃幕墙工程，都要以钢结构为主骨架，并通过钢构件与建筑物进行连接。玻璃幕墙中使用的钢材以碳素结构钢为主，它是延伸材料中力学性能比较典型的材料。

### 9.1.2 铝合金材料

铝合金材料是幕墙工程大量使用的材料，幕墙金属杆件以铝合金建筑型材为主（占95%以上）。目前使用的主要是30号锻铝（6061）和31号锻铝（6063、6063A）高温挤压成型、快速冷却并人工时效（$T_5$）〔或经固溶热处理（T6）〕状态的型材，经阳极氧化（着色）或电泳涂漆、粉末喷涂、氟碳化喷涂表面处理。质量要求参见《铝合金建筑型材》GB/T 5237—2000。

### 9.1.3 紧固件

幕墙构件连接，除隐框幕墙结构装配组件玻璃与铝框的连接采用硅酮密封胶胶接外，通常都用紧固件连接（常用连接件如图1-137所示）。紧固件把两个以上的金属或非金属构件连接在一起，连接方法分不可拆卸连接和可拆卸连接，铆合属于不可拆卸连接，螺纹连接属于可拆卸连接，使用这种连接的构件可以自由拆卸，使用方便。紧固件有普通螺

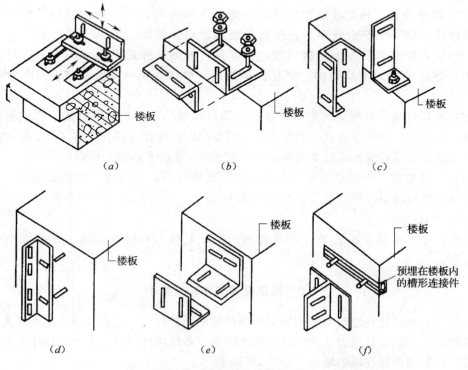

图1-137 玻璃幕墙连接件示例

栓、螺钉、螺柱和螺母，不锈钢螺栓、螺钉、螺柱和螺母，以及抽芯铆钉。碳钢或合金钢制造的螺栓、螺钉和螺柱的机械性能参见《紧固件机械性能、螺栓、螺钉和螺柱》GB/T 3099.1—2000。

### 9.1.4 密封胶

铝合金玻璃幕墙用的密封胶有结构密封胶、建筑密封胶（耐候胶）、中空玻璃二道密封胶、防火密封胶等。结构玻璃装配使用的结构密封胶只能是硅酮密封胶，它具有良好的抗紫外线性能。它把玻璃固定在铝框上，将玻璃镶片承受的荷载和间接作用通过胶缝传递到铝框上。结构密封胶是固定玻璃并使其与铝框有可靠连接的胶粘剂，同时也把玻璃幕墙密封起来。要求结构密封胶对建筑物环境中的每一个因素，包括热应力、风荷载、气候变化、地震作用等均有相应的抵抗能力。

### 9.1.5 玻璃

玻璃是铝合金玻璃幕墙采用的主要材料，它直接控制着幕墙的各项性能，同时也展现着幕墙艺术的各种风格，因此正确选用玻璃是幕墙设计的重要内容，若选择不当，将会产生非常严重的后果。下面介绍几种玻璃供参考：

（1）平板玻璃：平板玻璃主要有两种，即普通平板玻璃和浮法玻璃。普通平板玻璃是指用拉引法生产，用于一般建筑和其他方面的平板玻璃。普通平板玻璃的技术条件参见国家标准 GB 4871—85。浮法玻璃是以熔化的玻璃浮在锡床上，靠自重和表面张力的作用形成平滑表面。目前幕墙中常用的无色、灰色、茶色玻璃都是浮法玻璃，其特点是表面平整、无波纹、"不走样"。浮法玻璃的技术条件参见国家标准 GB 11614—1999。

（2）钢化玻璃：钢化玻璃按形状可分为平面和曲面玻璃。钢化玻璃是将平板玻璃热处理而成，是一种安全玻璃，它提高了玻璃的机械性能，较大程度上提高了对均匀荷载、热应力和大多数冲击荷载的效应，而且，玻璃破碎后形成细小颗粒，对安全危害较小，但这种玻璃不易切割。钢化玻璃的质量要求参见《钢化玻璃》GB/T 9963—1998。

（3）夹层玻璃：夹层玻璃是由两层以上薄片玻璃，加入具有弹性的有机塑料胶粘剂粘结成，它也是一种安全玻璃。当受到冲击而破碎时，能保持其完整性，仅在表面出现裂纹而不脱落。夹层玻璃的质量要求参见《夹层玻璃》GB/T 9962—1999。

（4）中空玻璃：中空玻璃系由两片或多片玻璃组成，其周边用间隔框分开，再用密封胶密封，使玻璃层间形成有干燥气体空间的玻璃。中空玻璃的质量要求参见《中空玻璃》GB 11944—89。

另外，还有吸热平板玻璃、压花玻璃、热反射玻璃和防火玻璃，在此就不一一介绍了。

## 9.2 建筑幕墙结构构造类型

幕墙是一种悬挂在建筑物结构框架外侧的外墙围护构件。它的自重和所受外来荷载将通过铆接点，并以点传递方式传至建筑物主框架。幕墙构件间的接缝和连接用现代建筑技术处理，使幕墙形成连续的墙面，如图 1-138 所示。

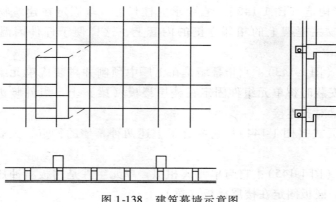

图 1-138 建筑幕墙示意图

### 9.2.1 幕墙分类

按幕墙加工程度可分为如下几种形式：

（1）元件式（图 1-139）：幕墙是用一根根元件（立梃、横梁）安装在建筑物主框架上形成框格体系，再镶嵌玻璃，最终组装成幕墙。元件式幕墙立柱布置随安装次序不同而不同。立柱安装有两种顺序，即自下而上安装与自上而下安装。

1）自上而下安装（图 1-140）：幕墙的最上面一根杆件套在固定于屋檐下的套管上，并留有伸缩缝，下端固定在楼层楼板（梁）上，并同时固定连接下一层立柱的套管，以此每根立柱依次采用下端套上端固定的方法安装，直到最底一层。

2）自下而上安装（图 1-141）：幕墙的最下面一根杆件套在固定于地面（或楼板等）的套管上，上端装上内套管并连套管固定在楼层楼板（梁）上。以此每根立柱依次采用下端套上端固定的方法安装，直到最后一根立柱的上端固定在屋檐板（梁）或女儿墙上。

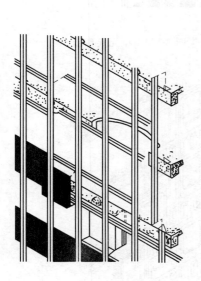 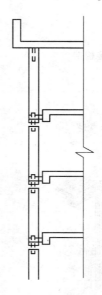 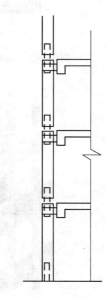

图 1-139 元件式幕墙　　图 1-140 元件式幕墙（自上而下安装）　　图 1-141 元件式幕墙（自下而上安装）

3）立柱连接构造（图1-142）：它要求立柱只能一端固定在建筑物主框架上，而另一端固定于建筑物主框架上的相邻立梃的内套上，这样便于杆件因温度变化而引起的伸缩。

（2）单元式（图1-143）：它指幕墙是在工厂中预制并拼装成单元组件，组件高度视具体情况而定。安装时将单元组件固定在楼层楼板（梁）上，组件竖边对扣连接，上下层组件之间的横梁对齐连接。

（3）元件单元式（图1-144）：它综合了上述两种幕墙的特点，先安装立梃，再安装组件。

（4）嵌板式（图1-145）：它与单元式相似，单元组件是用板材冲压而成，嵌板单元可开洞安装玻璃，嵌板固定在楼层楼板（梁）上。

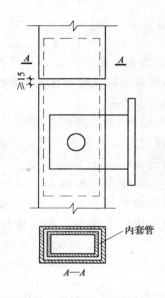

图1-142 幕墙立柱连接构造

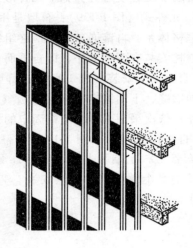

图1-143 单元式幕墙

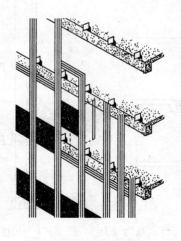

图1-144 元件单元式幕墙

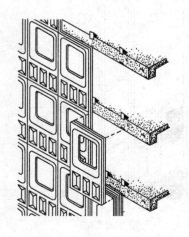

图1-145 嵌板式幕墙

(5) 包柱式（图1-146）：在幕墙相对于建筑物主框架梁、柱上，用仿梁（柱）形状的覆盖板装饰，来显示建筑物的框架结构。

9.2.2 建筑幕墙的几种构造形式

幕墙的构造设计离不开原有的建筑设计，它是在原建筑设计基础上的再创作。因此，幕墙的制作安装要充分考虑与原建筑物的配合。幕墙的构造形式有好几种，如单立面幕墙、多立面幕墙、折线形幕墙和圆弧形幕墙，下面简单介绍前两种构造形式。

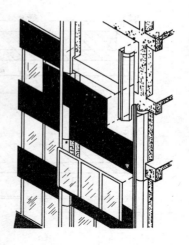

图1-146 包柱式幕墙

(1) 单立面幕墙 单立面幕墙可分为内套式、平边式和包角式三种。

1) 内套式（图1-147）：幕墙的外包尺寸为建筑物轴线尺寸减去墙（柱）厚度（$c_2$）及外装饰的构造厚度（$c_3$）。对普通玻璃幕墙要求外装饰盖住杆件10mm左右，外装饰与杆件间留10～15mm间隙，用耐候胶填缝，如图1-147（$a$）所示。对隐框玻璃幕墙，要求幕墙玻璃位于外装饰外侧，并设10～15mm伸缩缝，用耐候胶填缝，如图1-147（$b$）所示。

2) 平边式：平边式幕墙的外包尺寸包括了建筑物（梁、柱、墙）厚度（$c_2$）及外装饰的构造厚度（$c_3$）。杆件的开口部分及杆件与建筑物之间的间隙用铝扣板封盖，如图1-148（$a$）所示。

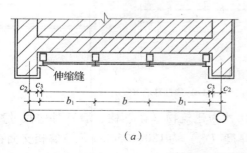
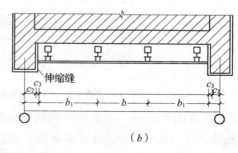

($a$)            ($b$)

图1-147 内套式幕墙构造
($a$) 普通幕墙；($b$) 隐框幕墙

3) 包角式：包角式幕墙正立面的外包尺寸为建筑物外包尺寸加幕墙构造厚度（普通幕墙180～250mm，隐框幕墙230～300mm），侧边包角尺寸由设计决定，如图1-148（$b$）所示。

(2) 多立面幕墙：建筑物相临立面要设置幕墙，可设置为相互垂直幕墙，分为垂直阳角和垂直阴角两种。

1) 垂直阳角幕墙：垂直阳角幕墙的外围尺寸为建筑物（梁、柱、墙）外包尺寸加上幕墙构造厚度（$c_4$）。对普通玻璃幕墙，构造厚度（$c_4$）为180～250mm，相临立面在转角杆件上交会，如图1-149（$a$）所示；对隐框玻璃幕墙，构造厚度（$c_4$）为230～300mm，如图1-149（$b$）、（$c$）所示。

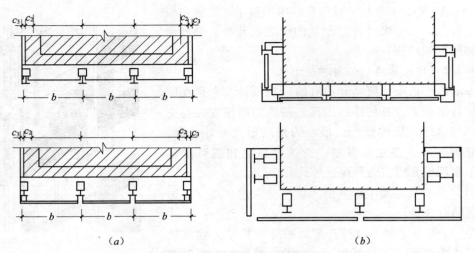

图 1-148 平边式与包角式幕墙构造
(a) 平边式；(b) 包角式

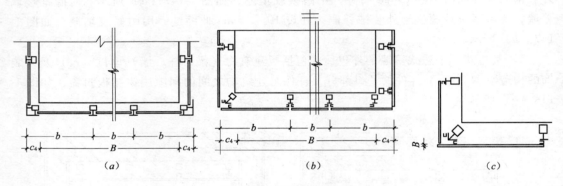

图 1-149 垂直阳角幕墙
(a) 普通幕墙；(b) 隐框幕墙（一）；(c) 隐框幕墙（二）

2）垂直阴角幕墙：垂直阴角幕墙的外围尺寸为建筑物（梁、柱、墙）外包尺寸减去幕墙构造厚度（$c_4$）。对普通玻璃幕墙，构造厚度（$c_4$）为 180~250mm，玻璃相交面在转角杆件上交会，如图 1-150（a）所示。对隐框玻璃幕墙，构造厚度（$c_4$）为 230~300mm，如图 1-150（b）、（c）所示。

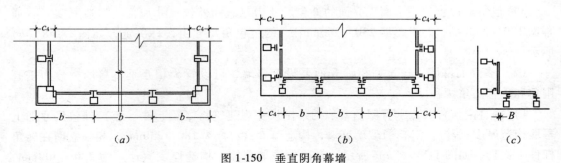

图 1-150 垂直阴角幕墙
(a) 普通幕墙；(b) 隐框幕墙（一）；(c) 隐框幕墙（二）

## 9.3 建筑幕墙制作安装程序与工艺要求

### 9.3.1 制作前的准备工作

（1）环境调查：环境调查纲要见表1-46。

环境调查纲要  表1-46

| 项目 | 目的 | 有关公式及参数表 |
|---|---|---|
| 基本雪压 | 计算雪荷载 | 参见有关规范及专业书籍 |
| 基本风压 | 计算风荷载 | 参见有关规范及专业书籍 |
| 地面粗糙度类别 | 确定风压高度系数类别 | 参见有关规范及专业书籍 |
| 幕墙高度 | 计算风压高度系数 | 参见有关规范及专业书籍 |
| 设防烈度 | 计算地震作用 | 参见有关规范及专业书籍 |
| 建筑物类型 | 确定幕墙层设计角变位值 | 参见有关规范及专业书籍 |
| 历年最高温度 | 计算温度变化值 | |
| 历年最低温度 | 计算温度变化值 | |
| 太阳辐射热 | 计算温度变化值 | |
| 大气透明度等级 | 确定太阳辐射热采用值 | 参见有关规范及专业书籍 |
| 建筑物周围光环境 | 包括幕墙朝向，太阳入射角，日照运行过程及特点，周围建筑物反射及玻璃分布等 | |

（2）施工图设计

建设部1997年建〔1997〕167号通知规定："凡采用各类建筑幕墙工程的建设项目的建筑设计单位与建筑幕墙工程施工企业要做好协同配合工作。建筑设计单位主要应考虑幕墙工程的防火、防雷、光环境污染和连接预埋件的结构安全等因素，并对建筑幕墙工程提出具体设计要求并负相应的设计责任。建筑幕墙工程施工企业应根据设计要求提出有关施工安装的技术要求并对幕墙材料、幕墙结构设计和加工制作部件等的工程质量负责。"幕墙施工图设计单位，要充分掌握建筑设计意图，使幕墙设计要在原设计构思的基础上再创作，进一步完善建筑设计，从而达到更高层次的建筑美学要求，并保证幕墙的安全可靠。

幕墙设计要按照《玻璃幕墙工程技术规范》JGJ 102的规定进行，要使规范的每项要求都落实到位，不仅要严格执行规范关于计算的规定，而且对一些构件措施也应全部落实。

（3）施工图编制

幕墙施工图的编制要依据建筑工程设计图纸和施工组织设计的规定进行。在建筑工程设计图的基础上处理好以下几个主要问题：

1）杆件主要是立梃布置及下料长度。
2）杆件分格与组件分格（主要是边跨）的关系及处理方案。
3）胶缝的厚、宽尺寸应根据密封胶的牌号及其性能参数计算确定。
4）幕墙固定片及其紧固件要根据幕墙的品种、种类，确定其连接方法及校核强度。根据上述结论绘制节点大样图，并将结构玻璃装配节点大样送交供应商审核。

(4) 施工组织设计

铝合金玻璃幕墙施工是一项十分复杂的生产活动。一个大型铝合金玻璃幕墙工程，有几百名各种专业人员，使用各种机具，消耗成百上千吨各种材料，进行幕墙工程的制作、安装，除了这种直接生产活动外，还要组织构件和半成品生产，以及材料、半成品的运输、储存，机具的供应和修理，临时供电、供水管网的铺设，临时办公和生活福利设施的设置等业务活动。

幕墙的制作、安装必须由很多工种来完成，每个工种的施工过程都可以采用不同的方法和不同的机具，而幕墙的施工顺序，往往可以有不同的安排，每一种构件都可以采用不同的运输方法和运输工具去完成，施工现场使用的机具、仓库、办公用房往往有不同的布置方案，工程的准备工作可以采用不同的方法。总之，不论在技术方面或在组织方面，通常都有许多方案可供选择。但是不同的方案，其经济技术效果是不同的。这就是施工组织设计的任务。

1) 施工组织设计原则
(a) 严格遵守合同规定的工程竣工及交付使用期限。
(b) 合理安排施工程序和顺序。
(c) 用流水作业法和网络计划技术安排进度计划。
(d) 从实际出发做好人力、物力的综合平衡，组织均衡施工。
(e) 贯彻国家技术政策，因地制宜地推广新技术。

2) 施工组织设计内容
(a) 施工程序安排（包括技术规划、现场施工和施工队伍及有关组织准备）。
(b) 流水段的划分和施工进度计划及施工网络等。
(c) 施工机具（包括垂直与水平运输机具）。
(d) 主要项目的施工方法。
(e) 技术组织措施。

3) 施工组织设计面临的几个问题
(a) 施工总平面图设计。
(b) 单元组件安装就位的吊具。
(c) 单元组件摆放的方案。
(d) 缺口部位的吊装技术。

(5) 材料选择：幕墙材料主要包括铝型材、玻璃、密封胶、紧固件和石材（详见9.1）。

9.3.2 杆件加工

(1) 放样

每项工程在加工前应根据施工图进行翻样，校核施工图尺寸，并据以制作各节点部位样板，用样板在杆件需要加工的部分划线放样，作为加工的依据。

(2) 下料

幕墙杆件下料前应进行校正调直，并复验材料质量。下料应使用切割机（最好是双头切割机）。不能使用手提切割机进行幕墙料下料，否则下料的长度与端头斜度无法控制。

(3) 加工

元件式幕墙杆件与杆件、杆件与组件、杆件与建筑物之间要进行拼装连接才能最终形成幕墙。因此，必须对杆件进行孔、槽、豁、棒的加工后才能拼装。

(4) 组件（开启扇、框）拼装

组件、杆件间连接，按设计分别采用铆接和螺接等。连接应牢固，各连接缝隙应进行可靠的密封处理。

### 9.3.3 杆件安装

元件式玻璃幕墙是将杆件一件件安装在建筑物主框架上而形成框格体系的。

(1) 前期准备

1) 安装玻璃幕墙的钢结构、混凝土结构及砌体结构主体工程，必须按有关施工验收规范及质量评定标准验收合格；还要对建筑物安装幕墙部分的外形尺寸进行复查，要求达到与幕墙配合尺寸在允许偏差的范围，如果偏差过大要进行处理（包括修改幕墙局部尺寸），使其达到要求。

2) 逐个检查建筑物主体结构上固定连接幕墙的预埋件，要求具有规定的尺寸精度（标高偏差≤10mm；埋件表面与幕墙立梃底面的距离与设计相比允许偏差≤20mm；预埋件表面平整度偏差≤5mm），如果大于以上偏差要对预埋件进行处理，达到要求才能进行下一道安装工序。

3) 检查杆件制作合格证件，只允许有合格证件的杆件上墙安装。杆件运到工地后，应存放在专设的仓库，要求四面能封闭、开启，地面无尘埃，温湿度适中，杆件应存放在有软垫的货架上，避免变形和损伤表面的氧化膜，上墙安装前应包好保护胶带。

(2) 测量放线

幕墙分格轴线的测量放线应与主体结构测量配合并绘制测量图，对误差进行控制、分配、消化，不使其积累，对于高层建筑应在风力不大于3级情况下定时测量放线，并多次进行校正，确保幕墙的垂直度及立梃位置正确。

(3) 安装

安装幕墙，连接件与预埋件的连接需要预安装，使连接角钢与立梃连接的螺孔中心线的位置达到以下要求：标高±3mm；角钢上开孔中心线垂直方向±2mm；左右方向±3mm。按上述要求预安装连接角钢后，再安装立梃。将连接角钢向三维方向调整，以便立梃在立面与侧面的垂直度和标高达到设计要求。

### 9.3.4 普通幕墙安装玻璃

(1) 玻璃裁划及磨边

玻璃的裁划不仅会影响幕墙的质量，而且具有一定的经济价值（因为玻璃每1$m^2$造价较高）。玻璃的切断先由刀具划出细微的划痕，再进行折断。

切断方法：玻璃切断可采用机裁也可以采用手裁。机裁使用各种型号的玻璃裁切机，它包括一座切断作业平台与一组吸盘机械手。吸盘机械手将置于作业平台一侧的玻璃安放在作业平台上，平台上装有机动刀具架及计量刻度尺等，将机台刀具调整到需裁划尺寸的刻度位置，打开刀具运动器开关，刀具就在规定的位置上划上划痕再折断，用机械手将裁划好的玻璃从作业平台上取下，放置在台侧指定的位置上。机裁的优点是玻璃的长、宽及对角线尺寸的偏差较小，由于刀具的角度正确，切断质量较高，适用于简单规格大批量生产。如果多规格小批量生产，由于调试费时，工效就难以发挥。

手裁，设置切断作业平台，该平台要有适当高度并具有水平的台面，上面要铺保护玻璃的厚布（毡），并扫清台面上的砂和玻璃屑，由人工将玻璃轻放在台面上，用钢尺量好切断尺寸，在切断部位放上直尺，沿切断线涂上煤油，用刀具在玻璃上划上划痕。划痕时金刚钻要和刀具行进的方向一致，刀具不得倾斜，要正确地保持在垂直面内（图 1-151）。手工裁面如果

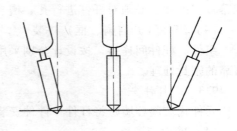

图 1-151

控制不好，长宽尺寸，尤其是对角线差很难控制在规定允许偏差范围内，手工裁划机动灵活，尤其对套裁玻璃特别方便。

玻璃裁划后，应用专用磨边机磨边，消除玻璃周边隐藏的细微裂子，这些裂子在各种作用效应与热应力影响下，会扩展成裂缝，同时边角的棱角磨手，增加下道工序操作麻烦。

玻璃边缘质量示意如图 1-152 所示。

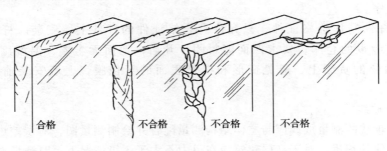

图 1-152

（2）玻璃安装

铝合金普通玻璃幕墙型材在挤压时已挤压出镶嵌槽的相关部分。元件式普通幕墙，立柱与横梁安装成的框格体系，已在框架上形成玻璃镶嵌槽，用以镶嵌玻璃。镶嵌槽要保证玻璃与镶嵌槽槽壁有一定搭接量；又要使玻璃与槽底有一定间隙，以利于玻璃伸缩；以及使玻璃与槽壁间留有空腔，以便嵌入橡皮条或注胶固定玻璃。

9.3.5 隐框玻璃幕墙组装

隐框玻璃幕墙组装是指将结构玻璃装配组件安装到框格体系上最终形成幕墙的工序。

组装应根据内嵌式、外扣式、内装固定式、外装固定式分别采用不同工艺，结构玻璃装配组件安装可在外部脚手架上进行，也可以采用吊篮进行，但对吊篮的安全运行要严格控制和管理。

组装前应进行定位划线，确定结构玻璃装配组件在立面上的水平、垂直位置，并在框格上划线。对结构玻璃组件的平面度要逐层设控制点。根据控制点拉线，按拉线调整检查，切忌跟随框格体系歪框、歪件、歪装。对偏差过大的应坚决采取重做、重安装，对个别超偏较小，且通过改孔、榫、豁不影响安全和使用的，可对孔、榫、豁进行适当扩孔、改榫（豁）。一定要使组件按规定位置就位，保证安装质量。内嵌式幕墙的立梃与横梁形成的框格已将结构玻璃装配组件的位置固定，因此定位时如发现框格形成的组件位置不

准，应以调整杆件为主，待框格位置调整正确后再安装组件，只允许垂直方向，不允许水平方向扩孔，因为水平方向风压力与风吸力是交叉发生的，扩孔后将使组件在风压、吸力交替发生时会产生振动。

结构玻璃装配组件在外扣式幕墙上的位置，主要取决于立梃上扣杆位置，定位时要重点检查扣杆的水平、垂直位置及间距，如果有一处水平垂直位置不准，将使结构玻璃装配组件位置错位，间距不准，将不能保证每扣扣紧（即只有部分扣紧）。

结构玻璃装配组件安装完毕或完成一定单元，即进行填缝处理，先将填缝部位用规定溶剂及工艺净化，塞入垫杆，在胶缝两侧玻璃上贴宽5cm保护胶带纸，用规定牌号的耐候胶填缝，注胶后要用刮匀将胶缝压紧、抹平，撕掉胶带纸，并将玻璃表面的污渍全部擦洗干净，做到耐候胶与玻璃（铝材）粘接牢固，胶缝平整光滑，玻璃清洁无污物。

**9.3.6 单元式幕墙组装与吊装**

（1）单元组件框及单元内部装配组件框制作

单元组件框制作是指将左右竖框、上下横框及设计上规定的中横框、中竖框等用紧固件连接成一个整体框架。采用最多的连接方法是在横（竖）框型材上挤压出螺孔槽，用自攻螺钉攻入螺钉槽，将两框紧固，待全部紧固后形成框格，要求紧固牢固。

（2）单元组件制作

1）金属板加工：金属板含单层铝板、复合铝板、蜂窝铝板、彩色铜板、单体搪瓷板、复合搪瓷板等。

单层板包括冲压成型、加强肋的制安、安装件的安装（如采用外扣式时扣钩加工）。复合板包括镶槽、折弯成型、折边加固等。金属板加工的技术要求，JG 3035 第43.42条作了规定。

2）玻璃加工：浮法玻璃及热反射玻璃裁划可在幕墙厂自行按设计样板裁划。钢化玻璃、夹层玻璃、中空玻璃，由幕墙提供样板尺寸，由玻璃厂加工。所有玻璃在裁划后均应进行倒棱、倒角（磨边）处理。

3）花岗石加工：花岗石加工系指将已磨光的花岗石板材进行安装部位槽、孔等加工，加工时要对石板材进行保护，防止产生缺棱、缺角。

（3）单元组件组装

单元组件组装是将各种装配组件和镶板装配在单元组件框架上的全部工序。组装通常采用两种工艺：

1）立式。先将单元组件框架固定在专用立式组装架上，再将装配组件、镶板按规定顺序一一组装，最后做组件与组件间（镶板与镶板间、组件与镶板间）接缝处理。处理方法可以是干法（胶条），也可用湿法（耐候胶填缝）。

2）卧式。将单元组件平放在固定平台或流水生产线上，再进行组装。立式直观，能找到将来在主体结构上安装的技术要素，但操作难度大。卧式操作方便，但与将来在主体结构上安装情况各异，不易发现缺陷。

单元组件组装可分为明框、隐框、半隐框，采用相应的固定方法，不再赘述。

（4）连接件安装

单元式幕墙的连接件是指与单元式幕墙组件相配合，安装在主体结构上的连接件，它与单元组件上的连接构件对插（接）后，按定位位置将单元组件固定在主体结构上，由于它们是一组对插（接）构件，有严格的公差配合要求。同时单元组件上的连接构件与安装在主体结构上的连接件的对插（接）和单元组件对插同步进行，即使所有构件均达到允许偏差要求，但还是有偏差存在（有时累计偏差也不小），就要求连接件要具有X、Y向位移微调和绕X、Z轴转角微调功能。单元式幕墙外表面平整度是完全靠连接件的位置的准确和单元组件构造（厚度）来保证的，在安装过程中无法调整，因此连接件要一次（或一个安装单元）全部调整到位，达到允许偏差范围。

（5）单元组件安装

单元组件安装可在土建封顶后进行，也可在土建完成一定进度后（一般完成20层左右）与土建同步进行。单元组件安装一般要按下列工序进行。

1）安装准备：对土建工程进行验收，并复测；在检查处理好预埋件基础上，将全部（封顶后安装的指全部楼层，同步进行的按每一次安装总楼层）转接件一次全部按定位线安装定位；专用吊具的架设；设置上料平台；单元组件摆放。

2）吊装就位：在环形吊轨上设电动葫芦执行吊运；防火层施工；保护。

## 9.4 质量要求及检验方法

### 9.4.1 玻璃幕墙工程

（1）主控项目

1）玻璃幕墙工程所使用的各种材料、构件和组件的质量，应符合设计要求及国家现行产品标准和工程技术规范的规定。

检验方法：检查材料、构件、组件的产品合格证书、进场验收记录、性能检测报告和材料的复验报告。

2）玻璃幕墙的造型和立面分格应符合设计要求。

检验方法：观察；尺量检查。

3）玻璃幕墙使用的玻璃应符合下列规定：

（a）幕墙应使用安全玻璃，玻璃的品种、规格、颜色、光学性能及安装方向应符合设计要求。

（b）幕墙玻璃的厚度不应小于6.0mm。全玻幕墙肋玻璃的厚度不应小于12mm。

（c）幕墙的中空玻璃应采用双道密封。明框幕墙的中空玻璃应采用聚硫密封胶及丁基密封胶；隐框和半隐框幕墙的中空玻璃应采用硅酮结构密封胶及丁基密封胶；镀膜面应在中空玻璃的第2或第3面上。

（d）幕墙的夹层玻璃应采用聚乙烯醇缩丁醛（PVB）胶片干法加工合成的夹层玻璃。点支承玻璃幕墙夹层玻璃的夹层胶片（PVB）厚度不应小于0.76mm。

（e）钢化玻璃表面不得有损伤；9.0mm以下的钢化玻璃应进行引爆处理。

（f）所有幕墙玻璃均应进行边缘处理。

检验方法：观察；尺量检查；检查施工记录。

4）玻璃幕墙与主体结构连接的各种预埋件、连接件、紧固件必须安装牢固，其数量、规格、位置、连接方法和防腐处理应符合设计要求。

检验方法：观察；检查隐蔽工程验收记录和施工记录。

5）各种连接件、紧固件的螺栓应有防松动措施；焊接连接应符合设计要求和焊接规范的规定。

检验方法：观察；检查隐蔽工程验收记录和施工记录。

6）隐框或半隐框玻璃幕墙，每块玻璃下端应设置两个铝合金或不锈钢托条，其长度不应小于100mm，厚度不应小于2mm，托条外端应低于玻璃外表面2mm。

检验方法：观察；检查施工记录。

7）明框玻璃幕墙的玻璃安装应符合下列规定：

（a）玻璃槽口与玻璃的配合尺寸应符合设计要求和技术标准的规定。

（b）玻璃与构件不得直接接触，玻璃四周与构件凹槽底部应保持一定的空隙，每块玻璃下部应至少放置两块宽度与槽口宽度相同、长度不小于100mm的弹性定位垫块；玻璃两边嵌入量及空隙应符合设计要求。

（c）玻璃四周橡胶条的材质、型号应符合设计要求，镶嵌应平整，橡胶条长度应比边框内槽长1.5%~2.0%，橡胶条在转角处应斜面断开，并应用粘结剂粘结牢固后嵌入槽内。

检验方法：观察；检查施工记录。

8）高度超过4m的全玻幕墙应吊挂在主体结构上，吊夹具应符合设计要求，玻璃与玻璃、玻璃与玻璃肋之间的缝隙，应采用硅酮结构密封胶填嵌严密。

检验方法：观察；检查隐蔽工程验收记录和施工记录。

9）点支承玻璃幕墙应采用带万向头的活动不锈钢爪，其钢爪间的中心距离应大于250mm。

检验方法：观察；尺量检查。

10）玻璃幕墙四周、玻璃幕墙内表面与主体结构之间的连接节点、各种变形缝、墙角的连接节点应符合设计要求和技术标准的规定。

检验方法：观察；检查隐蔽工程验收记录和施工记录。

11）玻璃幕墙应无渗漏。

检验方法：在易渗漏部位进行淋水检查。

12）玻璃幕墙结构胶和密封胶的打注应饱满、密实、连续、均匀、无气泡，宽度和厚度应符合设计要求和技术标准的规定。

检验方法：观察；尺量检查；检查施工记录。

13）玻璃幕墙开启窗的配件应齐全，安装应牢固，安装位置和开启方向、角度应正确；开启应灵活，关闭应严密。

检验方法：观察；手扳检查；开启和关闭检查。

14）玻璃幕墙的防雷装置必须与主体结构的防雷装置可靠连接。

检查方法：观察；检查隐蔽工程验收记录和施工记录。

（2）一般项目

1）玻璃幕墙表面应平整、洁净；整幅玻璃的色泽应均匀一致；不得有污染和镀膜损坏。

检验方法：观察。

2）每1m$^2$玻璃的表面质量和检验方法应符合表1-47的规定。

每 1m² 玻璃的表面质量和检验方法　　　　　　　　　表 1-47

| 项次 | 项　目 | 质量要求 | 检验方法 |
|---|---|---|---|
| 1 | 明显划伤和长度 >100mm 的轻微划伤 | 不允许 | 观　察 |
| 2 | 长度≤100mm 的轻微划伤 | ≤8 条 | 用钢尺检查 |
| 3 | 擦伤总面积 | ≤500mm² | 用钢尺检查 |

3）一个分格铝合金型材的表面质量和检验方法应符合表 1-48 的规定。

一个分格铝合金型材的表面质量和检验方法　　　　　　表 1-48

| 项次 | 项　目 | 质量要求 | 检验方法 |
|---|---|---|---|
| 1 | 明显划伤和长度 >100mm 的轻微划伤 | 不允许 | 观　察 |
| 2 | 长度≤100mm 的轻微划伤 | ≤2 条 | 用钢尺检查 |
| 3 | 擦伤总面积 | ≤500mm² | 用钢尺检查 |

4）明框玻璃幕墙的外露框或压条应横平竖直，颜色、规格应符合设计要求，压条安装应牢固。单元玻璃幕墙的单元拼缝或隐框玻璃幕墙的分格玻璃拼缝应横平竖直、均匀一致。

检验方法：观察；手扳检查；检查进场验收记录。

5）玻璃幕墙的密封胶缝应横平竖直、深浅一致、宽窄均匀、光滑顺直。

检验方法：观察；手摸检查。

6）防火、保温材料填充应饱满、均匀，表面应密实、平整。

检验方法：检查隐蔽工程验收记录。

7）玻璃幕墙隐蔽节点的遮封装修应牢固、整齐、美观。

检验方法：观察；手扳检查。

8）明框玻璃幕墙安装的允许偏差和检验方法应符合表 1-49 的规定。

明框玻璃幕墙安装的允许偏差和检验方法　　　　　　表 1-49

| 项次 | 项　目 | | 允许偏差（mm） | 检验方法 |
|---|---|---|---|---|
| 1 | 幕墙垂直度 | 幕墙高度≤30m | 10 | 用经纬仪检查 |
| | | 30m＜幕墙高度≤60m | 15 | |
| | | 60m＜幕墙高度≤90m | 20 | |
| | | 幕墙高度＞90m | 25 | |
| 2 | 幕墙水平度 | 幕墙幅宽≤35m | 5 | 用水平仪检查 |
| | | 幕墙幅宽＞35m | 7 | |
| 3 | | 构件直线度 | 2 | 用 2m 靠尺和塞尺检查 |
| 4 | 构件水平度 | 构件长度≤2m | 2 | 用水平仪检查 |
| | | 构件长度＞2m | 3 | |
| 5 | | 相邻构件错位 | 1 | 用钢直尺检查 |
| 6 | 分格框对角线长度差 | 对角线长度≤2m | 3 | 用钢尺检查 |
| | | 对角线长度＞2m | 4 | |

9）隐框、半隐框玻璃幕墙安装的允许偏差和检验方法应符合表 1-50 的规定。

隐框、半隐框玻璃幕墙安装的允许偏差和检验方法　　　　表 1-50

| 项次 | 项 | 目 | 允许偏差（mm） | 检验方法 |
|---|---|---|---|---|
| 1 | 幕墙垂直度 | 幕墙高度≤30m | 10 | 用经纬仪检查 |
| | | 30m＜幕墙高度≤60m | 15 | |
| | | 60m＜幕墙高度≤90m | 20 | |
| | | 幕墙高度＞90m | 25 | |
| 2 | 幕墙水平度 | 层高≤3m | 3 | 用水平仪检查 |
| | | 层高＞3m | 5 | |
| 3 | | 幕墙表面平整度 | 2 | 用2m靠尺和塞尺检查 |
| 4 | | 板材立面垂直度 | 2 | 用垂直检测尺检查 |
| 5 | | 板材上沿水平度 | 2 | 用1m水平尺和钢直尺检查 |
| 6 | | 相邻板材板角错位 | 1 | 用钢直尺检查 |
| 7 | | 阳角方正 | 2 | 用直角检测尺检查 |
| 8 | | 接缝直线度 | 3 | 拉5m线，不足5m拉通线，用钢直尺检查 |
| 9 | | 接缝高低差 | 1 | 用钢直尺和塞尺检查 |
| 10 | | 接缝宽度 | 1 | 用钢直尺检查 |

9.4.2　金属幕墙工程

（1）主控项目

1）金属幕墙工程所使用的各种材料和配件，应符合设计要求及国家现行产品标准和工程技术规范的规定。

检验方法：检查产品合格证书、性能检测报告、材料进场验收记录和复验报告。

2）金属幕墙的造型和立面分格应符合设计要求。

检验方法：观察；尺量检查。

3）金属面板的品种、规格、颜色、光泽及安装方向应符合设计要求。

检验方法：观察；检查进场验收记录。

4）金属幕墙主体结构上的预埋件、后置埋件的数量、位置及后置埋件的拉拔力必须符合设计要求。

检验方法：检查拉拔力检测报告和隐蔽工程验收记录。

5）金属幕墙的金属框架立柱与主体结构预埋件的连接、立柱与横梁的连接、金属面板的安装必须符合设计要求，安装必须牢固。

检验方法：手扳检查；检查隐蔽工程验收记录。

6）金属幕墙的防火、保温、防潮材料的设置应符合设计要求，并应密实、均匀、厚度一致。

检验方法：检查隐蔽工程验收记录。

7）金属框架及连接件的防腐处理应符合设计要求。

检验方法：检查隐蔽工程验收记录和施工记录。

8）金属幕墙的防雷装置必须与主体结构的防雷装置可靠连接。

检验方法：检查隐藏工程验收记录。

9）各种变形缝、墙角的连接节点应符合设计要求和技术标准的规定。

检验方法：观察；检查隐蔽工程验收记录。

10）金属幕墙的板缝注胶应饱满、密实、连续、均匀、无气泡，宽度和厚度应符合设计要求和技术标准的规定。

检验方法：观察；尺量检查；检查施工记录。

11）金属幕墙应无渗漏。

检验方法：在易渗漏部位进行淋水检查。

（2）一般项目

1）金属板表面应平整、洁净、色泽一致。

检验方法：观察。

2）金属幕墙的压条应平直、洁净、接口严密、安装牢固。

检验方法：观察；手扳检查。

3）金属幕墙的密封胶缝应横平竖直、深浅一致、宽窄均匀、光滑顺直。

检验方法：观察。

4）金属幕墙上的滴水线、流水坡向应正确、顺直。

检验方法：观察；用水平尺检查。

每 1m² 金属板的表面质量和检验方法　　　　　　　　　　表 1-51

| 项次 | 项　目 | 质量要求 | 检验方法 |
|---|---|---|---|
| 1 | 明显划伤和长度>100mm 的轻微划伤 | 不允许 | 观　察 |
| 2 | 长度≤100mm 的轻微划伤 | ≤8 条 | 用钢尺检查 |
| 3 | 擦伤总面积 | ≤500mm² | 用钢尺检查 |

金属幕墙安装的允许偏差和检验方法　　　　　　　　　　表 1-52

| 项次 | 项　目 | | 允许偏差（mm） | 检　验　方　法 |
|---|---|---|---|---|
| 1 | 幕墙垂直度 | 幕墙高度≤30m | 10 | 用经纬仪检查 |
| | | 30m<幕墙高度≤60m | 15 | |
| | | 60m<幕墙高度≤90m | 20 | |
| | | 幕墙高度>90m | 25 | |
| 2 | 幕墙水平度 | 层高≤3m | 3 | 用水平仪检查 |
| | | 层高>3m | 5 | |
| 3 | 幕墙表面平整度 | | 2 | 用 2m 靠尺和塞尺检查 |
| 4 | 板材立面垂直度 | | 3 | 用垂直检测尺检查 |
| 5 | 板材上沿水平度 | | 2 | 用 1m 水平尺和钢直尺检查 |
| 6 | 相邻板材板角错位 | | 1 | 用钢直尺检查 |
| 7 | 阳角方正 | | 2 | 用直角检测尺检查 |

续表

| 项次 | 项 目 | 允许偏差（mm） | 检 验 方 法 |
|---|---|---|---|
| 8 | 接缝直线度 | 3 | 拉5m线，不足5m拉通线，用钢直尺检查 |
| 9 | 接缝高低差 | 1 | 用钢直尺和塞尺检查 |
| 10 | 接缝宽度 | 1 | 用钢直尺检查 |

5）每 $1m^2$ 金属板的表面质量和检验方法应符合表 1-51 的规定。

6）金属幕墙安装的允许偏差和检验方法应符合表 1-52 的规定。

9.4.3 石材幕墙工程

(1) 主控项目

1）石材幕墙工程所用材料的品种、规格、性能和等级，应符合设计要求及国家现行产品标准和工程技术规范的规定。

检验方法：观察；尺量检查；检查产品合格证书、性能检测报告、材料进场验收记录和复验报告。

2）石材幕墙的造型、立面分格、颜色、光泽、花纹和图案应符合设计要求。

检验方法：观察。

3）石材孔、槽的数量、深度、位置、尺寸应符合设计要求。

检验方法：检查进场验收记录或施工记录。

4）石材幕墙主体结构上的预埋件和后置埋件的位置、数量及后置埋件的拉拔力必须符合设计要求。

检验方法：检查拉拔力检测报告和隐蔽工程验收记录。

5）石材幕墙的金属框架立柱与主体结构预埋件的连接、立柱与横梁的连接、连接件与金属框架的连接、连接件与石材面板的连接必须符合设计要求，安装必须牢固。

检验方法：手扳检查；检查隐蔽工程验收记录。

6）金属框架和连接件的防腐处理应符合设计要求。

检验方法：检查隐蔽工程验收记录。

7）石材幕墙的防雷装置必须与主体结构防雷装置可靠连接。

检验方法：观察；检查隐蔽工程验收记录和施工记录。

8）石材幕墙的防火、保温、防潮材料的设置应符合设计要求，填充应密实、均匀、厚度一致。

检验方法：检查隐蔽工程验收记录。

9）各种结构变形缝、墙角的连接节点应符合设计要求和技术标准的规定。

检验方法：检查隐蔽工程验收记录和施工记录。

10）石材表面和板缝的处理应符合设计要求。

检验方法：观察。

11）石材幕墙的板缝注胶应饱满、密实、连续、均匀、无气泡，板缝宽度和厚度应符合设计要求和技术标准的规定。

检验方法：观察；尺量检查；检查施工记录。

12）石材幕墙应无渗漏。

检验方法：在易渗漏部位进行淋水检查。

（2）一般项目

1）石材幕墙表面应平整、洁净，无污染、缺损和裂痕。颜色和花纹应协调一致，无明显色差，无明显修痕。

检验方法：观察。

2）石材幕墙的压条应平直、洁净、接口严密、安装牢固。

检验方法：观察；手扳检查。

3）石材接缝应横平竖直、宽窄均匀；阴阳角石板压向应正确，板边合缝应顺直；凸凹线出墙厚度应一致，上下口应平直；石材面板上洞口、槽边应套割吻合，边缘应整齐。

检验方法：观察；尺量检查。

4）石材幕墙的密封胶缝应横平竖直、深浅一致、宽窄均匀、光滑顺直。

检验方法：观察。

**每 1m² 石材的表面质量和检验方法** 表 1-53

| 项次 | 项 目 | 质量要求 | 检 验 方 法 |
|---|---|---|---|
| 1 | 裂痕、明显划伤和长度>100mm 的轻微划伤 | 不允许 | 观察 |
| 2 | 长度≤100mm 的轻微划伤 | ≤8 条 | 用钢尺检查 |
| 3 | 擦伤总面积 | ≤500mm² | 用钢尺检查 |

**幕墙安装的允许偏差和检验方法** 表 1-54

| 项次 | 项 目 | | 允许偏差（mm） | | 检 验 方 法 |
|---|---|---|---|---|---|
| | | | 光面 | 麻面 | |
| 1 | 幕墙垂直度 | 幕墙高度≤30m | 10 | | 用经纬仪检查 |
| | | 30m<幕墙高度≤60m | 15 | | |
| | | 60m<幕墙高度≤90m | 20 | | |
| | | 幕墙高度>90m | 25 | | |
| 2 | 幕墙水平度 | | 3 | | 用水平仪检查 |
| 3 | 板材立面垂直度 | | 3 | | 用水平仪检查 |
| 4 | 板材上沿水平度 | | 2 | | 用 1m 水平尺和钢直尺检查 |
| 5 | 相邻板材板角错位 | | 1 | | 用钢直尺检查 |
| 6 | 幕墙表面平整度 | | 2 | 3 | 用垂直检测尺检查 |
| 7 | 阳角方正 | | 2 | 4 | 用直角检测尺检查 |
| 8 | 接缝直线度 | | 3 | 4 | 拉 5m 线，不足 5m 拉通线，用钢直尺检查 |
| 9 | 接缝高低差 | | 1 | — | 用钢直尺和塞尺检查 |
| 10 | 接缝宽度 | | 1 | 2 | 用钢直尺检查 |

5）石材幕墙上的滴水线、流水坡向应正确顺直。
检验方法：观察；用水平尺检查。
6）每 $1m^2$ 石材的表面质量和检验方法应符合表 1-53 的规定。
7）石材幕墙安装的允许偏差和检验方法应符合表 1-54 的规定。

## 9.5 质量通病及防治措施

依据国家行业标准《建筑幕墙》JG 3035、《玻璃幕墙工程技术规范》JGJ 102—96 就建筑幕墙（主要是玻璃幕墙）在材料选用、加工制作安装及使用过程中出现的质量问题进行分析并提出防治措施。

### 9.5.1 幕墙材料选用

（1）铝合金型材不合格

1）质量通病

铝合金型材材质、力学性能、几何尺寸及表面氧化膜不符合设计要求。型材有弯曲、扭曲现象，表面有划伤、磨伤现象。

2）防治措施

（a）进场的铝合金型材，必须查验其出厂合格证及产地证明，核对其型号应符合设计要求；检查化学成分和力学性能测试报告应符合国家标准要求。

（b）采用的铝合金型材应符合现行国家标准《铝合金建筑型材》GB/T 5237.1 中规定的高精级，主要受力构件壁厚不小于 3mm。

（c）测试氧化膜厚度应达到现行国家标准《铝合金建筑型材·阳极氧化、着色型材》GB/T 5237.2 中规定的 AA15 级，检查铝合金型材表面应完好无损，剔除不合格产品。

（d）铝材运输、存放保管要分类摆放在专用料架上，避免造成铝材弯曲、扭曲变形现象。

（e）严格工艺管理，保持工作环境清洁，工作台、运输车不得有铝屑等杂物，铝材搬运要轻拿轻放，不得有抽拉现象，以免刮伤铝材。

（2）幕墙玻璃不合格

1）质量通病

幕墙使用的玻璃不是安全玻璃；玻璃没有磨边、倒棱、爆边、缺角现象；玻璃加工几何尺寸超差；镀膜玻璃有针孔、斑点、脱膜现象；玻璃有霉点、锈迹。

2）防治措施

（a）检查玻璃产地证书，核对玻璃加工地点和厂家应符合设计要求。

（b）检查玻璃出厂合格证、性能测试报告是否符合现行标准要求，不符合安全玻璃要求的要更换。

（c）镀膜玻璃应采用真空磁控阴极溅射镀膜玻璃或热反射镀膜玻璃，其尺寸允许偏差及外观质量应符合《玻璃幕墙工程技术规范》JGJ 102—96 的要求。

（d）中空玻璃边沿应采用双道密封，半隐框和隐框幕墙的中空玻璃的密封胶应采用中性硅酮结构密封胶；中空玻璃性能应符合现行国家标准《中空玻璃》GB 11944 的有关规定。

（e）夹层玻璃应采用聚乙烯醇缩丁醛（PVB）胶片干法加工合成的夹层玻璃，其性能应符合现行国家标准《夹层玻璃》GB 9962 的有关规定。

（f）钢化玻璃其性能应符合现行国家标准《建筑用钢化玻璃》GB 9963 的有关规定。

（g）吸热玻璃在 3m 处观测，应无明显色差，其性能应符合现行标准《吸热玻璃》JC/T 536 的有关规定。

（h）玻璃边缘应磨边倒棱，以免应力集中，造成玻璃破坏。

（i）玻璃运输贮藏应有防雨防潮措施。

（3）密封胶不合格

1）质量通病

密封胶使用不当；密封胶过期使用；密封胶没有相容性试验报告，无耐用年限保证书；密封胶性能不符合要求。

2）防治措施

（a）查验胶的型号、生产厂家、灌装地点应符合设计要求，要有产地证书和出厂合格证，剔除不合格产品，严禁使用假冒产品。

（b）查验有无相容性实验报告，如无此报告，应督促承包商立即进行此项实验（相容性实验应采用本工程的相关材料，如玻璃、铝型材、双面胶条等）。

（c）要有密封胶耐用年限保证书。

（d）进货要在有效期内，并能保证施工工期在有效期时间内。

（e）查验试验报告。

（f）胶存放环境的温、湿度要符合胶的贮藏要求。

（4）钢材及配件不合格

1）质量通病

钢材牌号不符合设计要求；主体结构和幕墙连接的转接件加工不合格，表面未按要求进行防腐处理；幕墙使用的螺栓、螺钉不符合设计要求。

2）防治措施

（a）进场的钢材，必须查验其出场合格证及产地证明，其型号应符合设计要求；检查化学成分和力学性能测试报告应符合国家标准要求。

（b）主体结构和幕墙连接的转接件表面应光滑平整，孔位正确，焊接可靠，符合图纸要求，表面要进行热浸镀锌处理，不合格的产品严禁使用。

（c）幕墙使用的螺栓、螺钉宜选用无磁不锈钢。

### 9.5.2 幕墙构件加工不合格

（1）质量通病

1）构件长度及开槽、开榫尺寸超出允许偏差。

2）构件有弯曲、扭曲现象；构件表面严重擦伤。

（2）防治措施

1）幕墙构件的加工要在封闭、洁净的生产车间内进行，要有专用生产设备，设备要按期进行维修保养，并能满足加工精度要求。

2）操作工人应进行岗前培训，熟练掌握生产工艺，严格按工艺要求操作。

3）测量工具要按期进行鉴定，并有有效的合格证和鉴定证书。

4）铝合金型材验收合格后方可使用，严禁不合格的产品进入生产线。半成品交接要坚持工序检验制度，及时剔除不合格产品。

5) 金属构件的加工精度应符合国家现行标准。
6) 玻璃幕墙构件中槽、豁、榫的加工应符合国家现行标准。

#### 9.5.3 幕墙板块（单元件）组装质量不合格

（1）质量通病

1) 铝框成型尺寸不准确、不规范、不平整。
2) 铝框和玻璃定位不准确。
3) 双面胶带铺设不平直，粘接不密实。
4) 打胶不均匀、不饱满，有流挂、结疤现象。

（2）防治措施

1) 严格按照工艺要求操作。
2) 设有专用平台，按工艺要求设计定位胎具。
3) 测量工具要定期鉴定，并有合格证和鉴定证书。
4) 双面胶带铺设要平直，和玻璃应密实粘贴。
5) 注胶要按顺序进行。
6) 静止场地应平整，无震动，板块分层摆放。
7) 结构胶完全固化后，组件尺寸允许规定偏差（参照有关规定）。

#### 9.5.4 金属幕墙加工质量不合格

（1）质量通病

1) 金属面板尺寸超出允许偏差，金属面板不规范、不平整。
2) 金属面板表面涂层不均匀，有严重色差，表面有严重刮伤现象。
3) 金属面板刚度太差，没有按设计要求设置加强肋。

（2）防治措施

1) 金属面板要选用专业生产厂家的产品，订货前要考察其生产设备、生产能力，应满足工程要求并有可靠的质量控制措施，确认原材料产地、型号、规格，并封样备查。
2) 查验金属面板的生产合格证和原材料产地证明应符合设计和合同要求，检查其产品质量应符合国家现行标准。

#### 9.5.5 幕墙安装测量出现偏差

（1）质量通病

复验时，同一水平各点标高不闭合，纵横轴线不闭合，幕墙和主体结构标高或纵、横轴线不吻合。

（2）防治措施

1) 高层建筑的测量应在风力不大于4级的情况下进行，每天定时对幕墙及立柱位置进行测量核对。
2) 测量人员应进行岗前培训，取得上岗证的人员方可进行测量。
3) 测量仪器应进行定期检测，仪器使用前应严格检查，并调整误差。
4) 幕墙测量前应对总包提供的土建标准桩进行复验，经监理工程师确认后方可作为幕墙的测量基准点。
5) 多层建筑物幕墙放线测量时，必须从标准桩往上引，如有小的误差，应消除在本楼层，不得累积。如主体结构轴线误差大于允许值，应经过监理和设计人员同意，适当调整幕墙轴线，使其适应幕墙的构造要求。

### 9.5.6 幕墙预埋件质量不合格

（1）质量通病

1）预埋件埋深不符合规范要求。

2）预埋件加工不合格，锚板不平整，焊接不符合设计要求。

3）预埋件埋设位置偏差太大。

（2）防治措施

1）幕墙的预埋件设计要符合规范要求，如设计不合理，应要求修改设计，当主体结构设计不能满足埋设要求时，应要求修改主体结构设计。

2）预埋件的加工要有专业人员进行，焊工要有操作证，要尺寸正确，形状规整，焊接符合设计要求。

3）预埋件平置后，应按幕墙安装基准线校核预埋件的准确位置，然后用钉子牢固地将预埋钢板固定在模板上，并用钢丝将锚筋或构件主钢筋绑扎牢固，防止预埋件在浇筑混凝土时位置变动。也可以将预埋件或锚筋点焊在主钢筋上予以固定。拆模后，应尽早将预埋钢板表面的砂浆清除干净。

4）必须做好预埋件偏差情况记录，预埋件有遗漏、位置偏差过大时，应采取修补办法，一般可采用化学粘着安卡螺栓（图1-153、图1-154）。修补办法应得到监理工程师同意，修补后应检查并做好记录。

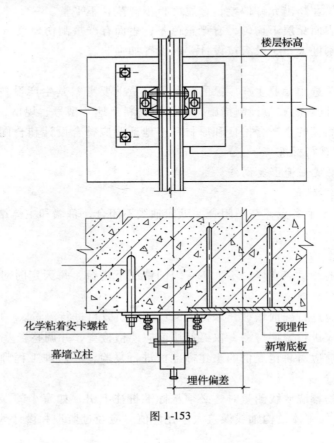

图 1-153

9.5.7 幕墙立柱、横梁安装缺陷

(1) 质量通病

1) 立柱和主体结构连接不可靠，转接件没有防腐措施，转接件和立柱接触处没有绝缘垫片，连接螺栓没有防松措施，螺栓有松动。

2) 立柱和立柱对接没有伸缩缝，芯柱强度不能满足要求，芯柱太短。

3) 横梁和立柱连接不可靠，连接件强度不能满足要求，横梁和立柱间没有伸缩缝，连接螺栓没有防松措施，螺栓有松动。

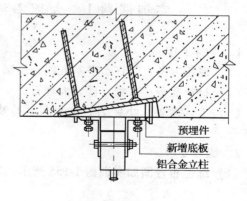

图 1-154

4) 幕墙立柱、横梁安装尺寸误差超出允许偏差。

(2) 防治措施

1) 如设计不合理，应按规范要求修改设计。

2) 熟练掌握安装工艺，加强工艺监督，强化质量管理。

3) 测量仪器、量具要先鉴定后使用，施工放线要准确。

4) 立柱和主体结构连接的转接件一般采用 Q235 钢材加工，表面应采取热浸镀锌或其他防腐措施，转接件和立柱接触处应垫绝缘垫片，以防电化学腐蚀，连接螺栓要旋紧，要有弹簧垫圈或双螺母防松措施。

5) 立柱和立柱对接、立柱和横梁连接要留有合理的伸缩缝隙，立柱对接芯柱要和立柱等强设计。

6) 幕墙立柱、横梁安装尺寸允许偏差按国家现行规定执行。

9.5.8 幕墙玻璃板块安装缺陷

(1) 质量通病

1) 玻璃面反面安装，如镀膜玻璃面朝向室外。

2) 明框幕墙玻璃嵌槽不清洁，嵌槽深度和宽度设计不合理。

3) 定位块放置不当。

4) 橡胶条有收缩现象。

5) 隐框幕墙结构胶没有完全固化，玻璃不清洁，周边缝隙不均匀。

6) 隐框幕墙玻璃板块和幕墙立柱横梁连接不可靠。

(2) 防治措施

1) 玻璃出厂前，应有明显的标识，标明室内、外面，如镀膜玻璃的镀膜面应标明室内面，不同配置的玻璃合成中空或夹层玻璃时，更应标明室内、外面。

2) 根据玻璃的要求，合理设计型材断面。

3) 玻璃与构件不得直接接触。

4) 玻璃四周橡胶条应按规定型号选用。

5) 隐框玻璃幕墙的玻璃板块完全固化后方可进行安装。

## 实训课题1 大理石墙面挂贴操作实训练习

1. 准备工作
(1) 现场准备：弹好水平基准线，绘制大样图，按图分类，选配大理石。
(2) 材料准备：水泥、砂、大理石。
(3) 工具准备：小铲刀、水平尺、橡皮锤、拍板、墨斗、切割机、电钻、细钢丝、抹布等。
2. 练习要求
(1) 练习布置图如实训图1-155所示。

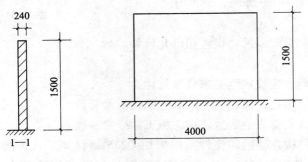

实训图1-155

(2) 每两人一组，时间20课时。
(3) 放线要准确（水平线、垂直线）；灌浆密实，无空鼓；接缝严密，高差不超过0.3mm；表面干净、光亮。
(4) 按要求和布置图进行实训操作练习。
(5) 实训操作练习结束后按实表1-55检查练习效果。

大理石挂贴操作练习        实表1-55

| 项次 | 项目 | 检查方法和标准 | 满分 | 得分 | 备注 |
|---|---|---|---|---|---|
| 1 | 操作规则 | 观察，有违规，一次扣3~5分 | 15 | | |
| 2 | 接缝平直 | 实测，误差不超过±2mm，超过，每处扣5分 | 15 | | |
| 3 | 垂直度 | 托线板，误差不超过±2mm，超过，每处扣4分 | 12 | | |
| 4 | 表面平整度 | 托线板、误差不超过±1mm，超过，每处扣6分 | 18 | | |
| 5 | 水平度 | 实测，误差不超过±1mm，超过，每处扣5分 | 15 | | |
| 7 | 方正度 | 实测，误差不超过±2mm，超过，每处扣5分 | 15 | | |
| 8 | 清洁卫生 | 工具及操作场地及时清理，有违规，一次扣3~5分 | 10 | | |
| 9 | | 合计 | 100 | | |

姓名_____ 班级_____ 指导教师_____ 日期_____

(6) 清理现场。

3. 评分方法

见实表1-55。

# 实训课题2　木护墙板施工实训练习

1. 准备工作

(1) 进入实训车间,熟悉施工场地。

(2) 材料准备见实表1-56。

木护墙板的材料单　　　　　　　　　　实表1-56

| 材料名称 | 规格（mm） | 数量 | 含水率（%） |
| --- | --- | --- | --- |
| 竖龙骨 | 30×40×1150 | 7根 | ≤15 |
| 横龙骨 | 30×40 | 10米 | ≤15 |
| 木踢脚板 | 20×150 | 2.4米 | ≤15 |
| 木压条 | 22×45 | 2.4米 | ≤15 |
| 封边条 | 8×52 | 2.3米 | ≤15 |
| 五夹胶合板 | 915×183 或 1220×2440 | 1.5张 | — |
| 圆钉 | 70 | 0.5kg | |
| | 50 | 0.5kg | |
| | 25 | 0.1kg | |
| 白乳胶 | — | 0.5kg | — |
| 防潮、腐涂料 | | 1.5kg | — |

说明：木料截面为净尺寸,单面刨光加3mm 双面刨光加5mm。红白松一等木材。

(3) 施工常用机具准备：平铲、锯子、刨子、手电钻、冲击钻、水平尺、线坠、墨斗、平尺、锤子、角尺、花色刨、冲头、圆盘锯、机刨等。

2. 练习要求

(1) 木护墙板的施工示意

木护墙板施工示意如图1-156所示。

(2) 木护墙板的施工

木护墙板施工如图1-157所示。

(3) 施工要求

1) 墙筋与板的接触面必须刨光,墙筋需涂抹防腐剂。

2) 墙筋与墙面的接触必须垫实,表面要平整,并用钉子将墙筋与木砖钉牢。

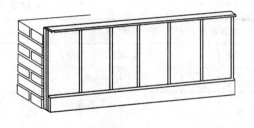

实训图1-156　护墙板的施工示意图

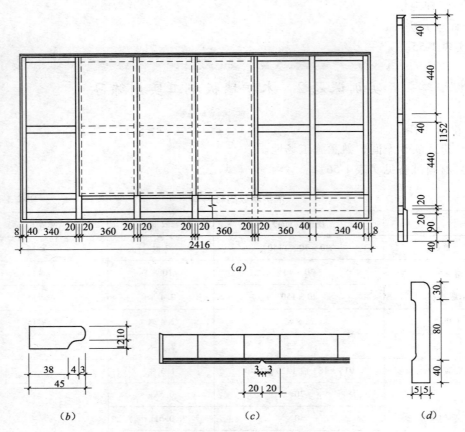

实训图 1-157 木护墙板的施工详图
(a) 尺寸分配；(b) 上压条；(c) 木护墙板横剖面；(d) 踢脚线

3）钉面板时，应使木板较好的一面向外，且木纹颜色应相近，木板的宽窄应均匀。
4）外露钉帽必须砸扁，钉入板中 1～3mm，钉时木面不得有伤痕。
5）板上口应平齐，压条接头处应做暗榫，线条一致，交角应严密。
6）二人一组合作完成，时间 20 课时。
7）完成后清理现场。

3．评分标准

木墙裙评分标准见实表 1-57。

**木墙裙操作练习评分表**　　　　　　　　　　实表 1-57

| 项目编号 | 评 估 项 目 | 要求/允许误差 | 分值比例（%） | 得分 |
|---|---|---|---|---|
| 1 | 学习态度与整洁 | 正确使用工具、作业完成的清理 | 5 | |
| 2 | 尺寸正确 | ±5mm | 10 | |
| 3 | 边口平直度 | ±3mm | 10 | |
| 4 | 垂直度 | ±2mm | 10 | |
| 5 | 面板间距 | ±2mm | 10 | |

续表

| 项目编号 | 评估项目 | 要求/允许误差 | 分值比例（%） | 得分 |
|---|---|---|---|---|
| 6 | 表面平整度 | ±1.5mm | 10 | |
| 7 | 表面方正度 | ±2mm | 10 | |
| 8 | 拼接缝 | ±0.5mm | 10 | |
| 9 | 钉距 | ±3mm | 5 | |
| 10 | 安全、卫生 | 无工伤、现场清 | 10 | |
| 11 | 综合印象 | 程序、方法、文明施工等 | 10 | |
| 12 | 合计 | | 100 | |

姓名_____ 班级_____ 指导教师_____ 日期_____

# 思考题与习题

1. 如何阅读室内装饰展开图？它有哪些要点？
2. 如何阅读墙面装饰剖面图？它有哪些要点？
3. 如何阅读墙面装饰详图？它有哪些要点？
4. 识读某宾馆一层桑拿房门厅平面图和立面图（图1-158）

（1）总服务台立面图一

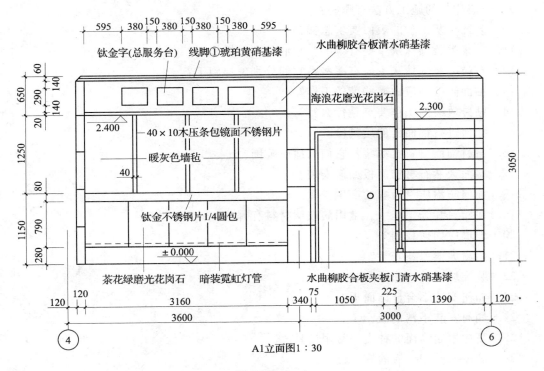

图1-158（一）

（2）总服务台立面图二

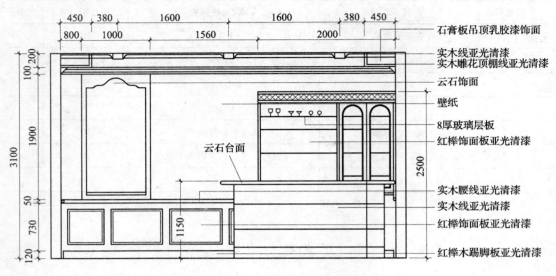

图 1-158（二）

5. 抹灰饰面分为几类？它由哪几层组成？
6. 抹灰工程的施工准备工作有哪些？
7. 内墙抹灰的施工方法有哪些？
8. 顶棚抹灰的施工方法有哪些？
9. 外墙抹灰的施工方法有哪些？
10. 装饰抹灰工程的表面要求怎样？
11. 砂浆类装饰抹灰主要有哪些？它们分别怎样施工？
12. 石粒类装饰抹灰主要有哪些？它们分别怎样施工？
13. 釉面砖镶贴应做哪些准备工作？
14. 贴砖放线的操作要点是什么？
15. 如何进行釉面砖的质量检查？
16. 石材饰面材料有哪些？它们的适应范围？
17. 墙面天然石材饰面板如何安装？
18. 如何防治质量通病的产生？
19. 在建筑装饰工程中，常用的玻璃材料有哪些？
20. 玻璃应如何裁割？
21. 门窗玻璃怎样安装？
22. 装饰玻璃镜应怎样安装？
23. 如何安装铝合金饰面板？
24. 如何安装不锈钢板？
25. 简述木制饰面的种类和常用机具。
26. 简述木质护墙板的施工程序。
27. 简述木质饰面的质量标准。

28. 建筑涂料有何功能？
29. 建筑涂料的组成成分有哪些？
30. 常用建筑涂料的种类有哪些？
31. 在涂料饰面工程中，基层处理、涂施的工具、机具有哪些？
32. 在涂料饰面工程中，基层应如何处理？
33. 内墙涂料、水溶性涂料如何施工？
34. 乳液型内墙涂料有何特点？它应如何施工？
35. 简述建筑幕墙的组成材料。
36. 简述幕墙的分类。
37. 简述幕墙的安装程序。
38. 对建筑幕墙有哪些质量要求？
39. 针对完工后的幕墙有哪些检验方法？
40. 建筑幕墙通常会遇到哪些质量通病？如何防治？

# 单元 2  地面装饰施工

本单元详细介绍了地面饰面施工中常见的各种材料、种类、构造、施工机具、施工工艺、质量标准、通病防治及施工图。

学员通过本单元的学习和实训练习,能够比较熟练地掌握地面装饰装修施工图的识图要领、机具的选择、各种材料的施工程序和工艺要求,并能够按质量要求进行检验,对质量通病进行有效防治。

## 课题 1  地面装饰施工图识读

### 1.1  概  述

地面装饰装修施工图包括平面图和构造详图,是指导、组织地面装饰施工及编制施工图预算的主要依据。建筑装饰施工人员必须具有识图技能,能根据地面装饰施工图纸合理编制施工方案,准备材料,组织地面装饰施工。

### 1.2  地面装饰施工平面图与构造详图

地面装饰施工图可分为装饰平面图和构造详图两部分。

#### 1.2.1  地面装饰施工平面图

(1) 地面装饰平面布置图基本形式和内容

装饰平面布置图首先表示建筑平面布置图上的有关内容。在一般情况下应照原建筑平面图套用,与建筑平面图的表示方法相同。但装饰平面布置图更突出装饰的结构与布置,为了使图面简单、明了,通常可以省略建筑平面图中与装饰平面图没有关系或关系不大的内容。

装饰平面布置图实质上是假想用一个水平的剖切面,在窗台上方的位置将房屋剖开,并将上部移开,向下所作的水平投影图(图 2-1)。平面图上的线型粗细要分明,凡是被剖切到的墙、柱断面轮廓线用粗实线绘制,如果是钢筋混凝土构件断面则涂黑表示;没有剖切到的可见轮廓线,如窗台、台阶、明沟、花台、梯段、卫生设备等用中实线绘制;尺寸线、引出线、门窗开启线等用细实线绘制。对于地面装饰的平面布置形式,包括楼面、台阶面、楼梯及平台面等,要求绘制准确、具体、比例适当。一般选择图像相对疏空处,用细实线画出该地面布置形式的材料规格、铺法和构造分格线等,并表明其材料品种和工艺要求。如果其他地面各处的装

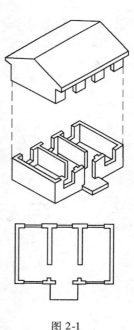

图 2-1

饰做法相同，可不必全部画出，但对于构成独立的地面图案则要求表达完整。同时装饰平面布置图还要表明室内家具、陈设、绿化、配套产品和室外水池、装饰小品等配套设置体的平面形状、数量和位置。平面图常用比例为 1∶50、1∶100、1∶200。

（2）地面装饰平面布置图阅读方法

以图 2-2 为例，具体识图步骤如下：

1）熟悉图例。由于在平面布置图中不可能将地面装饰布置的实物原形表达出来，所以只能借助一些简单、明确的图例来表示。但目前装饰平面图例尚无统一的规定，室内比较常用平面图例列举在表 2-1 中，供大家参考。

常 用 平 面 图 例　　　　　　　　表 2-1

| 图例 | 说明 | 图例 | 说明 |
|---|---|---|---|
| 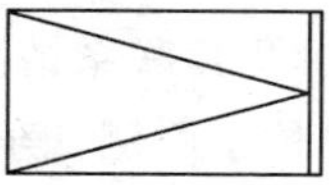  | 双人床 | 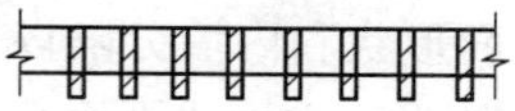  | 装饰隔断（应用文字说明） |
| 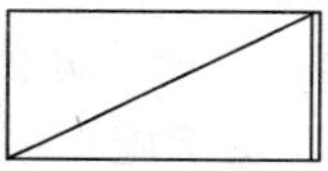  | 单人床 | 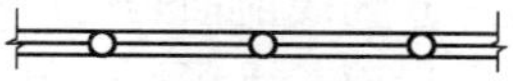  | 玻璃拦河 |
|  | 沙发（特殊家具根据实际情况绘制其外轮廓线） | ACU | 空调器 |
|  |  |  | 电视 |
|   | 坐凳 | 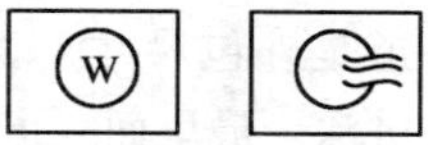 W | 洗衣机 |
| 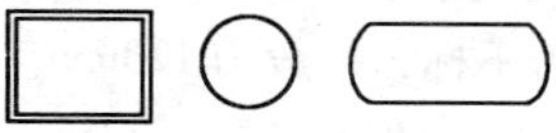  | 桌 |  WH | 热水器 |
| 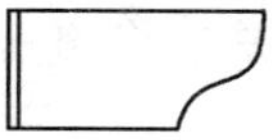  | 钢琴 | 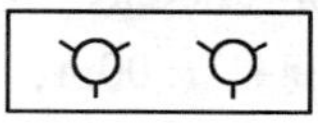  | 灶 |
| 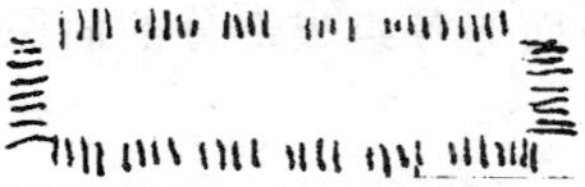  | 地毯 |   | 地漏 |
|  |  | 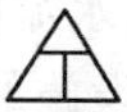  | 电话 |
|   | 盆花 |   | 开关（涂墨为暗装，不涂墨为明装） |
|   | 吊柜 |   | 插座（同上） |
|  | 其他家具可在柜形或实际轮廓中用文字注明 |   | 配电盘 |
|  |  |   | 电风扇 |
| 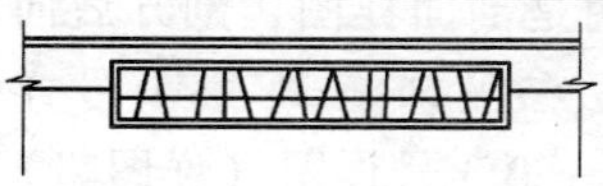  | 壁橱 | 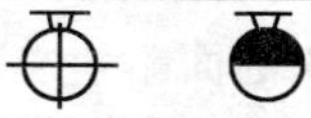  | 壁灯 |
|  |  | 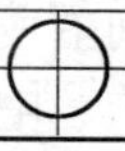  | 吊灯 |

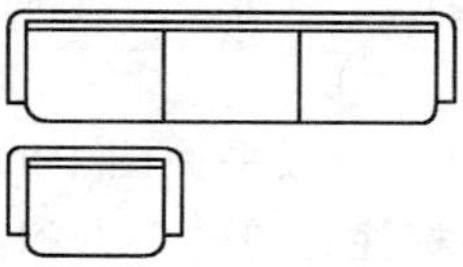

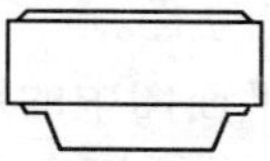

续表

| 图 例 | 说 明 | 图 例 | 说 明 |
|---|---|---|---|
|  | 浴盆 |  | 洗涤槽 |
|  | 坐便器 |  | 污水池 |
|  | 洗脸盆 |  | 淋浴器 |
|  | 立式小便器 |  | 蹲便器 |

2）看图名、比例。本例为底层平面图，比例是1:100。

3）看房屋的平面形状和内墙分隔以及各房间的分布、用途、数量及其联系情况等。

本例平面形状为矩形，内廊式平面组合，主入口、门厅、楼梯间等位于西侧，东头侧门与内廊相连。图中④～⑥轴线前面是门厅和总服务台，后面是楼梯、洗手间和卫生间；⑥～⑪轴线前面是小餐厅，后面是大餐厅；⑪～⑯轴线前面是厨房，后面是招待所、办公室。

4）看定位轴线的编号及其间距，注意定位轴线与墙柱的关系，以便于施工时定位放线和查阅图纸。平面图中主要承重构件都必须标注定位轴线并按顺序予以编号，平面图是用纵、横轴线来控制图形位置。

5）核实各道尺寸。平面图中的尺寸有外部尺寸和内部尺寸两种。一般平面图中的尺寸（详图除外）均为未包括装修表面厚度的结构尺寸。外部尺寸一般应标注在图的下方和左侧，分三道标注。最外面一道是外包尺寸，表明房屋的总长和总宽。中间一道是轴线间的间隔尺寸，表明房屋的开间和进深。最里面一道是门窗洞、窗间墙、墙厚等细部尺寸。平面图中还注写室外台阶、花台、散水等附属设施尺寸。内部尺寸一般标注室内门窗洞、墙厚、柱、砖垛和固定设备的大小、位置以及墙、柱与轴线之间的尺寸等。门垛尺寸若不标，一般为120mm。

本例中门厅的开间是6.60m，进深是5.40m；总服务台和洗手间的开间是3.60m，进深是2.10m；大餐厅开间是7.00m，进深是8.10m，右前方向右拐进是进出厨房的过道；小餐厅开间5.60m，进深3.00m。以上几个空间是底层室内装饰的重点。

6）搞清楚各部分的高低情况。平面图中标注了各层楼、地面等各组成部分的面层的标高。平面图中的箭头表示水流的方向即坡度，并标出坡度的大小。

7）看其他细部及各种设施的布置情况。

本例中室外的台阶、花池、散水和雨水管，室内搁板、墙洞和卫生设备等④～⑩轴线地面（包括门廊地面），除卫生间外均为中国红磨光花岗石板贴面，标高为±0.000，门厅中央有一完整的花岗石板地面拼花图案。主入口左侧是一厚玻璃墙，门廊有两个装饰圆柱，直径为0.60m，图中还有沙发、茶几、餐桌、办公桌、电视、电话、立柜和厨房设施等。

8）看平面图上的剖面剖切符号和详图索引符号，了解剖面图的剖切位置与详图索引部位，以便与有关剖面图或详图对照阅读。

本例1-1剖面和3-3剖面略。总服务台有一索引符号，表明是剖面详图，剖开后向右投影，详图位置略。洗手间有一洗手台，台前墙面有镜，做法参见饰施15第1号详图（详图略）。大餐厅设有酒柜、吧台，分别详见饰施9的第2号、第3号详图（详图略）。

9）看平面图上投影符号

本例中门厅、大餐厅和小餐厅都标注有投影符号。

### 1.2.2 构造详图

地面装饰所属的构配件、材料、工艺种类很多。它们在装饰平面图中受图幅和比例的限制，往往无法表达准确，需要根据设计意图另行作出比例较大的局部图样，来详细表明它们的式样、用料、尺寸和构造，这些图样即为装饰构造详图。

（1）装饰构造详图的主要内容

装饰构造详图内容包括：详图符号、图名、比例、部分尚需放大比例详示的索引符号；地面的详细构造、层次、详细尺寸和材料图例；地面各部分所用材料的品名、规格、尺寸、色彩以及施工做法和要求。

（2）装饰构造阅读

阅读详图，应先看详图符号和图名，弄清楚从何图索引而来。以便阅读时要联系被索引图样，进行仔细的检查，核对它们之间在构造方法和尺寸上是否一致，并了解各组成部分的装配关系和内部结构。在识图过程中应紧紧围绕尺寸、详细做法和工艺要求三个要点。

## 1.3 施工图翻样

建筑装饰工程设计图纸所表达的内容较多，涉及专业工种面广，在反映设计意图上综合性很强。特别是在工程比较复杂和设计变更次数较多的情况下，这些图纸阅读起来比较困难。目前，我国施工企业大多数职工文化水平和技术业务素质还不是很高，为了使工程设计的每一个意图准确、完整地传达到施工生产者，施工单位需要在消化设计部门提供的施工图的基础上，根据工程的复杂程度、图纸的综合程度和变更情况，作出更准确、更详细、更符合施工工种需要的补充图纸。这些图纸即为施工翻样图，绘制这些图纸的工作称为建筑装饰施工图翻样。

### 1.3.1 装饰施工图翻样的内容

（1）按专业工种分类翻样

装饰施工图一般是按装饰部位或构件进行绘制的，但施工却是由木工、抹灰工、镀金工、涂料工等各工种分工配合进行的。为了方便施工和简化各工种所需要的图纸内容，将设计单位提供的综合性施工图，分解为单个工种的施工图，如木工工艺详图、饰面石板分块图、顶棚平面翻样图等。

（2）按加工订货需要翻样。施工图中非标准的构、配件和非商品零件，需要委托加工厂定做的，都要根据施工图的要求，按不同材料、规格和品种分类统计，按加工厂的要求，绘制详细加工翻样图纸，如金属栏杆花饰大样图、混凝土预制花格翻样图等。

（3）修改设计的翻样。因施工现场所到材料、构件的变更，或施工方法有较大改变，需修改原施工图，绘出翻样图。

（4）完善施工图的翻样。有些施工图设计比较粗略，部分构配件或节点的细部做法交待不具体，需要对其完善和细化，绘出细部做法翻样图。

### 1.3.2 装饰施工图翻样的准备工作

（1）翻样人员应熟悉本单位职工对图纸的接受能力

某些装饰企业管理人员和操作人员业务素质较高，在方案设计图的基础上就能组织施工，可以不搞翻样，或者翻样图的数量可以少些，一张图上综合反映的内容可以多些。反

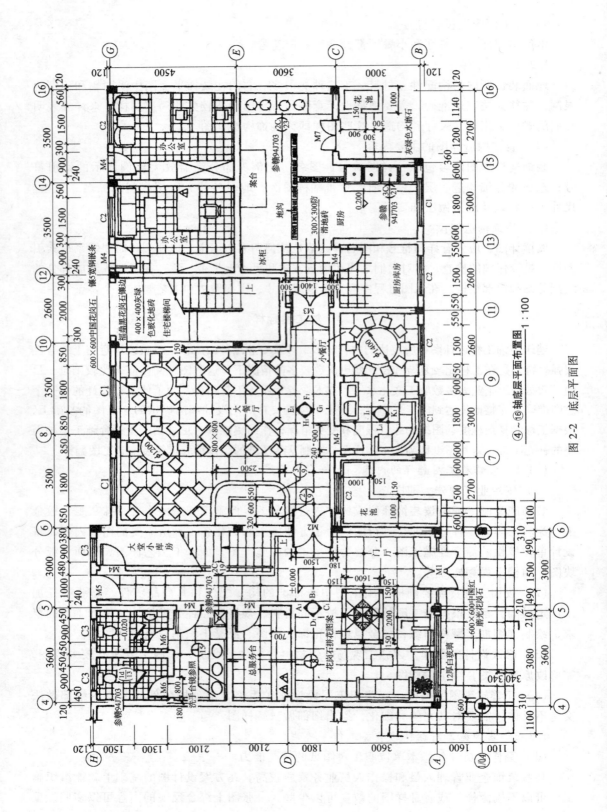

图 2-2 底层平面图

之，则需要细致、周到，每个细小环节都应交待清楚。

(2) 熟悉全部施工图纸

在翻样前应将各有关专业图纸全部看完，对整个工程做到心中有数。看图时应将装饰施工图和室内设备施工图联系起来，着重抓住各种设备与装饰面之间的关系。如各种管线的穿插敷设，各种设备、设施在装饰面上的大小与位置，留位的尺寸与标高在装饰施工图上是否标出，是否与装饰结构有矛盾，它们之间应该怎样连接与收口等。另外，还要对装饰结构与建筑结构之间、饰面材料与结构材料之间的构造方法、相关尺寸进行核对。因此，翻样的准备工作实际是对图纸进行一次全面的审核。在翻样过程中，更改原设计或增添新内容，要注意系统更改所有相关图纸的图形、尺寸和文字标注，防止出现前后矛盾和不交圈现象。

(3) 熟悉施工方案

翻样图要与整个工程的施工方案一致，要符合各工种的搭接顺序，因此在翻样前必须掌握工程的施工顺序及施工方法。

(4) 了解材料供应情况

了解各种装饰材料的供应情况，以便根据材料的规格和供应的实际情况，对原设计采用的材料规格进行核对与修改。

(5) 分清构、配件

必须分清各装饰构、配件哪些是预制、哪些是现场制作、哪些要由加工厂加工，然后根据不同的要求分别画出翻样图。

### 1.3.3 装饰施工图翻样的方法与要求

(1) 填写加工订货单

在施工准备阶段，凡必须提前加工的构、配件，尤其是要由加工厂加工的构、配件，必须填写加工订货单，并附详细的加工图纸，统计出准确的加工数量，提交工厂进行加工。如选用工厂生产的标准木门窗，只须注明门窗编号，统计出准确的数量，填写加工订货单，交木材加工厂加工（如有特殊要求，必须加备注说明）。门窗五金则按标准图集中的规格和数量另外填写五金订货单进行订购。非标准构件或非商品化的装饰零配件，如楼梯金属栏杆花饰、特殊灯具、装饰门拉手、不锈钢风口等，除填写加工订货单外，必须附全部大样图。有时一个构件分别由几个加工厂协作制作，则必须分别绘出加工详图。木装修中所需龙骨、线脚或楼梯扶手等，需要加工厂加工成一定规格的木料，也必须填写加工订货单。

(2) 以图为主，减少文字

翻样图应以图为主，尽量减少文字说明，以避免不必要的差错或误解。翻样图的线型选择与图示标识形式应和原施工图一致。

(3) 翻样图的绘制，要尽量利用原施工图

绘制翻样图时先将欲修改、增加的部分画出小样，再将硫酸纸蒙在原施工图上，固定好以后，描下不变的部分，增加修改部分或新的翻样内容。若采用复印方法，可在原施工图上局部粘贴修改部分，然后复印。采用大理石、花岗石、预制美术水磨石等块材铺设地面时，需要根据平面结构的实际情况，算出板（块）材留缝位置、间隔缝尺寸、异形石材的大样尺寸；按设计图案编号，列表统计出不同规格石材数量；并归类编号，以便统计列表及铺贴施工时按图就位。

图2-3为某医院急诊室入口处花岗石车道地面分块布置图。该图对车道饰面石材进行

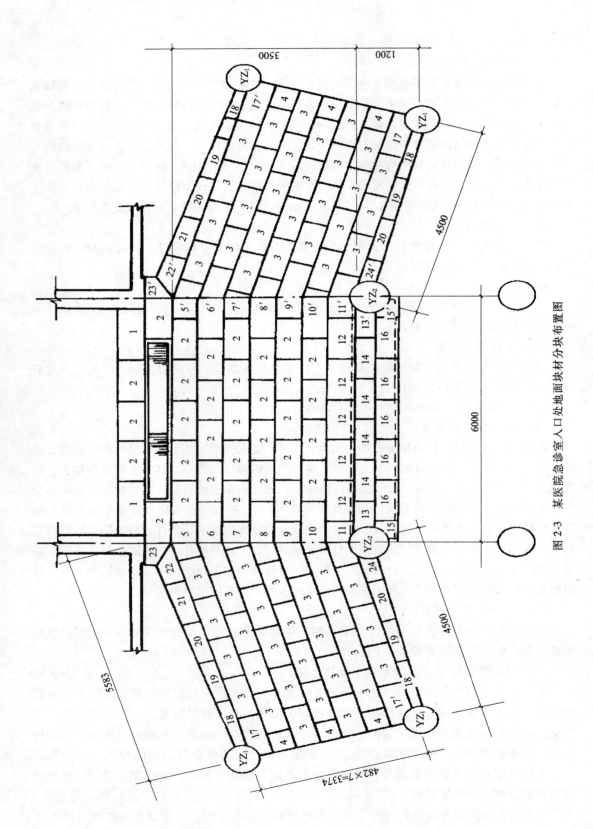

图 2-3 某医院急诊室入口处地面块材分块布置图

了错缝处理，经过划分排布，得出各饰面石材的规格尺寸，并将不同类型的石料进行归类编号。建筑装饰施工图翻样工作是由施工企业完成的。翻样人员应熟悉本企业人员素质和现场施工习惯，掌握建筑装饰构造原理及系统知识，熟悉各种装饰材料的性能、规格、供应来源与施工方法，具有一定的绘图技能。

建筑装饰施工图翻样不是要将原设计图纸全部画过一遍，而是要根据实际需要进行翻制，翻样图和原设计图纸都是施工的依据。

图 2-4 为该地面各种异形石料的大样图，为异形石材加工切割提供了准确的尺寸。

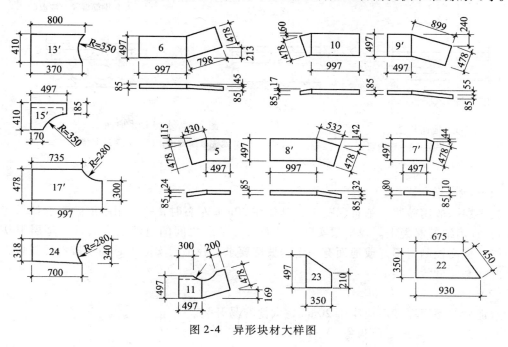

图 2-4 异形块材大样图

## 课题 2　地面整体面层的施工

地面工程是建筑装饰装修工程中一个主要子分部工程，地面是建筑物中使用最频繁的部位，包括建筑物底层地面和楼层地面，对于地面的承载能力、抗渗漏能力、耐磨性、耐腐蚀性、隔声性、光洁度、平整度等指标以及色泽、图案等艺术效果有较高的要求。一些特殊功能的地面，如防爆地面等，还应具有各自的特殊要求。因此它的质量如何，直接影响建筑物的使用功能。

### 2.1　地面整体面层的构造

建筑地面由面层与基层两大部分组成，面层是地面的最上层，也是直接承受各种物理和化学作用的表面层。整体面层主要有水泥砂浆面层、水磨石面层、水泥混凝土面层、防油渗面层、水泥钢（铁）屑面层、不发火（防爆）面层。面层以下至基土或基体的各构造层通称为基层。每一工程地面的基层由哪些构造层组成，应由设计和地面施工工艺所决定。常见的有垫层、找平层等。有时，为满足地面不同功能的要求，还会增加填充层、隔离层或防潮层等构造层，如图 2-5 所示。

### 2.1.1 水泥砂浆地面的构造

水泥砂浆地面一般由找平层、水泥砂浆面层组成，如图 2-6 所示。

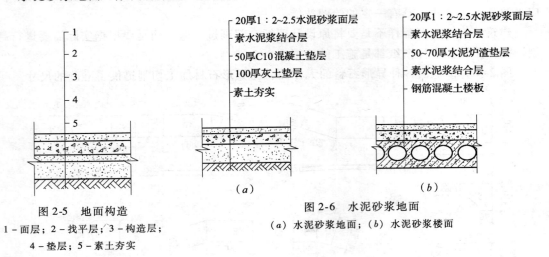

图 2-5 地面构造
1—面层；2—找平层；3—构造层；
4—垫层；5—素土夯实

图 2-6 水泥砂浆地面
(a) 水泥砂浆地面；(b) 水泥砂浆楼面

**(1) 找平层**

找平层一般用砂浆或细石混凝土，厚度在 20mm 左右时，一般用水泥砂浆。如果超过 30mm，宜用细石混凝土。找平层实际上是面层与基层之间的过渡层。通常，基层平整度不够好、标高控制得不好或地面有一定的坡度要求，找平层实际上是为了按设计找坡，这些情况才必须做找平层。

**(2) 面层**

水泥砂浆面层厚度不应小于 20mm，太薄容易开裂。

### 2.1.2 水磨石地面的构造

水磨石如果按其面层的效果，可分为普通水磨石和美术水磨石。美术水磨石，是以白水泥或彩色水泥为胶结料，掺入不同色彩的石子所制成的。由于现浇美术水磨石往往通过不同色彩的组合，以及图案的布置来求得较为丰富的变化，因此具有更加令人满意的艺术效果。

现浇水磨石地面的构造包括找平层和面层，在楼层及首层时的构造做法如图 2-7 所示。

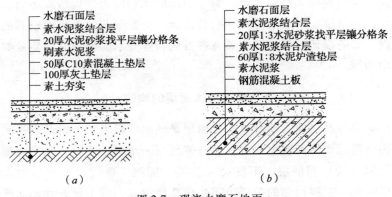

图 2-7 现浇水磨石地面
(a) 底层地面；(b) 楼层地面

（1）找平层

找平层与水泥砂浆地面的做法基本相同。

（2）面层

面层是装饰层，要有一定的厚度，以便使石渣被水泥浆充分包裹，这样才能牢固地固定在面层中。当石渣的粒径不同时，对面层的厚度要求也是不一样的。在通常情况下，面层厚度较石渣粒径大1~2mm，面层厚度宜为12~18mm，显然面层作为直接承受磨损的部位，也应具有一定的强度。

## 2.2 施工前的准备工作

按要求购置水泥、砂、石渣、分格条、颜料、地板蜡等材料，随料附生产合格证。施工前对基层组织验收合格，现浇钢筋混凝土楼板表面松散的混凝土、砂浆、尘土提前清除，用钢丝刷洗刷干净。地面孔洞、板缝和地漏管道周围的孔隙提前用1:3水泥砂浆填塞，大缝隙采用细石混凝土嵌实。楼板伸缩缝宽大于20mm，用相应厚度的预制沥青板嵌缝，如图2-8所示。

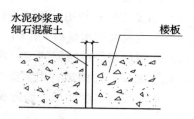

图2-8 地面嵌缝

### 2.2.1 材料的选择

（1）整体面层常见材料的种类及其特性

水泥：采用32.5级及以上水泥，水泥进场应有产品出厂合格证、检测报告后方可验收。使用前对水泥的凝结时间、安定性、强度进行复测，合格后方可使用。

砂：中粗砂，颗粒要求坚硬洁净，不得含有黏土、草根等杂物。

水泥砂浆面层：强度不小于M15。

石渣：不同色彩、不同粒径、坚硬可磨的白云石、大理石或花岗石等，除了应考虑色彩因素外，粒径也是重要的因素。通常情况下，粒径大的石渣比粒径小的石渣装饰效果要好一些。石渣粒径要求见表2-2。

石 渣 粒 径 要 求　　　　　　　　表2-2

| 水磨石面层厚度（mm） | 10 | 15 | 20 | 25 | 30 |
|---|---|---|---|---|---|
| 石子最大粒径（mm） | 9 | 14 | 18 | 23 | 28 |

分格条：从材质上来分，可分为铜条、铝条和玻璃条。分格条的厚度，通常为厚1~3mm，宽度根据面层的厚度而定，长度不限。常用规格：玻璃条1000mm×10mm×3mm，铝条1200mm×10mm×2mm，铜条1200mm×10mm×2mm，加工时其宽度应按面层设计厚度调整。金属嵌条应事先调直。铝条在使用前应刷光油或调合漆作为保护。铝合金条与玻璃分格条通常用于普通水磨石，而铜分格条则主要用于美术水磨石。

（2）材料的鉴别与试验

1）水泥：水泥的鉴别应注意核对包装上所注明的工厂名称、生产许可证等，另外还可以通过水泥的颜色来鉴别水泥的品种，见表2-3。

常用水泥的颜色鉴别　　　　　　　表 2-3

| 水 泥 品 种 | 水 泥 颜 色 |
|---|---|
| 硅酸盐水泥<br>普通水泥<br>矿渣硅酸盐水泥 | 灰绿色 |
| 火山灰水泥 | 淡红色或淡绿色 |
| 白水泥 | 白色 |
| 粉煤灰水泥 | 灰黑色 |

水泥试验主要有：

（a）细度测试：利用负压筛进行筛析法测定，用筛余百分数和比表面积表示。

（b）标准稠度用水量：利用维卡仪（图2-9）进行试杆法测定用水量质量百分比。

（c）水泥净浆凝结时间测定：用凝结时间测定仪测定水泥初凝时间和终凝时间。

（d）水泥安定性测试：用雷氏夹测定。

（e）水泥胶砂强度测试：胶砂振动台测定（ISO法）。

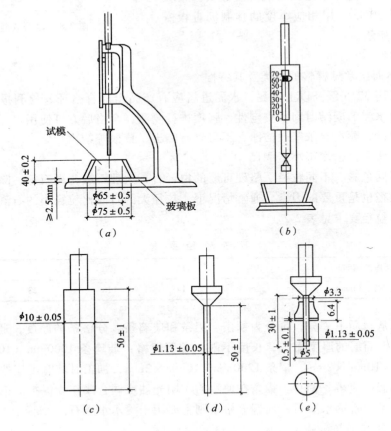

图 2-9　维卡仪

（a）初凝时间测定用立式试模的侧视图；（b）终凝时间测定用反转试模前视图；
（c）标准稠度用试杆；（d）初凝用试针；（e）终凝用试针

2）砂：河砂、海砂颗粒圆滑、质地坚固。山砂颗粒多棱角、杂质多，坚固性差。人工砂富有棱角、比较洁净、粉状颗粒多。

砂的试验主要利用标准筛进行筛分试验，确定砂的细度模数。

2.2.2 施工机具的选择

常用机具的类型：

砂浆搅拌（拌合）机（图2-10）：用于拌制砂浆。

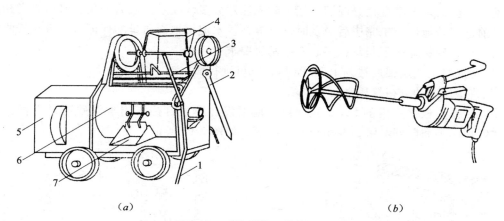

图 2-10 砂浆搅拌（拌合）机
（a）砂浆搅拌机；（b）砂浆拌合机
1-水管；2-上料操纵手柄；3-出料操纵手柄；4-料斗；5-变速箱；6-搅拌斗；7-出料门

磨石机：用于水磨石面层研磨，如图2-11所示。

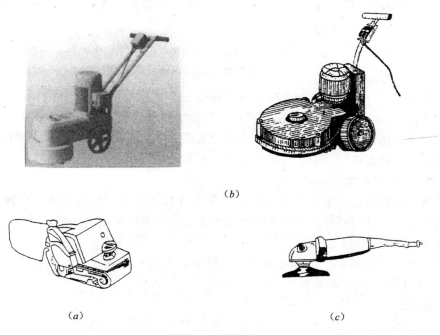

图 2-11 磨石机
（a）皮带打磨机；（b）磨石子机；（c）圆盘打磨机

## 2.3 整体面层地面的施工程序

### 2.3.1 水泥砂浆地面的施工程序

(1) 水泥楼地面施工工艺

砂浆搅拌→基底表面处理→找平做点→浇筑→压实→养护。

(2) 水泥楼地面施工过程

基层：应清理干净且充分湿润，施工时应注意分多次收浆。最后一次收浆压光在初凝后终凝前进行。地面施工完毕后应及时进行养护。水泥楼地面质量的保证，关键在于收浆压光和养护，确保地面不起灰，不起壳。基层要求：

1) 待混凝土垫层强度达到 1.2MPa 后，方可进行面层施工。

2) 将垫层上的分格缝用水泥砂浆填平。

找平做点：根据室内的 50cm 控制线，地面设计厚度，拉线用水泥砂浆做平面控制点，在四周、中间贴好灰饼，并用长木杠冲筋，如图 2-12 所示。

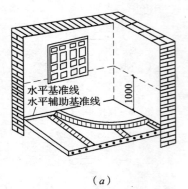 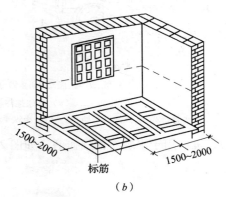

(a)             (b)

图 2-12 水泥砂浆地面找平做点
(a) 弹准线；(b) 做标筋

水泥砂浆面层：铺抹在地面混凝土垫层或细石混凝土找平层上。砂浆要均匀铺在冲筋间，高于冲筋 6mm 左右，然后用刮尺刮平、拍实。待砂浆收水后，用木抹子打磨，作圆圈状揉搓，随即用钢抹子压光。为提高表面光洁度，可在表面加水泥浆或干水泥粉，随抹随压光成活，压光要进行三遍，完工 24h 后，应及时浇水养护。

### 2.3.2 水磨石地面的施工程序

现浇水磨石地面是在水泥砂浆或细石混凝土等找平层上按设计要求分格抹水泥石粒浆，硬化后磨光，并经补浆、细磨和酸洗打蜡后制成的整体面层。水磨石具有原材料来源丰富，整体性能好，耐磨性能好，易清洁，造价较低，装饰效果好，施工工艺简单等一系列优点，但在施工过程中，湿作业量大，工序多，工期也比较长，也不利于其他饰面层（如墙面抹灰面等）的成品保护。

(1) 施工工艺

基层表面清洗、打巴、出柱→抹找平层及养护→分格弹线、安装分格条→铺设水泥石粒浆→打磨→酸洗打蜡→成品保护。

(2) 施工过程

1）基层：基层处理干净后，按统一标高线为准，确定地面标高和伸缩缝位置，然后进行打巴、出柱。打巴用1∶3的水泥砂浆，其顶面尺寸为30mm×30mm，间距1.5m，待砂浆终凝时进行二次校平，校正砂浆终凝后，用1∶3的水泥砂浆出柱，终凝时校平。有设计坡度的地面，在打巴、出柱时，按设计要求作出坡度。

2）找平层：出柱砂浆终凝后，将基层清理干净，并洒水润湿，然后在基层上刷水泥浆一遍，水灰比为0.5，厚度为0.5mm。边刷水泥浆，边铺1∶3水泥砂浆找平层。铺找平层时，先用刮尺刮平，再用木砂板抹压平整密实，做成毛面。找平层做完24h后进行养护。

3）分格弹线：用水泥浆粘嵌分格条（铜条或玻璃条）时，应先在找平层上按设计要求的纵横分格或图案分界线弹线。分格条粘嵌要牢固，接头应严密，并保证分格条上口面平整一致。分格条正确的粘嵌高度应是略大于分格条高度的1/2（图2-13），并注意在分格条十字交叉接头处粘嵌水泥浆时，应留40～50mm的空隙，以确保铺设石粒浆时使石粒分布均匀、饱满。地面伸缩缝的分格和找平层的伸缩缝上下重合，用两块分格条并排安置，以适应裂缝发展。为使伸缩缝处的分格铜条与磨石之间结合紧密，应将分格铜条钻孔，用约7cm平头木螺钉穿过铜条，浇入水磨石内，孔径6mm、间距300mm，铜条外侧扩孔，使平头螺钉穿过铜条后，钉头表面与铜条表面相平。嵌分格条时，用靠尺靠齐，用尼龙线拉直控制上口平直，然后用1∶1水泥砂浆粘完一侧，再粘另一侧。操作时用钢条顺着分格条抹成45°的斜角，分两次抹成，第一次薄薄抹一道，第二次再抹平，砂浆厚度为分格条高度的1/2，嵌固后，用毛刷粘水清刷一遍，保持洁净光平。严格控制上表面的水平和顺直，在水泥初凝时，进行二次校正，保证平直，牢固粘接严密，做完24h后应洒水养护。

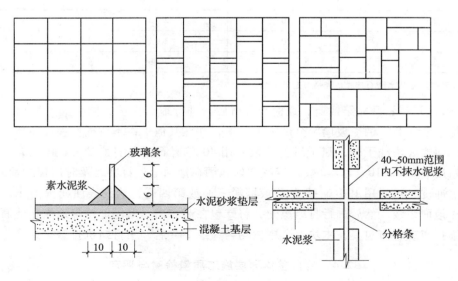

图2-13 水磨石地面分格条设置

4）铺石渣浆：拌制水泥石粒浆时，需严格按配合比计量。所选用的石粒品种、粒径应符合设计要求，石粒应洁净、无杂物。在同一面层上采用彩色图案时，先做深色，后做浅色；先做大面，后做镶边，待前一种水泥石渣浆凝固后，再铺后一种水泥石渣浆，严禁几种颜色同时铺设。水泥石渣配合比，指定专人负责掌握，负责配料，施工人员不可随意变动。白色或浅色水磨石面层，应采用白色硅酸盐水泥；深色的水磨石面层，可采用普通硅酸盐水泥。当水泥中需掺入颜料时，应采用耐光、耐碱的矿物颜料，不得使用酸性颜料，并控制好颜料的掺入量（宜为水泥重量的3%～6%）。将颜料和水泥事先干拌均匀后备用，备用量按一个区段配备。铺水泥石渣浆之前，将地面积水、浮砂等清扫干净，然后刷一遍同色水泥浆，接着铺水泥石渣浆。水泥石渣铺设厚度，根据地面厚度而定，40mm厚的地面，水泥石渣采用水泥∶石渣=1∶2.5，铺设厚度高出分格条2mm，经拍压平整后，用铁滚筒滚压。

5）打磨：控制好开磨时间见表2-4。水磨石开磨的时间与水泥强度等级及养护时的气温高低有关，一般应通过试磨以石粒不松动，水泥浆面与石粒面基本平齐为准，20～40mm大粒径石渣地面不少于15d。先试磨，随磨随洒水并及时清扫磨石浆，第一遍用36号磨石，边磨边用长靠尺检查测定水平。边角处用手提式磨石机和人工磨平，达到表面平整，分格条全部外露，石料露均匀为止。第一遍磨石磨完后，改用80号磨石磨两遍，磨完两遍，将地面彻底清洗干净。用同色水泥浆满浆，孔眼大的用石粒嵌补，经养护3d后，改用180号磨石磨第四遍，直到表面光滑，平整度达到标准。磨石机开动以后，按指定方向徐徐推进，不停留。依顺序一排一排紧接着打磨，配备专人洒水并用靠尺检查水平，同时指挥打磨工操作。地面突出部分，磨石机缓慢移动均匀，速度要慢，不停留，以避免出现凹坑。

水磨石面层开磨时间　　　　　　　　表2-4

| 序号 | 平均温度（℃） | 开磨时间（d） | |
|---|---|---|---|
| | | 机　磨 | 人　工　磨 |
| 1 | 20～30 | 2～3 | 1～2 |
| 2 | 10～20 | 3～4 | 1.5～2.5 |
| 3 | 5～10 | 5～6 | 2～3 |

注：开磨时间是从水磨石抹光压光后算起的天数。

6）酸洗打蜡：磨完第四遍，经检查合格后，进行地面保护，同时插入墙裙、踢脚线施工。待水电安装、油漆玻璃等全部施工完毕，并在其他工作不致损伤和污染地面的情况下，将地面彻底清洗干净，晾干后上草酸，用40号磨石反复打磨3～4遍。草酸由浓变淡，开始用100∶8～10（水∶草酸）溶液均匀地洒在地面上，打磨后及时用棉纱擦净浆液，禁止用水冲洗，然后用100∶6～8草酸液磨第三遍或第四遍，达到表面光滑为止，每次打磨都擦净地面浆液。然后进行打蜡擦光，将蜡包在薄布内，薄薄地均匀地涂在地面上，待干后用细帆布或麻布包裹在木块上，摩擦均匀，经24h后，用打蜡机打磨至光亮为止。

## 2.4　地面整体面层施工质量检验与评定

### 2.4.1　整体面层质量标准

整体面层质量验收标准：

1）水泥砂浆面层的体积比（强度等级）必须符合设计要求，且体积比应为1∶2（水泥∶砂），其稠度不应大于35mm，强度等级不应小于M15，以石屑代砂的水泥石屑面层其体积比应为1:2（水泥:石屑）。

2）水泥砂浆面层的厚度应符合设计要求，且不应小于20mm。

3）地面和楼面的标高与找平、控制线应统一弹到房间的墙上，有地漏等带有坡度的面层，表面坡度应符合设计要求，且不得有倒泛水和积水现象。

4）基层应清理干净，表面应粗糙，湿润并不得有积水。

5）铺设时，在基层上涂刷水灰比为0.4~0.5的水泥浆，随刷随铺水泥砂浆，随铺随拍实并控制其厚度。抹压时先用刮尺刮平，用木抹子抹平，再用钢抹压光。

6）水泥砂浆面层的抹平工作应在初凝前完成，压光工作应在终凝前完成，且养护不得少于7d；抗压强度达到要求后，方准上人行走；抗压强度应达到设计要求后，方可正常使用。

7）当水泥砂浆面层内埋设管线等出现局部厚度减薄时，应按设计要求做防止面层开裂处理后方可施工。

8）当采用掺有水泥拌合料做踢脚时，严禁用石灰砂浆打底。踢脚线出墙厚度一致，高度应符合设计要求，上口应用钢板压光。

9）大于20m²的房间面层按开间均匀设分格，每格不大于2m×2m。

10）水磨石面层表面应光滑，无明显裂纹、砂眼和磨纹；石粒密实，显露均匀；颜色图案一致，不混色；分格条顺直和清晰。

### 2.4.2 整体面层质量检验

(1) 主控项目

1）水泥采用硅酸盐水泥、普通硅酸盐水泥，其强度等级不应小于32.5级，不同品种、不同强度等级的水泥严禁混用；砂应为中粗砂，当采用石屑时，其粒径应为1~5mm，且含泥量不应大于3%。

检验方法：观察检查和检查材质合格证明文件及检测报告。

2）水泥砂浆面层的体积比（强度等级）必须符合设计要求，且体积比应为1:2，强度等级不应小于M15。

检验方法：检查配合比通知单和检测报告。

3）面层与下一层应结合牢固，无空鼓、裂纹。

检验方法：用小锤轻击检查。

注：空鼓面积不应大于400cm²，且每自然间（标准间）不多于2处，可不计。

(2) 一般项目

1）面层表面的坡度应符合设计要求，不得有倒泛水和积水现象。

检验方法：观察和采用泼水或坡度尺检查。

2）面层表面应洁净，无裂纹、脱皮、麻面、起砂等缺陷。

检验方法：观察检查。

3）踢脚线与墙面应紧密结合，高度一致，出墙厚度均匀。

检验方法：用小锤轻击、钢尺和观察检查。

4）楼梯踏步的宽度、高度应符合设计要求。楼层梯段相邻踏步高度差不应大于10mm；每个踏步两端宽度差不应大于10mm；旋转楼梯梯段的每个踏步两端宽度的允许偏差为5mm。楼梯踏步的齿角应整齐，防滑条应顺直。

检验方法：观察和钢尺检查。

5）整体面层的允许偏差应符合表2-5的规定。

检验方法：应按表2-5中的检验方法检验。

**整体面层的允许偏差和检验方法（mm）** 表2-5

| 项次 | 项目 | 允许偏差 | | | | | | 检验方法 |
|---|---|---|---|---|---|---|---|---|
| | | 水泥混凝土面层 | 水泥砂浆面层 | 普通水磨石面层 | 高级水磨石面层 | 水泥钢（铁）屑面层 | 防油渗混凝土和不发火（防爆的）面层 | |
| 1 | 表面平整度 | 5 | 4 | 3 | 2 | 4 | 5 | 用2m靠尺和楔形塞尺检查 |
| 2 | 踢脚线上口平直 | 4 | 4 | 4 | 3 | 4 | 4 | 拉5m线和用钢尺检查 |
| 3 | 缝格平直 | 3 | 3 | 3 | 2 | 3 | 3 | |

（3）划分检验批

按每一层次或每层施工段（或变形缝）作为检验批，高层建筑的标准层按每三层（不足三层按三层计）作为检验批。每一检验批（检验批的划定见质量验收）留置一组试件，当一个检验批大于1000m²时，增加一组试件。根据工程的楼层数和每层建筑面积，验收前与监理单位一起明确划分检验批，确定检验批数量。

（4）质量验收记录

1）整体面层工程设计和变更文件。

2）整体面层质量控制文件。

3）隐蔽验收及其他有关文件。

## 2.5 施工质量通病与防治

（1）面层空鼓

用小锤轻击有空鼓声。

原因分析：

1）基层清理不干净。

2）铺砂浆前基层未湿润。

3）铺砂浆前基层未刷浆或刷浆过早，已干形成隔离层。

4）基层表面酥松。

（2）面层裂缝

水泥砂浆面层裂缝通常有不规则裂缝；预制楼板的顺板缝方向的裂缝和板沿搁置方向

的裂缝，以及门口处产生裂缝；房屋外角处楼板的45°斜向裂缝。

原因分析：

1）不规则裂缝：原因同面层空鼓1~3。混凝土垫层下基土回填未夯实，干土质量密度不够，加载后产生沉降而导致面层间裂缝。

2）预制楼板的顺缝方向的裂缝：板搁置长度不足，坐浆处未用硬灰找平，坐浆不足且强度低，加载后楼板易产生挠度。板缝过小，灌缝前垃圾未清除干净，且未浇水湿润，灌缝不实，灌缝后养护不足就进入下道工序，形成板缝松动而导致楼板产生挠度。板的端头没有设置锚固钢筋。

3）板沿搁置方向的裂缝：支座的锚固强度和稳定性差。板搁在梁上，加载后梁产生负弯距，使板沿搁置方向开裂。

4）门口处产生裂缝：室内和走道内板的跨度不同，产生挠度亦不同，因而在此处易出现裂缝。预制板与烧结砖的膨胀不同，由于温度变化而导致两者的延伸和收缩不一，从而产生裂缝。

5）房屋外角处楼板的45°斜向裂缝：楼板太薄，挠度大，施工时养护不足过早在其上堆放重物。由于变形作用产生的，包括干缩及湿度作用，混凝土收缩和温差等。设计考虑不周，负弯距配筋太短太稀。

（3）面层起砂

完成后的水泥砂浆面层，在清扫或走动时鞋底摩擦时有灰尘和砂粒产生，形成面层起砂。

原因分析：

1）配合比不当。

2）砂子过细，砂的含泥量大于3%。

3）水泥强度等级低、安定性不合格，超过保管期或受潮结块。

4）水灰比大。

5）压光工序过早或过晚，或任意添加干水泥。

6）养护不及时，养护不足，面层未硬化前受雨淋或受冻。

（4）分格条显露不清：分格条局部不清，在分格条边有纯水泥斑带。

原因分析：

1）分格条铺设表面不平，铺石子浆时厚度过高，致使分格条难以磨出。

2）磨首遍时，磨石号数大，因磨损量小，难以磨出分格条。

3）磨石不及时，导致面层强度过高，而使分格条难以磨出。

（5）光亮度差，细洞多：水磨石表面粗糙，光亮度差，用目测细洞多。

原因分析：

1）磨石规格使用不当。

2）用刷浆法补浆。

3）将草酸撒地后干擦，难以擦得均匀。擦洗后，由于表面洁净程度不一，擦不净的地方出现斑痕，影响打蜡效果。

## 课题3 地面石材、陶瓷类面层的施工

石材、陶瓷类面层地面，是指以大理石和花岗石板、陶瓷地砖、陶瓷锦砖、缸砖、水泥砖以及预制水磨石板等板材铺砌的地面。这些地面均属传统装饰，使用历史悠久。其特点是面层材料的花色品种多、规格全，能满足不同部位的地面装饰，并且经久耐用，易于保持清洁。但同时，它也具有造价偏高，工作效率不高的缺点。这一类地面属于刚性地面，不具备弹性、保温、消声等性能。虽然自然装饰等级比较高，但必须要充分考虑其材料特点而使用。通常，用于人流较大、耐磨损、保持清洁等方面要求较高的，或经常比较潮湿的场合。一般来说，除南方较炎热的地区外不宜用于居室、宾馆客房，也不适宜用于人们要长时间逗留、行走或需要保持高度安静的地方。石材、陶瓷类面层属于中、高档做法，广泛应用于各类公用建筑和住宅工程中。

### 3.1 地面石材、陶瓷类面层的构造

#### 3.1.1 石材地面的构造

石材地面铺贴分浆铺和干铺两种方式。其构造做法如图 2-14 所示。

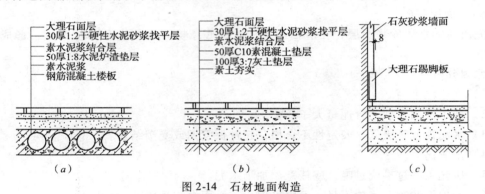

图 2-14 石材地面构造

(a) 楼地面构造做法示意；(b) 首层地面构造做法示意；(c) 踢脚板安装示意图

#### 3.1.2 陶瓷类地面的构造

陶瓷地砖表面拼花示意如图 2-15 所示。

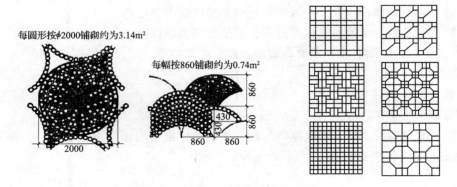

图 2-15 陶瓷地砖表面拼花示意

陶瓷地砖构造做法如图 2-16 所示。

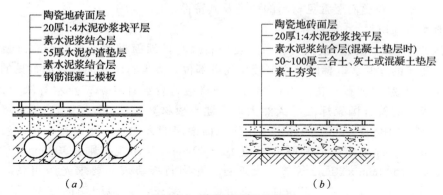

图 2-16 陶瓷地砖构造做法
(a) 地面构造做法示意；(b) 首层地面构造做法示意

## 3.2 施工前的准备工作

施工条件：

室内抹灰（包括立门口）、地面垫层、预埋在垫层内的电管及穿通地面的管线均已完成。基层强度达到 1.2MPa 以后，方可进行地砖施工。

准备工作：

（1）以施工大样图和加工单为依据，熟悉了解各部位尺寸和做法，弄清洞口、边角等部位之间的关系。

（2）基层处理：将垫层上的分格缝用水泥砂浆填平，并将地面混凝土基层上的砂浆污物等清理干净，用錾子剔掉砂浆落地灰，并认真将板面凹坑内的污物剔除。然后，用钢丝刷刷掉粘结在垫层上的砂浆浮浆层，用清水冲洗干净。如果基层有油污时，应用10%火碱水刷净，并用清水及时将其上的碱液冲净。

（3）选砖与浸砖：提前做好选砖的工作，要求砖颜色一致，尺寸一致、平整、无弯曲、翘起等现象。大理石、花岗石板块进场后，应侧立堆放在室内，光面相对、背面垫松木条，并在板下加垫木方。详细核对品种、规格、数量等是否符合设计要求，有裂纹、缺棱、掉角、翘曲和表面有缺陷时，应予剔除。地砖的规格尺寸及颜色有时会有偏差，为保证铺贴质量，地砖颜色应一致，铺贴地砖前应选砖分类，避免同一房间的地面色差明显或地砖高差及接缝直线偏差较大。地砖预先用木条钉方框（按砖的规格尺寸）模子，拆包后块块进行套选、长、宽、厚允许偏差不得超过±1mm，平整度用直尺检查空隙不得超过±0.5mm。外观有裂缝、掉角和表面上有缺陷的板剔出，并按花型、颜色挑选后分别堆放。陶瓷地砖应在水中浸泡 3~4h，无气泡放出为止，取出阴干备用。

对于花岗石、釉面砖及其他零星楼地面装饰施工会同建设单位、设计单位，严格把好质量关，挑选规格、品种、颜色一致，无裂纹、掉角及局部污染变色的块料。铺贴时按尺寸要求在平地上进行排列，同时将基层清扫干净浇水湿润，按材料规格在地面上或墙面上弹好分块控制线，控制线从中间向两边分，釉面砖使用前要先在清水中浸泡 2~3h 后，取出凉干后方使用。在大面积施工前，要先作样板，直至认可后再大面积施工相应部分。

3.2.1 材料的选择

(1) 石材、陶瓷类面层常见材料的种类及其特性

专用地面装饰块材。

(a) 大理石板、花岗石板：大理石、花岗石属高档地面材料，多用于地面装饰要求较高的公用建筑的厅堂、电梯间及主要楼梯间等部位。大理石、花岗石表面常见的处理如图2-17所示。天然大理石、花岗石的品种、规格应符合设计要求，技术等级、光泽度、外观质量要求，应符合国家标准《天然大理石建筑板材》JC/T 79—2001、《天然花岗石建筑板材》GB/T 18601—2001 的规定。用作地面面层的大理石、花岗石板块，其规格尺寸较多，一般由设计确定，但其厚度不应小于20mm。常用规格则是300mm×300mm×20mm、500mm×500mm×20mm等等。大理石、花岗石板块表面要求光洁明亮、色泽鲜明、颜色一致、边角应方正、无扭曲、缺角掉棱。对于室内地面用的花岗石，应有出厂合格证、检测报告，其放射性核素指标不可超过规范《建筑材料放射性核素限量》GB 6566—2001 允许值，超过200m²时，现场按规范要求做放射性指标复试。

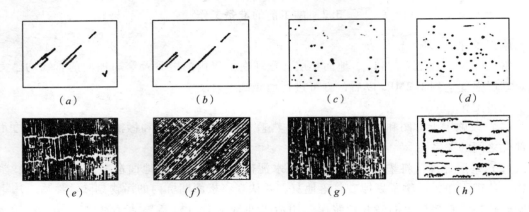

图2-17 石材表面处理

(a) 镜面式饰面；(b) 光面式饰面；(c) 烧毛饰面；(d) 手工凿毛；(e) 短槽凿毛面；
(f) 琢石锤面；(g) 斜凿面；(h) 斧金琢面锤

(b) 陶瓷地砖：有出厂合格证，抗压、抗折及规格、品种、颜色均符合设计要求，外观颜色一致、表面平整（水泥花砖要求表面平整、光滑、图案花纹正确）、边角整齐、无翘曲及窜角。进场时应具有产品合格证，性能检测报告。

通体砖：通体砖的内外材质是一致的，没有釉面，其特点在于越磨越亮。

釉面砖：釉面时间长了容易损伤，使其失去光泽，铺之前应该用水泡。是否要泡水您可以自己试验一下，用一块刚开箱的干净砖，把背面淋上水，看水是否能渗透进砖。要是水渗进去，此砖就必须泡水。否则，不必泡水。

玻化砖：玻化砖较硬、尺寸好、外观漂亮。实际上玻化砖是一种表面抛光的通体砖，它不同于釉面砖不透水，它是透气透水的，深色的污染不明显，浅色的就不好看。现在有全玻化砖和抛光玻化砖，后者需要做表面处理，以封闭其细微的小孔，一般前者价格高。玻化砖很漂亮有反光，遇好的灯具反射光效果很好。但它怕重力砸，玻化砖有防滑性能，玻化砖容易产生不能修复的划痕。耐磨性较好。

陶瓷地砖的主要种类与特点见表2-6，有关规格和技术性能可见表2-7。

**陶瓷地砖的主要种类及特点**　　　　　　　　　　　　　　　表 2-6

| 品　种 | 特　点 | 用　途 |
|---|---|---|
| 红地砖 | 吸水率不大于8%，具有一定吸湿防潮性 | 适用于地面铺贴 |
| 各色地砖 | 有白、浅黄、深黄等其他颜色，色调均匀，砖面平整，抗腐耐磨，大方美观，施工方便 | 适用于地面铺贴 |
| 瓷质砖 | 吸水率不大于2%，烧结程度高，耐酸、耐碱、耐磨性高，抗折强度不小于25MPa | 特别适用于人流量大的地面、楼梯的铺贴 |
| 劈离砖 | 吸水率不大于8%，表面不挂釉，其风格粗犷，耐磨性好，有釉面的则花色丰富，抗折强度大于18MPa | 室内外地面、墙面的铺贴，釉面劈离砖不直用于室外地面 |
| 梯沿砖（又名防滑条） | 有各种颜色及单色带斑点，耐磨防滑 | 用于楼梯踏步、台阶、站台等处，起防滑作用 |

**陶瓷地砖的有关规格和技术性能**　　　　　　　　　　　　　表 2-7

| 品种名称 | 花　色 | 规　格（mm） | | | 技术性能 |
|---|---|---|---|---|---|
| | | 正方 | 长方 | 六角 | |
| 各色地砖 | 有白、浅黄、深黄、其他颜色等，有单色亦有带斑点者 | 150×150×(13、15、20) | 150×75×(13、15、20) | 115×100×10 | 冲击强度：6~8次以上。吸水率（%）：各色地砖：4、红地砖：8 |
| 红地砖（吸潮砖）图案地砖 | 红色（有深、浅之分）各种颜色各种图案 | 100×100×10 | | | |
| 梯沿砖（防滑条） | 各种颜色、有单色及带斑点者两种 | 150×60×12、150×75×12 | | | 冲击强度：6~8次以上。吸水率（%）：各色地砖：4，红地砖：8 |
| 劈离砖 | 有红褐、橙红、黄、深黄、咖啡、灰白、黑、金、米灰等 | 规格（mm） | 面砖、角砖 | 长方 | 194×94×11、240×115×11、240×52×11 |
| | | | | 正方 | 150×150×13、190×190×13 |
| | | | | 踏步板 | 194×94×11、194×52×11 |
| | | | | 踢脚板 | 240×115×11、240×52×11、194×94×11、194×30×11 |
| | | | | 直角 | 52×52×11、52×175×11、194×94×11、194×52×11、240×52×11、52×115×11 |

（2）材料的鉴别与试验

1）材料的鉴别

（a）石材的鉴别

石材其质量好坏可以从观、量、听、试四个方面来鉴别：

① 肉眼观察石材的表面结构。一般来说，均匀的细料结构的石材具有细腻的质感，粗粒及不等粒结构的石材其外观效果较差。在光线充足的条件下，可将已选好的板材与同一批要选购的其他石板材同时平放在地上，站在距离它们1.5m远的地方仔细目测，则可以测出这同一批石板材的花纹色调是否基本调和，同时观察检测是否有板材翘曲、板材表面上有无裂纹、砂眼、异色斑点、污点、凹陷及缺棱角现象存在。如果以上各项缺陷不明显同时又无明显的缺棱掉角，那么可以认定这块板材为一级品；如果有这几项缺陷但并不影响使用，并且板材五面只有1处长不大于8mm，宽不大于3mm缺棱或长、宽都不大于3mm掉角，则该板材为合格品。

② 量石材的尺寸规格，以免影响拼接，或造成拼接后的图案、花纹、线条变形，影响装饰效果。

③ 听石材的敲击声音。一般而言，质量好的石材内部致密均匀且无显微裂隙，其敲击声清脆悦耳。相反，若石材内部存在轻微裂隙或因风化导致颗粒间接触变松，则敲击声粗哑。

④ 用简单的试验方法来检验石材的质量好坏。通常在石材的背面滴上一小粒墨水，如墨水很快四处分散浸出，即表示石材内部颗粒较松或存在显微裂隙，石材质量不好。反之，若墨水滴在原处不动，则说明石材致密质地好。

（b）瓷砖的选择

① 看外包装牢固，有规格、色号、代码、生产日期、厂址等信息。其次看它的光泽，表面是否有气孔，釉表面应均匀无掉落，纹理、图案一致。两块瓷砖背面相合，接触严密、均匀。抽出一块瓷砖，放置在一平整台面上，四角无翘起，有弯曲的为次品。

② 手拿瓷砖一角，从侧面用硬物敲敲，听它的声音清脆，为好。

③ 用尺量。一般来说抛光砖误差小于等于1mm，对角线500mm×500mm小于等于1.5mm，600mm×600mm小于等于2mm。

④ 用墨水滴在瓷砖背后，看是否快速被吸收，吸水越快，则吸水率越高，瓷化程度越差。吸收越慢该瓷砖越佳，其次用手掰瓷砖，不易折断。

2）材料的试验

（a）规格尺寸公差

长度和宽度方向分别测出三条线，如图2-18（a）所示。用测量的最大长度值和宽度值与最小长度值和宽度值之差表示长度和宽度方向的偏差值。用游标卡尺测出四条边的中点在厚度方向的数值，如图2-18（b）所示。用厚度的最大值与最小值的差值表示板材的厚度偏差值。

（b）外观质量

棱角缺陷：将板材平放在地面上，距板材1.5m处明显可见的缺陷视为有缺陷；距板材1.5m处不明显但在1m处可见的缺陷视为无明显的缺陷；距板材1m处看不见的缺陷视为无缺陷。用直尺紧贴在有缺陷的棱角处，使其与板材表面平行，再用钢直尺测量长度和宽度。

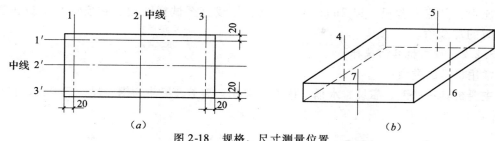

图 2-18 规格、尺寸测量位置
(a) 长度和宽度的测量位置；(b) 厚度的测量位置
1、2、3-宽度测量线；1'、2'、3'-长度测量线；4、5、6、7-厚度测量点

剁斧坑窝（花岗石板材）：用直尺贴靠在有坑窝的剁面上，再用钢尺量出坑窝的最大长度、宽度和深度。

色斑、色线、裂纹和划痕（花岗石板材）：将板材平放在地面上，距板材 1.5m 处目测，板材上如有明显可见的色斑、色线、裂纹和划痕，则视为有缺陷。用钢尺测量色斑的最大长度和宽度；用钢尺测量色线和裂纹的直线长度，裂纹顺延方向应距板材 60mm 以上。

色调与花纹：将预先确定好的板材作为样板，把样板与被检测板同时平放在地面上，距板材 1m 处目测。

（c）光泽度

将光电光泽计的电源接通后，先调整仪器，并按图 2-19 的位置测定板材的五个点，这五个点的表面应保持洁净光亮。计算五个点的算术平均值作为板材的光泽度值。

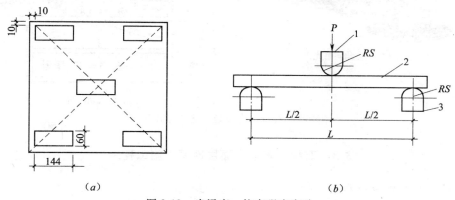

图 2-19 光泽度、抗弯强度实验
(a) 光泽度测定位置；(b) 抗弯强度实验
1-可动压头；2-试样；3-支座

（d）抗弯强度

首先准备试样，试样的尺寸长 160mm、宽 40±0.5mm、高 20±0.5mm，试样受力面的平整度在 0.08mm 以内，垂直和平行层理的试样各两组，没有层理的试样两组，每组五块。试样应标出岩石的层理方向，试样的受力面用 500 号细砂纸打磨，不允许有可见的裂纹和缺棱掉角现象。然后，标出受支点和受力点的位置，测出试样两个支点和受力点处的宽度和高度尺寸，并取算术平均值。将试样在 105±2℃ 的烘箱内干燥 24h，再放入干燥器内冷却至室温。将实验机上两支座间的距离调至 40±0.5mm，把试样放

173

在支座上。开启实验机,以2mm/min的速度加载直至试样断裂,在实验机上读出试样断裂时的加载值。

3.2.2 施工机具的选择

常用机具的类型:

主要机具:铁锹、靠尺、水桶、抹子、大杠、筛子、墨斗、钢卷尺、尼龙线、橡皮锤(或木锤)、磨石机、云石机等,如图2-20所示。

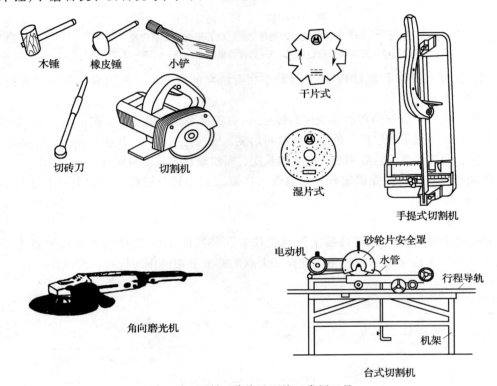

图2-20 石材、陶瓷地面施工常用工具

## 3.3 石材、陶瓷类面层地面的施工程序

### 3.3.1 石材地面的施工程序

铺设地面大理石、花岗石板块的结合层多用20~30mm厚的1:3干硬性水泥砂浆和水灰比为0.4~0.5的素水泥浆。有时当结合层兼顾找平作用时,也可采用水泥砂(水泥与砂适度洒水后干拌均匀)作结合层。现就采用干硬性水泥砂浆铺贴大理石、花岗石板块地面的施工要点叙述如下:

(1)施工工艺

清扫整理基层地面→选料、浸砖→定标高、弹线→试拼与试排→安装标准块→摊铺水泥砂浆结合层→铺大理石板块(或花岗石板块)→灌缝、擦缝→清洁、打蜡→养护。

(2)施工过程

定标高、弹线:房间内四周的墙上弹好50cm水平标高线如图2-21所示,并校核无误。为了检查和控制大理石(或花岗石)板块的位置,在房间内中点拉十字控制线,弹

在混凝土垫层上，并引至墙面底部，然后根据设计要求确定石材地面表面的高度，相应计划结合层应铺设的厚度。一般和原地面的结合层不小于30mm厚，依据50cm标高线在墙面上找出面层标高，弹出面层水平标高线，弹水平线时要注意室内与楼道面层标高要一致。同时，楼道也要拉线保持地面标高分块统一。

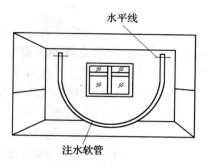

图2-21 弹水平线

试拼与试排：这是确定质量的关键，在正式铺设前，对每一个房间、厅堂，选好石材后按设计要求拼出图案及安装顺序将图案、颜色、纹理进行试拼试排。结合施工大样图及房间实际尺寸，把大理石（或花岗石）板块排好，以便检查板块之间的缝隙，核对板块与墙面、柱、洞口等部位的相对位置。力求板块地面的颜色、纹理协调美观、花色一致，尽量避免或减少相邻板块出现色差，将非整块板对称排放在房间靠墙部位，次砖尽量放在非主要部位，且面积不小于1/4整砖大小。试拼后按两个方向编号排列，满意后按编号码放整齐。

安装标准块：在房间内标准带的方向铺两条干砂如图2-22所示，其宽度大于板块宽度，厚度不小于3cm。

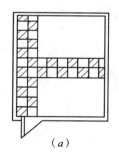 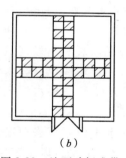 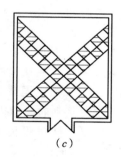

(a)　　　　　　　(b)　　　　　　　(c)

图2-22 地面砖标准带

(a)丁字形；(b)十字形；(c)对角形

铺装石材前必须安放标准块，标准块应安放在十字线交点，对角安装。

刷水泥素浆及铺砂浆结合层：试铺后将干砂和板块移开，清扫干净，用喷壶洒水湿润，刷一层素水泥浆（水灰比为0.4~0.5，刷的面积不要过大，随铺砂浆随刷）。根据板面水平线确定结合层砂浆厚度，拉十字控制线，使用1:3干硬性水泥砂浆做结合层，稠度为2.5~3.5cm，即以手捏成团，落地即散为宜。厚度20~30mm，放上大理石（或花岗石）板块时宜高出面层水平线3~4mm，宽度宜超出板宽度20~30mm，铺设时面积不得过大，不宜将砂浆一次铺完，每次摊铺约$1m^2$，应随贴随铺，由里面向门口方向铺抹，铺好后用刮杠刮平，再用铁抹子拍实、找平。

铺砌大理石（或花岗石）板块：根据房间拉的十字控制线，纵横各铺一行，作为大面积铺砌标筋用。依据试拼时的编号、图案及试排时的缝隙，当设计无规定时缝隙宽度不应大于1mm，在十字控制线交点开始铺砌。先试铺，即搬起板块对好纵横控制线铺落在已铺好的干硬性砂浆结合层上，用橡皮锤敲击木垫板，不得用橡皮锤或木锤直接敲击板块。振实砂浆至铺设高度，试铺合适（对缝通顺、标高吻合）后，将板块掀起移至一旁，检查砂浆表面与板块之间是否相吻合，如发现空虚之处，应用砂浆填补，然后正式镶铺。先在水泥砂浆结合层上满浇一层水灰比为 0.5 的素水泥浆（用浆壶浇均匀）作粘结层，当采用干粉粘结材料时，首先将用水调制好的粘结剂刮于找平层上，再铺板块，安放时要将板块四角同时平稳下落，找准横竖缝隙，用橡皮锤或木锤轻轻敲震垫板使之粘贴紧密，并随时用水平尺和直尺找平板块铺贴，铺完第一块，向两侧和后退方向顺序铺砌。铺完纵、横行之后有了标准，可分段、分区依次铺砌，一般房间可由里向外沿控制线逐排逐块依次铺贴，逐步退至门口。铺贴好的板块应接缝平直，表面平整，镶嵌正确。板块与墙角、镶边和靠墙处应紧密砌合，不得有空隙。铺装 24h 后洒水养护，根据气候条件养护 2～3d 后，检查是否有空鼓现象。

当采用水泥砂浆结合层时，将水泥、中砂按 1:3 的比例拌合均匀，加水搅拌，稠度控制在 35mm 以内；一次不搅拌过多，要随拌随用。根据找平、找坡的控制点和预铺砖的情况，从里向外挂出二至三道控制线，从内向外铺贴；铺贴时先将水泥砂浆打底找平，厚度控制在 10～15mm 内，然后将砖块沿线铺在砂浆层上，用橡皮锤轻轻敲击砖面，使其与基层结合密实；最后沿控制线拨缝、调整，使砖与纵、横控制线平齐；管根、转角处套割时，应先放样再套割，以便做到方正、美观。

贴砖时注意天气，施工环境温度低于 5℃时，要采取护冻措施；气温高于 30℃时，采取遮阳措施，并及时洒水养护，防止水分蒸发过快，影响铺贴质量。

灌缝、擦缝：在板块铺砌后的养护十分重要，24h 后必须洒水养护，铺贴完后覆盖锯末养护，1～2 昼夜后，经检查板块无断裂和空鼓现象，方可进行灌浆擦缝。先清除地面上的灰土，根据大理石（或花岗石）板块颜色，选择相同颜色矿物颜料和水泥（或白水泥）配制成相应的 1:1 稀水泥浆，用浆壶将稀水泥色浆分几次徐徐灌入板缝中，并用长把刮板把流出的水泥浆刮向缝隙内，至基本灌满为止。灌浆 1～2h 后，用棉纱团蘸原稀水泥浆擦缝与板面擦平，同时将板面上水泥浆余浆擦净，用干锯末将板块擦亮，使大理石（或花岗石）面层的表面洁净、平整、坚实，以上工序完成后，在面层铺上湿锯末养护。养护时间不应小于 7d。

打蜡：当水泥砂浆结合层达到强度后（抗压强度达到 1.2MPa 时），方可进行打蜡。基层处理要干净，高低不平处要先凿平和修补，基层应清洁，不能有砂浆，尤其是白灰、砂浆灰、油渍等，并用水湿润地面。

粘贴踢脚板：根据主墙 50cm 标高线，测出踢脚板上口水平线，弹在墙上，再用线坠吊线确定出踢脚板的出墙厚度，一般为 8～10mm。以一面墙为单元，先从墙的两端根据踢脚的设计高度和出墙厚度贴出两个控制砖，然后拉通线粘贴。粘贴的砂浆可采用聚合物砂浆；阳角接缝砖切出 45°。

### 3.3.2 陶瓷类地面的施工程序

地面铺贴陶瓷地砖，最普遍的做法是用水泥砂浆或聚合物水泥浆粘贴于地面找平层上。

（1）施工工艺流程

基层处理→弹线、标筋→粘结层施工→弹铺砖控制线→铺砖→拨缝修整、勾缝、擦缝→养护→踢脚板安装。

(2) 施工过程

弹线、标筋：根据墙上的50cm水平标高线，往下量测出面层标高，并弹在墙上。从已弹好的面层水平线下量至找平层上皮的标高，抹灰饼间距1.5m，灰饼上平就是水泥砂浆找平层的标高，然后从房间一侧开始抹标筋。有地漏的房间，应由四周向地漏方向放射形抹标筋，并找好坡度。抹灰饼和标筋应使用干硬性砂浆，厚度不宜小于2cm。

粘结层施工：清净抹标筋的剩余浆渣，浇水湿透，并撒素水泥浆一道（水灰比为0.4~0.5），然后用扫帚扫匀，扫浆面积的大小应依据打底铺灰速度的快慢决定，应随扫随铺。然后根据标筋的标高，用小平锹或木抹子将已拌合的水泥砂浆（配合比为1:3~1:4）铺装在标筋之间，用木抹子摊平、拍实，小木杠刮平，再用木抹子搓平，使其铺设的砂浆与标筋找平，有防水要求的楼面工程（如卫生间等），在找平层前应对立管、套管和地漏与楼板节点之间进行密封处理。铺设找平层后，用大木杠横竖检查其平整度，同时检查其标高和泛水坡度是否正确，24h后浇水养护。

弹铺砖控制线：粘结层砂浆抗压强度达到1.2MPa时，开始上人弹砖的控制线。预先根据设计要求和砖板块规格尺寸，确定板块铺砌的缝隙宽度，当设计无规定时，密铺缝宽不宜大于1mm，虚缝缝宽宜为5~10mm。在房间正中从纵、横两个方向排尺寸，当尺寸不足整砖倍数时，将可裁割半块砖用于边角处，尺寸相差较小时，可调整缝隙。横向平行于门口的第一排应为整砖，将非整砖排在靠墙位置，纵向（垂直门口）应在房间内分中，非整砖对称排放在两墙边处。根据已确定的砖数和缝宽，在地面上弹纵横控制线约每隔四块砖弹一根控制线。

铺砖：为了找好位置和标高，应从门口开始，纵向先铺几行砖，以此为压筋线，铺时应从里向外退着操作，人不得踏在刚铺好的砖面上，每块砖应跟线，铺砌时，砖的背面朝上刮抹粘结材料（图2-23），采用水泥砂浆铺设时应为10~15mm，采用沥青胶结料铺设时应为2~5mm，采用胶粘剂铺设时应为2~3mm，砂浆应随拌随用，防止假凝后影响粘结效果。将砖铺砌到已刷好的水泥浆找平层上，砖上棱略高出

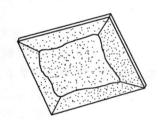

图2-23 刮抹粘结材料

水平标高线，找正、找直、找方后，砖上面用木板垫好，橡皮锤拍实，顺序为从里向外退着铺砖，每块砖要跟线，做到面砖砂浆饱满、相接紧密、坚实，与地漏相接处用砂轮锯将砖加工成与地漏相吻合的形状。铺地砖时最好一次铺一间，大面积施工时，应采取分段、分部位铺砌。

拨缝修整、勾缝、擦缝：将已铺好的砖块，拉线修整拨缝，将缝找直，并将缝内多余的砂浆扫出。铺完2~3行，应随时拉线检查缝格的平直度，如超出规定应立即修整，将缝拨直，并用橡皮锤拍实。此项工作应在结合层凝结之前完成。然后在面层铺贴24小时内用水泥浆勾缝，缝内深度宜为砖厚的1/3，要求勾缝密实，缝内平整光滑，面层溢出的水泥砂浆应及时清除，缝隙内的水泥砂浆凝结后，将面层清洗干净。擦缝用的水泥，其颜色由设计确定，当设计无规定时，宜根据地砖颜色选用。

养护：铺完砖24h后，铺干锯末常温养护，时间不应少于7d，期间不得上人踩踏。

贴踢脚板：贴踢脚板一般用板后抹砂浆的办法，贴于墙上。铺设时应在房间阴角两头各铺贴一块砖，出墙厚度及高度符合设计要求，并以此砖上棱为标准进行挂线。开始铺

贴，将砖背面朝上，铺抹粘结砂浆。其砂浆配合比为1∶2水泥砂浆，使砂浆能粘满整块砖为度，及时粘到墙上，并拍实，使其上口跟线，随之将挤出砖面上的余浆刮去。将砖面清理干净。基层要平整，贴时要刮一道素浆，镶贴前要先拉线，这样容易保证上口平直。为了使踢脚板与地面的分格线协调，踢脚板的立缝应与地面缝对齐，踢脚板与地面接触的部位应缝隙密实。

### 3.3.3 地面成品保护

（1）运输大理石（或花岗石）板块和水泥砂浆时，应采取措施防止碰撞，已做完的墙面、门口等要钉保护木板，防止磕碰；应用窄车运料以减少碰撞，车脚宜用胶皮、塑料或布包裹。

（2）铺砌大理石（或花岗石）板块及碎拼大理石板块过程中，操作规程人员应做到随铺随用干布擦净大理石面上的水泥浆痕迹。

（3）切割地砖时，不得在刚铺砌好的砖面层上操作。剔凿和切割砖时下边应垫好木板。

（4）禁止上人走动以防松动，保护成品，经过养护估计强度达到60%左右时进行打蜡上光。

（5）在已铺贴好的地砖面层上工作时，严禁钢材、铁件等重物在地上乱砸乱扔。

（6）当铺砌砂浆抗压强度达1.2MPa时，方可上人进行操作，但必须注意油漆、砂浆施工时严禁污染面层。要对面层进行覆盖保护。

## 3.4 地面石材、陶瓷类面层施工质量检验与评定

### 3.4.1 地面石材、陶瓷类面层质量标准

（1）石材、墙地砖品种、规格、颜色和图案应符合设计的要求，饰面板表面不得有划痕、缺棱、掉角等质量缺陷。

（2）石材、墙地砖施工前应对其规格、颜色进行检查，墙地砖尽量减少非整砖，且使用部位适宜，有突出物体时应按规定进行套割。

（3）石材铺贴应平整牢固、接缝平直、无歪斜、无污积和浆痕，表面洁净，颜色协调。

（4）墙地砖铺贴应平整牢固、图案清晰、无污积和浆痕，表面色泽基本一致，接缝均匀、板块无裂纹、掉角和缺棱，局部空鼓不得超过数量的5%。

（5）磨光大理石和花岗石板块面层：板块挤靠严密，无缝隙，接缝通直无错缝，表面平整洁净，图案清晰无磨划痕，周边顺直方正。

（6）面层与基层必须结合牢固，无空鼓，不得在靠墙处用砂浆填补，代替面砖。铺贴面砖应在砂浆凝结前进行，要求面砖平整，镶嵌正确。

（7）厨房、厕所的地面防水四周与墙接触处，应向上翻起，高出地面不少于250mm。地面面层流水坡向地漏，不倒泛水、不积水，24h蓄水试验无渗漏。

### 3.4.2 地面石材、陶瓷类面层质量检验

（1）划分检验批

按每一层次或每层施工段（或变形缝）作为检验批，高层建筑标准层按每三层（不足3层按3层计）作为检验批。施工前与监理单位一起划分检验批，确定检验批数量。

(2) 技术资料检查

1) 原材料（水泥、砂）合格证、复试报告。
2) 地砖的出厂合格证及性能检测报告。
3) 二次防水工程试水检查记录。
4) 检验批验收记录。

(3) 主控项目

1) 面层所用的板块的品种、质量必须符合设计要求。

检验方法：观察检查和检查材质合格证明文件及检测报告。

2) 面层与下一层的结合（粘结）应牢固，无空鼓。

检验方法：用小锤轻击检查，凡单块砖边角有局部空鼓，且每自然间（标准间）不超过总数的5%可不计。

(4) 一般项目

1) 砖面层的表面应洁净，图案清晰，色泽一致，接缝平整，深浅一致，周边顺直。板块无划痕、掉角和缺棱等缺陷。

检验方法：观察检查。

2) 面层邻接处的镶边用料及尺寸应符合设计要求，边角整齐、光滑。

检验方法：观察和用钢尺检查。

3) 踢脚线表面应洁净、高度一致、结合牢固、出墙厚度一致。

检验方法：观察和用小锤轻击及钢尺检查。

4) 楼梯踏步和台阶板块的缝隙宽度应一致、齿角整齐；楼层梯段相邻踏步高度差不应大于10mm；防滑条顺直。

检验方法：观察和用钢尺检查。

5) 面层表面的坡度应符合设计要求，不倒泛水，无积水；与地漏、管道结合处应严密牢固，无渗漏。

检验方法：观察、泼水或坡度尺及蓄水检查。

6) 石材、瓷砖面层的允许偏差应符合表2-8的规定。

检验方法：应按表2-8中的检验方法检验。

石材、瓷砖面层的允许偏差　　　　表2-8

| 项次 | 项目 | 允许偏差（mm） | | | | | | | | | | 检验方法 |
| --- | --- | --- | --- | --- | --- | --- | --- | --- | --- | --- | --- | --- |
| | | 陶瓷锦砖面层、陶瓷地砖面层、高级水磨石面层 | 缸砖面层 | 水泥花砖面层 | 水磨石板块面层 | 大理石面层和花岗石面层 | 塑料板面层 | 水泥混凝土板块面层 | 碎拼大理石面层、碎拼花岗石面层 | 活动地板面层 | 条石面层 | 块石面层 | |
| 1 | 表面平整度 | 2.0 | 4.0 | 3.0 | 3.0 | 1.0 | 2.0 | 4.0 | 3.0 | 2.0 | 10.0 | 10.0 | 用2m靠尺和楔形塞尺检查 |

续表

| 项次 | 项目 | 允许偏差（mm） ||||||||||| 检验方法 |
|---|---|---|---|---|---|---|---|---|---|---|---|---|---|
| | | 陶瓷锦砖面层、陶瓷地砖面层、高级水磨石面层 | 缸砖面层 | 水泥花砖面层 | 水磨石板块面层 | 大理石面层和花岗石面层 | 塑料板面层 | 水泥混凝土板块面层 | 碎拼大理石面层、碎拼花岗石面层 | 活动地板面层 | 条石面层 | 块石面层 | |
| 2 | 缝格平直 | 3.0 | 3.0 | 3.0 | 3.0 | 2.0 | 3.0 | 3.0 | | 2.5 | 8.0 | 8.0 | 拉5m线和用钢尺检查 |
| 3 | 接缝高低差 | 0.5 | 1.5 | 0.5 | 1.0 | 0.5 | 0.5 | 1.5 | | 0.4 | 2.0 | | 用钢尺和楔形塞尺检查 |
| 4 | 踢脚线上口平直 | 3.0 | 4.0 | | 4.0 | 1.0 | 2.0 | 4.0 | | 1.0 | | | 拉5m线和用钢尺检查 |
| 5 | 板块间隙宽度 | 2.0 | 2.0 | 2.0 | 2.0 | 1.0 | | 6.0 | | 0.3 | 5.0 | | 用钢尺检查 |

## 3.5 施工质量通病与防治

### 3.5.1 地面标高错误

多出现在卫生间等处，较原设计标高提高了。原因为：楼板上皮标高超高、防水层过厚、砂浆保护层过厚。

解决办法：在施工时应对楼层标高认真核对，防止超高，并应严格控制每遍的施工厚度，防止超高。

### 3.5.2 泛水过小或局部倒坡

地漏安装的标高过高，基层处理不平，有凹坑，造成局部存水；基层坡度没找好，形成坡度过小或倒坡。

解决办法：首先应给准墙上50cm的水平线，水工安装地漏时标高要正确，并应在抹找平层时先放好放射形钢筋，按要求施工。

### 3.5.3 板块地面的接缝高低差偏大

砖本身有厚薄及宽窄不匀、窜角、翘曲等缺陷。接缝高低差多由没严格挑选或铺贴时未严格拉通线进行控制、没敲平、敲实或上人太多，养护不利造成。

解决办法：首先要选好砖，凡是翘曲、拱背、宽窄不方正等块材应剔除不予使用。铺贴时要砸实，并随时用水平尺和直尺找准，缝隙必须拉通线不能有偏差。铺好地面后，封闭入口，常温48h养护后方可上人操作。

#### 3.5.4 面层和踢脚空鼓

空鼓，就是粘结不牢。当用锤击检查时发出像鼓一样的声音，故称之为空鼓。面层空鼓主要原因是混凝土垫层清理不净或浇水湿润不够，刷素水泥浆不均匀或刷的面积过大、时间过长已风干，起隔离作用导致早期脱水所致，或干硬性水泥砂浆任意加水，大理石板面有浮土未浸水湿润等。另一原因是上人过早，粘结砂浆未达强度受到外力振动，将块材与粘结层脱离成空鼓。踢脚板空鼓原因，除与地面相同外，还因为踢脚板背面铺抹粘结砂浆时不到边，且砂浆量少造成边角空鼓。

解决办法：施工前基层必须清理干净并加强基层的检查，严格遵守操作工艺要求，结合层砂浆不得加水，同时注意控制上人施工的时间，加强养护。粘贴踢脚板时做到满铺满挤。

#### 3.5.5 黑边

不足整块砖时，不切割半砖或小条铺贴而采用砂浆修补，形成黑边，影响观感。

解决办法：按规矩进行砖块的切割铺贴。

#### 3.5.6 板块表面不洁净

主要是做完面层之后，成品保护不够，油漆桶放在地砖上，在地砖上拌合砂浆，刷浆时不覆盖等，都易造成面层被污染。

解决办法：及时做好成品保护。

## 课题4  竹、木地板的施工

竹、木地面与其他类型装饰地面相比具有弹性好、自重轻、无毒、无污染、保温隔热性好、不易老化、脚感舒适，并且易于加工等优点。特别是硬木拼花地板，面层能拼成各种图案、花纹，在经过油漆、抛光打蜡处理之后，更显得高贵典雅、富丽堂皇。但木地板的防火性差，表面不耐磨、保养不善时易腐朽。同时我国森林资源贫乏，木材供应紧张。因此，一般情况下，多用于高级和有特殊要求的地面工程（如抗静电计算机房地面），没有特殊需要时应尽量不用木地面，或尽量采用一些木材代用品如零碎木材和下脚料的加工制成品等，以节约资源、利于环保。

### 4.1  竹、木地板的构造

木地面，包括的范围较广，按照木地面面层板条的组合方式，木地面可以分为条木地板和拼花地板两类，条木面层是木地板中应用得最多的一种，其地板条组合方式一般为等错缝或长短错缝两种（图2-24）。拼花面层是将预制成一定形状的硬木条板，通过不同组合方式，创造发展起来的一种可拼成多种图案的木地板做法。如硬木拼花地板、碎拼木地板等。其拼贴的图案多种多样，具有很好的装饰效果，如图2-25所示。

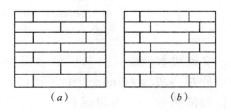

图2-24  条木地板组合
(a) 等错缝；(b) 长短错缝

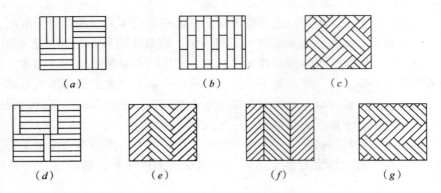

图 2-25 拼花地板组合形式
(a) 正席纹;(b) 砖墙纹;(c) 斜席纹;
(d) 横竖纹;(e) 双人纹;(f) 单人纹;(g) 窄席纹

木地面按其构造形式,可以分为架空式木地板和实铺式木地板以及粘贴式木地板。

架空式木地板:在地面先砌地垄墙或砖墩,然后安装木搁栅、毛地板、面层地板使木地面达到设计要求的标高,如图 2-26 所示。主要用于建筑的首层,为减少回填土方量,或者由于管道设备的架设和维修,需要有一定的敷设空间以及其他使用的要求时,面层距基底距离较大的场所。一般来说,家庭居室高度较低,所以这种架空式木地板很少在家庭装饰中使用。

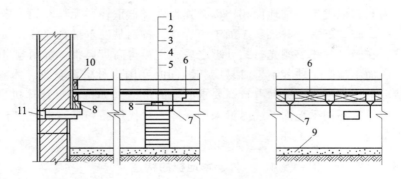

图 2-26 架空木地板构造
1-压缝条 20×20;2-木地板面层;3-木搁栅;4-干铺油毡;
5-地垄墙;6-剪刀撑;7-绑扎钢丝;8-垫木;9-灰土;
10-踢脚板;11-通风洞

实铺式木地板:将基层梯形截面木搁栅(俗称木棱)直接固定在基层上,木搁栅的间距一般为 400mm,中间可填一些轻质材料,以减低人行走时的空鼓声、并改善保温隔热效果。为增强整体性,木搁栅之上铺钉毛地板,最后在毛地板上面拼接或粘接木地板,而不用象架空式木地板那样,用地垄墙架空。一般用于地面标高已达到设计要求的场合。它是与架空式木地板相比较而存在的。实木地板多以此做法,如图 2-27 所示。

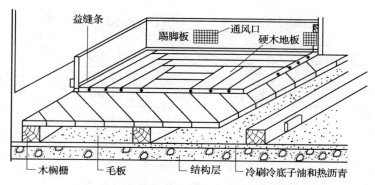

图 2-27　实铺式木地板构造

粘贴式木地板：在混凝土结构层上用 15mm 厚 1:3 水泥砂浆找平，将拼花木地板块直接以高分子粘结剂粘贴于地面混凝土或水泥砂浆等基层上，如图 2-28 所示。

按照基层的不同，木地面又可分作木基层木地板和水泥砂浆（或混凝土）基层木地板两类。上述的架空式木地板和实铺式木地板，均属于木基层一类，而水泥砂浆（或混凝土）基层一般适于粘贴法，如图 2-29 所示。

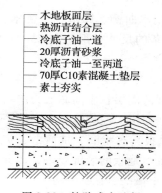

图 2-28　粘贴式木地板

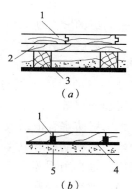

图 2-29　木地板基层构造
(a) 木基层木地面；(b) 水泥砂浆基层木地面
1－木地板面层；2－毛地板；
3－木基层；4－胶粘剂；5－水泥砂浆基层

木竹地面按其面层材质及板型的不同，可分为实木地板、实木复合地板、中密度（强化）复合地板、竹地板等。随着复合型木质铺地板材（复合地板）的大量涌现，既摆脱了原来较复杂的手工工艺，无需采用钉接或摊铺胶粘材料粘结，又较好地解决了传统木地板易受温度及湿度影响而引起裂缝和翘曲等缺陷。

### 4.2　施工前的准备工作

#### 4.2.1　材料的选择

（1）竹、木地板常见材料的种类及其特性

1）木基层：包括木搁栅（俗称木棱）、垫木、压檐木、剪刀撑和毛地板等。其常见的用料规格如图 2-30 所示。树种一般选材为松木、杉木，含水率应符合地区要求。

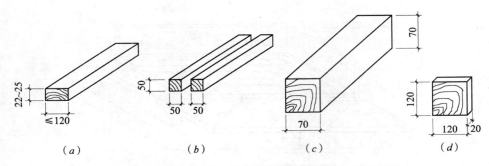

图 2-30 木基层用料规格
(a) 毛地板；(b) 剪刀撑；(c) 木搁栅；(d) 垫木

2）面层：面层因为承担经受磨损和装饰室内这样双重的功用，因此，一般宜选用耐磨性能好、木质纹理优美清晰、有光泽、不易腐朽、不易开裂、不易变形的优质木材。

条木地板所用木材要求采用不易腐朽、不易变形、不易开裂的树种。条板宽度一般不大于 120mm，板厚为 16～18mm。条木拼缝做成企口或错口，条木地板的几种断面形式如图 2-31 所示。其材质较多，如松木、水曲柳、柚木、榉木、花梨木、枫木、柏木、榆木等硬质树种。

拼花地板是较高级的室内地面装饰材料，板材多选用水曲柳、榉木、核桃木、榆木、槐木等质地优良、不易腐朽开裂的硬木树材。拼花小木条的尺寸一般为长 250～300mm，宽 40～60mm，板厚 20～25mm。

复合地板按其芯层的材质不同可分为实木复合地板、中密度（强化）复合地板等。一般由底层、芯层和面层等数层组合而成。底层多为定型防潮层；中间芯层为中密度纤维板、高密度低胶无辐射防水合成层或实木片材胶合层等；面层为经特殊处理高耐磨度的层压木纹板或特种耐磨塑料贴面等（图 2-32）。由于复合地板具有耐磨、抗撞击、抗化学品侵蚀、耐烟烫及质感逼真美观等优点，同时也可达到传统木地板的装饰效果，因此在室内地面装饰中的使用已越来越普遍。

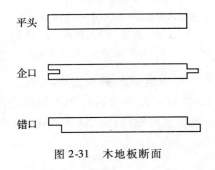

图 2-31 木地板断面

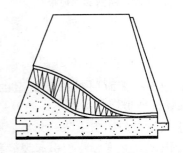

图 2-32 复合地板构造

几类地板的性能比较见表 2-9。

3）胶粘剂：胶粘剂的种类较多，如在工程中常用"PAA"胶粘剂系由醋酸乙烯共聚物为基料，用甲醇作溶剂，加入填料而成。而"8123"型胶粘剂系由氯丁胶乳加入填充料和助剂后制成。另外，也可用 32.5 级水泥加 108 胶水配制胶粘剂，其成本低粘结性能好，在工程中应用也比较多。此外，沥青粘结剂的应用也非常广泛。至于应选用何种类型粘结剂，应根据基层所使用的材料及面层材料，对照使用要求，综合选定。一般来说，如果从施工操作是否方便这一点考虑，使用成品胶粘剂较为方便。

几类地板的性能比较　　　　　　　　　　　　　表2-9

| 品种 | 结构及稳定性 | 耐磨性 | 强度 | 舒适度 | 造价 | 适用场合 |
|---|---|---|---|---|---|---|
| 实木多层地板 | 多层实木的复合，稳定性好，不会变形，防水性佳 | 较高 | 约高出同等厚度普通地板1倍 | 视觉效果好，脚感舒适 | 较高 | 家居等 |
| 普通地板 | 易起翘开裂，且不易修复，防水性差 | 取决于表层泊漆质量 | 强度不够时须以增加厚度来弥补 | 普通材质不够美观，高级木质价格昂贵，脚感好 | 普通材质价格一般，高级材质价格昂贵 | 家居等 |
| 强化地板 | 中间为中、高密度纤维板，由高压强化而成。结构比较稳定，材料防水性一般 | 耐磨性好 | 一般板材较薄，整体强度一般 | 表层为仿真木纹纸，脚感生硬，踩上去声响大 | 适中 | 写字楼、商场、饭店等公共场所 |

（2）材料的鉴别与试验

木地板面层下的木搁栅、垫木、毛地板等采用木材的树种、选材标准和铺设时木材含水率以及防腐、防蛀处理等，均应符合现行国家标准《木结构工程施工质量验收规范》GB 50206—2002的有关规定。所选用的材料，进场时应对其断面尺寸、含水率等主要技术指标进行抽样，抽样数量应符合产品标准的规定。

实木地板面层的条材和块材应采用具有商品检验合格证的产品，其产品类别、型号、树种、检验规则以及技术条件等均应符合现行国家标准《实木地板块》GB/T 15036规定。所选用的材料、进场时对其断面尺寸、含水率等主要技术指标进行抽检，抽检数量应符合产品标准的要求。

胶粘剂、沥青胶结料和涂料等材料应按设计要求选用，并应符合现行国家标准《民用建筑工程室内环境污染控制规范》GB 50325的规定。

木材含水率检查，可采用木材含水率测定仪直接测定，也可检查测定记录，特别对首层木板的木材含水率要求，必须严格控制在规定的范围内，以避免湿胀干缩，产生翘曲变形，影响质量。

复合地板可采用环境测试舱法或干燥器法测定游离甲醛释放量，当发生争议时应以环境测试舱法的测定结果为准。

4.2.2　施工机具的选择

常用机具的类型：

竹、木地板常用工具主要为木工机械及相关手工工具。如平刨机床、压刨机床、圆锯机床、手提电刨等（图2-33）。

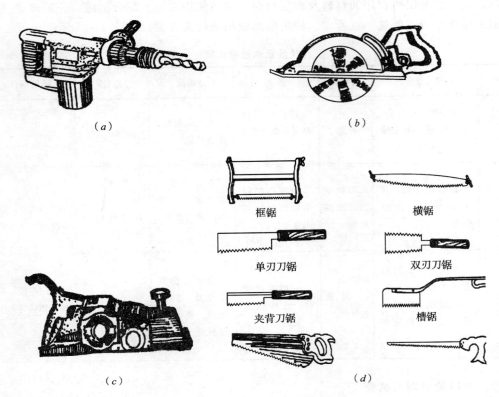

图 2-33 木地板施工工具
(a) 电锤；(b) 手提圆锯机；(c) 电刨；(d) 手工工具

## 4.3 竹、木地板的施工程序

(1) 实铺式木地板

1) 施工工艺

基层清理→弹线→木搁栅固定→弹线、钉装毛地板→木地板面层铺钉→安装踢脚板→刨光、打磨→油漆、上蜡。

2) 施工过程

基层清理：首先检查地面平整度。要求木搁栅下的基层基本平整，如果原地面的平整度误差较大，应做水泥砂浆或细石混凝土找平层，并将基层上的砂浆、垃圾、杂物清扫干净，同时在已干燥的地面基层上刷涂两道防水涂料。

弹线：房间内四周的墙上弹好 50cm 水平标高线，在基层上按设计要求的木搁栅间距和预埋件弹出十字交叉点，再依据水平标高线确定地板设计标高线，并在预埋件测设水平标高，供安装木搁栅调平时使用。

木搁栅固定：木搁栅一般采用梯形、矩形截面（俗称燕尾龙骨），木搁栅的间距，一般是 400mm。搁栅之间应设横撑，中距 1200～1500mm，搁栅上面每隔 1m 内，开深不大于 10mm，宽为 20mm 的通风槽，如图 2-34 所示。木搁栅与地面的固定可通过在基层中预埋的镀锌铅丝进行固定，如图 2-35 所示。也可以采用预埋件进行连接，如图 2-36 所示。

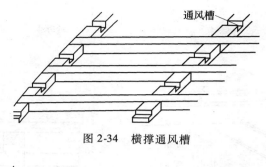

图 2-34 横撑通风槽

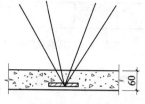

图 2-35 预埋的镀锌钢丝

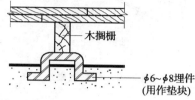

图 2-36 预埋件连接

目前，较多采用的方法是用冲击电钻在基层上钻深 50mm 左右的孔，打入木模或塑料胀锚管，如图 2-37 所示。然后用长钉或专用膨胀螺栓将木搁栅与基层中的木模或塑料胀锚管连接。为使木搁栅达到设计标高，在必要时，可以在搁栅之下加设垫块（图 2-38 所示）并使搁栅调整到同一水平（图 2-39）。当然，在要求比较高的地面中，为满足减震及整体弹性的要求，往往还要加设弹性橡胶垫层，如图 2-40 所示。木搁栅、横撑、垫块（或埋件）在设置时的相对位置关系，如图 2-41 所示。当基层中放置木模埋件时，木模必须干燥并作防腐处理；木搁栅（包括搁栅下找平用的木垫板），在使用前均应进行防腐处理。防腐处理可采用浸润防腐剂或在表面涂刷防腐剂的方法。目前，在实际工程中，多采用涂刷二道煤焦油或二道氟化钠水溶液的方法来进行防腐处理。

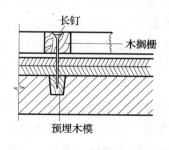

图 2-37 木搁栅固定

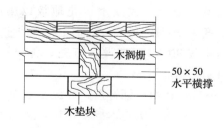

图 2-38 木垫块

为了增加木搁栅的侧向稳定性还应设置剪刀撑。剪刀撑布置于木搁栅之间，对于木搁栅的翘曲变形也有一定的约束作用，如图 2-42 所示。

毛地板铺钉：毛地板是在面板与木搁栅之间加铺一层窄木板条。要求其表面平整，但不要求其密缝。毛地板按木搁栅的间距钉接，每块毛地板的端头也应加钉与木搁栅钉接，采用高低缝或平缝拼合，所用圆钉的长度应为毛地板厚度的 2.5 倍，钉帽应砸扁并冲入板面。应指出的是，不论采用何种毛地板，铺钉时均应保证相邻板块的端缝坐中于木搁栅

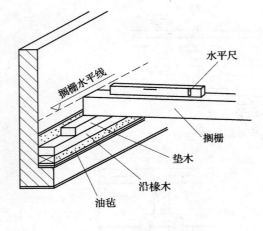

图 2-39 调整搁栅水平线

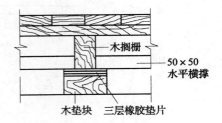

图 2-40 弹性橡胶垫层

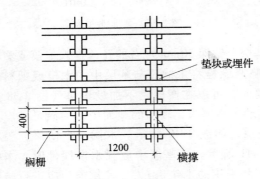

图 2-41 木搁栅、横撑、垫块位置关系

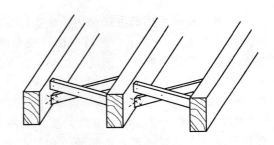

图 2-42 剪刀撑的布置

的中线，如图 2-43 所示。毛地板的铺设方向与面层地板的形式及铺设方法有关，当面层采用条形地板，或硬木拼花地板以席纹方式铺设时，毛地板宜斜向铺设，与木搁栅的角度为 30°或 45°。当面层采用硬木拼花地板，且是人字纹图案时，则毛地板宜与木搁栅成 90°垂直铺设。钉完，弹方格网点抄平，使表面同一水平度与平整度，并达到控制标准。

面板铺钉：在面板铺钉前，尚应在毛地板的板面增设一层油纸，并弹出毛地板下木搁栅的位置线，使面板仍与木搁栅钉接。从靠近门边的墙面一侧开始，将板块材心向上，凹槽的一边朝向墙面，先跟线铺钉一条作标准，用明钉与木搁栅连接，并用木垫块将缝隙填紧，如图 2-44 所示。然后，逐块排紧铺钉，其方法如图 2-45 所示。条形木地板的铺设方向，一般走廊、过道宜顺行走方向铺设，室内房间宜顺着光线铺设。铺钉时，先将地板钉钉帽砸扁，从板的侧边凹角处斜向钉入（图 2-46），钉距以木搁栅间距为准。所有板块的端缝均应在木搁栅中线位置，相邻板块的端缝应间隔错开，接头处不允许上严下空（图 2-47）。铺钉至最后一条板块时，要用撬棒挤紧顶头接缝（图 2-48），此时无法继续斜钉，可改用明钉钉牢，但钉帽需砸扁，并冲入板内。面板与墙面之间直留 15mm 左右的缝隙（以防面板因热胀而起拱），并用踢脚板封盖。

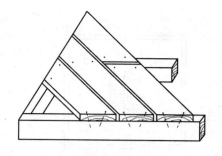
图 2-43 毛地板的铺钉

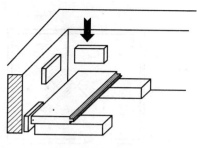
图 2-44 垫木填缝

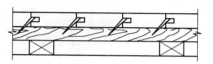
图 2-46 木地板钉接方式

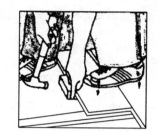

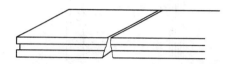
图 2-47 上严下空

图 2-45 排紧铺钉方法

图 2-48 撬棒挤紧顶头接缝

单层木地板其面板下不设毛地板，可直接与木搁栅钉接。钉接方法基本相同。

拼花木地板的铺设从房间中央开始，先画出图案式样，弹上墨线（图2-49），铺好第一块地板，然后向四周铺开去，第一块地板铺设的好坏，是保证整个房间地板铺设是否对称的关键。地板铺设前，要对地板条进行挑选，宜将纹理和木色相近者集中使用，把质量好的地板条铺设在房间的显眼处或经常出入的部位，稍差的则铺于墙根和门背后等隐蔽处。

安装踢脚板：在木地板刨光后，墙面抹灰罩面完毕，才能进行安装。木踢脚板多数采用成品，高度、厚度、及线角均应在工厂加工完毕，现场按设计标高将踢脚板固定在预埋木砖上。预埋木砖应在墙体施工中进行，预埋前要进行防腐处理，位置及标高应正确（图2-50）。安装前，先按设计标高将控制线弹到墙面，使木踢脚板上口与标高控制线重合。固定踢脚板，可以用木螺栓或圆钉，钉头部位均应沉入3mm左右，油漆时再用腻子刮平。钉子的长度是板厚的 2~2.5 倍，间距不宜大于 1500mm。

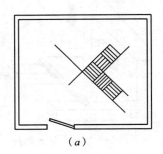 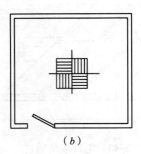

图 2-49 弹施工控制线
(a) 对角法;(b) 直角法

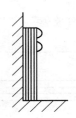 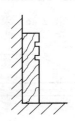 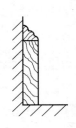 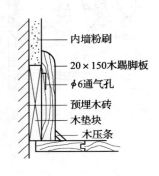

图 2-50 木踢脚板

木踢脚板背面应刷防腐剂,板面接槎,应作暗榫或斜坡压槎,在 90°阳角部位应做 45°斜角接缝。踢脚板与墙面应贴紧,上口平直,钉结牢固。木踢脚板上的通风孔采用 $\phi 6$ 孔,每组 4~6 孔,中距 1~1.5m。木踢脚板的油漆施工,宜同面层同时进行。

(2) 架空式木地板

不同于实铺式将木搁栅直接固定在基底表面上,而是用地垄墙(或砖墩)进行抬架。地垄墙一般采用红砖、水泥砂浆或混合砂浆砌筑。垄墙间的间距,不宜大于 2m,以免木搁栅断面尺寸加大,增加造价。地垄墙的标高应符合设计要求,厚度则根据架空的高度及使用条件来确定。在必要时,其顶面可考虑以水泥砂浆或豆石混凝土找平。在地垄墙上,要预留通风孔洞,使得通风条件良好。其余部分的施工与实铺式木地板基本相同

(3) 粘贴式木地板

1) 施工工艺:

基层清理→弹线、预排→涂刷底胶→粘贴木地板→刨光、打磨→油漆、上蜡。

2) 施工过程:将基层表面清理干净,按设计图案和地板尺寸进行弹线,先弹中心线,再由中心向四周弹出方格线。并按设计要求的拼花形式排列,以胶粘剂(环氧树脂或专用地板胶)将板块直接粘贴于地面基层上的做法。铺贴时做到接缝对齐,胶合紧密,表面平整。

（4）复合木地板施工

1）施工工艺

清理基层→塑料薄膜地垫铺设→复合地板铺设→安装踢脚板→清洁保护

2）施工过程

复合地板的铺设也有实铺与粘结两种做法，面板无需采用钉固或摊铺胶粘材料进行粘结，而是依靠其加工精密的企口，采用槽榫对接组成活动式地板面层而直接浮铺于毛地板或楼地面基层上。为增加其附着力，改善隔声与弹性效果，安装时应在面板与基层之间加铺一层发泡塑料卷材胶垫；为使相邻板块相互衔接严密而增加面层的整体性，在其企口交接的板边部位可事先涂抹一层胶粘剂。复合木地板依据设计的排列方向铺设，每个房间找出一个基准边统一带线，周边缝隙保留8mm左右，企口拼接时满涂特种防水胶，缝隙紧密后及时擦清余胶。当长度超过8mm，宽度超过5mm时，则要设伸缩缝，安装专用卡条。不同地材收口处需要装收口条，拼装时不要直接锤击表面、企口，必须采用垫木。

## 4.4 竹、木地板施工质量检验与评定

### 4.4.1 竹、木地板质量标准

（1）主控项目

1）木地板面层的材质、构造以及拼花图案应符合设计的要求，木材的含水率应不大于12%。木搁栅和毛地板等必须做防腐、防蛀处理。

2）木搁栅安装应牢固、平直。

3）面层铺钉牢固无松动，粘接牢固无空鼓。

（2）一般项目

1）木地板面层应刨平、磨光，无明显刨痕、戗茬和和毛刺等现象；图案清晰、颜色均匀一致。

2）面层缝隙应严密，接头位置应错开、表面洁净。

3）拼花地板接缝应对齐，粘、钉严密；缝隙宽度均匀一致；无裂纹、翘曲，表面洁净、无明显色差、无溢胶。

4）木质踢脚线表面应光滑，接缝严密，高度、出墙厚度一致。

5）木地板面层的允许偏差应符合表13-2的规定

### 4.4.2 竹、木地板质量检验

（1）质量验收记录

1）实木地板面层工程设计和变更等文件。

2）所用材料的出厂检验报告和质量保证书，材料进场验收记录（含现场抽样检验报告）。

3）胶粘剂、沥青胶结料和涂料等材料的防污染检测资料。

4）实木地板面层工程施工质量控制文件。

5）各构造层的隐蔽验收及其他有关验收文件。

（2）检验方法：见表2-10。

木、竹面层的允许偏差和检验方法（mm） 表2-10

| 项次 | 项目 | 允许偏差 | | | | 检验方法 |
|---|---|---|---|---|---|---|
| | | 实木地板面层 | | | 实木复合地板、中密度（强化）复合地板面层竹地板面层 | |
| | | 松木地板 | 硬木地板 | 拼花地板 | | |
| 1 | 板面缝隙宽度 | 1.0 | 0.5 | 0.2 | 0.5 | 用钢尺检查 |
| 2 | 表面平整度 | 3.0 | 2.0 | 2.0 | 2.0 | 用2m靠尺和楔形塞尺检查 |
| 3 | 踢脚线上口平齐 | 3.0 | 3.0 | 3.0 | 3.0 | 拉5m通线，不足5m拉通线和用钢尺检查 |
| 4 | 板面拼缝平直 | 3.0 | 3.0 | 3.0 | 3.0 | |
| 5 | 相邻板材高差 | 0.5 | 0.5 | 0.5 | 0.5 | 用钢尺和楔形塞尺检查 |
| 6 | 踢脚线与面层的接缝 | 1.0 | | | | 楔形塞尺检查 |

## 4.5 施工质量通病与防治

4.5.1 木地板面层起鼓、变形

局部木地板拱起，使板面不平影响美观和使用。

原因分析：

（1）搁栅间铺填的保温隔声材料不干燥，板面受潮气而鼓胀变形。

（2）木板含水率高，在空气中干燥后，产生收缩而发生翘曲变形。

（3）在板下未设防潮层或地板未开通气孔，使面板铺设后内部潮气排不出而导致板面变形。

（4）毛地板未拉开缝隙铺设或留缝过小，受潮后膨胀，导致面板起鼓、变形。

4.5.2 粘结的拼花木地板空鼓

用小锤敲击木地板表面有空鼓声。

原因分析：

（1）基层未清理干净；基层不干燥，影响拼花木地板与基层间的粘结，导致木板空鼓脱落。

（2）铺贴时胶粘剂涂刷厚薄不匀；在铺贴好的木板面上不注意加压，致使木地板与基层粘接不牢而形成空鼓。

（3）基层强度低，且有起砂、脱皮，影响木板与基层粘结力。地板有湿胀干缩，在干燥的环境中会产生收缩压力，从而导致木地板产生翘曲变形，此时如基层粘结力差，木地板易发生空鼓。

## 课题5 橡胶、塑料类地板的施工

### 5.1 橡胶、塑料类地板的构造：如图 2-51

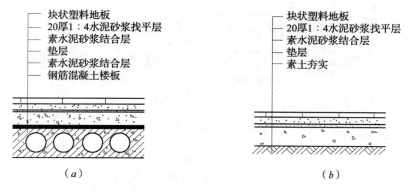

图 2-51 塑料、橡胶地板构造
（a）地面构造做法示意；（b）首层地面构造做法示意

### 5.2 施工前的准备工作

5.2.1 材料的选择

（1）塑料板面层所用的塑料板块和卷材的品种、规格、颜色、等级应符合设计要求和现行国家标准的规定。

（2）板块、卷材可采用聚氯乙烯树脂、聚氯乙烯-聚乙烯共聚地板、聚乙烯树脂和石棉塑料板等。现浇整体式面层可采用环氧树脂涂布面层、不饱和聚酯涂布和聚醋酸乙烯塑料面层等。卷材材质及颜色符合设计要求。

（3）塑料板面层采用的板块表面应平整、光洁、无裂纹、色泽均匀、厚薄一致、边缘平直，板内不应有杂物和气泡，并应符合产品的各项技术指标，进场时要有出厂合格证，并应符合产品的各项技术指标。

（4）应防止日晒雨淋和撞击，应堆放在干燥、洁净的仓库，并距热源 3m 以外，其贮存环境温度不宜大于 32℃。

（5）胶粘剂选用应符合现行国家标准《民用建筑工程室内环境污染控制规范》GB 50325 的规定。其产品应按基层材料和面层材料使用的相容性要求，通过试验确定。胶粘剂可采用乙烯类（聚醋酸乙烯乳液）、聚氨酯、环氧树脂、氯丁橡胶型、合成橡胶溶液型、沥青类和 926 多功能建筑胶等。胶粘剂超过生产期三个月时应取样检验，合格后方可使用。胶粘剂应存放在干燥、阴凉通风的室内。

（6）民用建筑工程中所采用的无机非金属材料和装修材料必须有放射性指标检测报告，并应符合设计要求和《民用建筑工程室内环境污染控制规范》GB 50325 的规定。

（7）民用建筑工程室内装修所采用的稀释剂和溶剂，严禁使用苯、工业苯、石油苯等。

（8）水泥宜采用硅酸盐水泥、普通硅酸盐水泥，不宜低于 32.5 级。

（9）其他材料：二甲苯、丙酮、硝基烯料、醇酸烯料、汽油、软蜡聚醋酸乙烯乳液、

108胶等。

5.2.2 施工机具的选择

常用施工机具有：橡胶滚筒、橡胶锤、划线器、刮板、焊接设备等如图2-52所示。

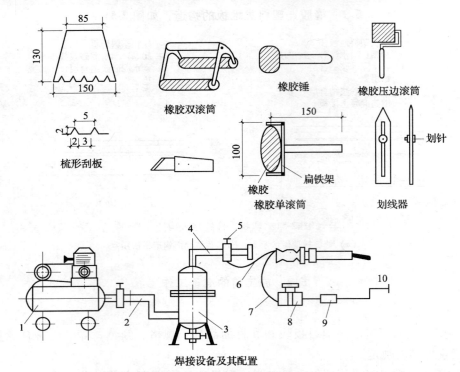

图2-52 塑料、橡胶地板常用工具

1-空气压缩机；2-压缩空气管；3-过滤器；4-过滤后压缩空气管；
5-气流控制阀；6-软管；7-调压后电源线；8-自耦变压器；
9-漏电自动切断器；10-接220V电源

## 5.3 橡胶、塑料类地板的施工程序

5.3.1 橡胶地板地面的施工程序

（1）施工工艺

基层处理→弹线分格→裁切试铺→刮胶→铺贴→清理保护→验收

（2）施工过程

基层处理：基层清扫干净，表面应平整、坚硬、干燥，无油脂及其他杂质；麻面须用腻子修补直至基层平整后再涂乳液一道，以增加整体的粘结力。腻子采用乳液腻子。

弹线分格：按橡胶胶地板的尺寸、颜色、图案弹线分格。铺贴时可以由房间的一头向另一头依次铺贴，不论何种铺贴方法，必须拼缝整齐、直观舒适、美观大方。当铺设范围长宽尺寸不足橡胶板的倍数时，应沿地面四周弹出加条边线，宽度应一致。踢脚板的铺设应在地面铺设完成后进行。

裁切试铺：橡胶板在裁切试铺前，应进行脱脂除蜡处理。

刮胶：橡胶板铺贴刮胶前，应将基层清扫洁净，并先涂刷一层薄而均匀的底子胶。涂刷

要均匀一致,越薄越好,且不得漏刷。底子胶待干燥后,方可涂胶铺贴。

铺贴:根据粘结剂性能不同,静置 5~15min 即粘贴,用橡胶滚筒将其平整地粘贴在基层上。主要控制三个问题:一是橡胶板要贴牢固,不得有脱胶、空鼓现象;二是缝格顺直,避免错缝发生;三是表面平整、干净、不得有凹凸不平及破损与污染。

清理上蜡:铺贴完毕后,应及时清理橡胶地板表面,用棉纱蘸松节油将板面多余粘结剂擦除,满涂 1~2 道上光软蜡,稍干后用布擦拭,直至表面光滑,光亮一致。

养护:橡胶地板铺贴完毕,要有一定的养护时间(1~3d)。

### 5.3.2 塑料地面的施工程序

(1)工艺流程

块状塑料地板:基层处理→弹线→裁切、试铺→刮胶→铺贴塑料地面→铺贴塑料踢脚板→擦光上蜡

卷材塑料地板:裁切→基层处理→弹线→刮胶→粘贴→滚压→养护。

(2)施工过程

基层处理:基层要求坚硬、干燥,无油及其他杂质,表面平整度采用 2m 直尺检查时,其允许空隙不应大于 2mm,各阴阳角必须方正,基层含水率要求不大于 8%,(可在地面放吸水纸检查)。当表面有麻面、起砂、裂缝现象时,应采用乳胶腻子处理,每次涂刷的厚度不应大于 0.8mm,干燥后应用 0 号铁砂布打磨,然后再涂刷第二遍腻子,直到表面平整后,再用水稀释的乳液涂刷一遍。

弹线:以房间的中心为中心在长、宽方向弹相互垂直的定位十字线,然后按设计要求进行分格定位,根据塑料板规格尺寸、颜色、图案弹出板块分格线。如房内长、宽尺寸不符合板块尺寸倍数时,应沿地面四周弹出加条镶边线,一般距墙面 200~300mm 为宜。同时,要考虑板块尺寸和房间尺寸的关系,尽量少出现小于 1/2 板宽的窄条板块。定位方法一般有对角定位法(接缝与墙面成 45°角)和直角定位法(接缝与墙面平行),如图 2-53。

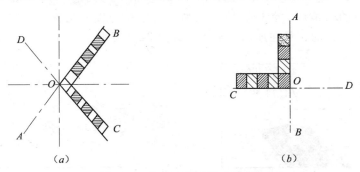

图 2-53 塑料地板铺贴定位线
(a)对角定位法;(b)直角定位法

相邻房间之间出现交叉和改变面层颜色,均应设在门的裁口线处,而不是在门框边缘,如图 2-54 所示。

裁切、试铺:塑料板在裁切试铺前,应进行脱脂除蜡处理。对于靠墙处不是整块的塑料板可按图 2-55 所示方法裁切,其方法是在已铺好的塑料板上放一块塑料板,再用一块塑料板的一边与墙紧贴,沿另一边在塑料板上划线,按线裁的部分即为所需尺寸的边框。塑料板脱脂除蜡并裁切后,即可按定位图及弹线试铺,铺贴时,从房间的一侧向另一侧铺

贴，可采用十字形、丁字形、交叉形铺贴方式，如图 2-56 所示。试铺合格后，按顺序进行编号，然后将板块掀起按编号码放好，将基层清理干净，以备正式铺贴。

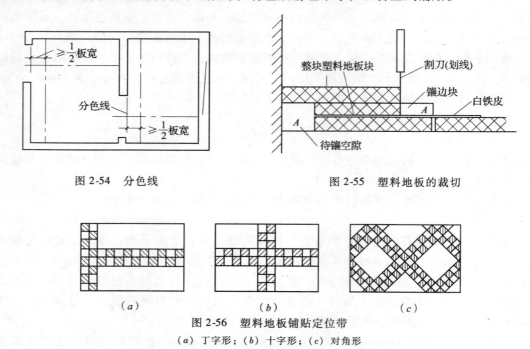

图 2-54　分色线　　　　　　　　　图 2-55　塑料地板的裁切

图 2-56　塑料地板铺贴定位带
（a）丁字形；（b）十字形；（c）对角形

刮胶：基层清理干净后，先刷一道薄而均匀的结合层底子胶，待其干燥后，按弹线位置沿轴线由中央向四面铺贴，涂刷要均匀一致，越薄越好，且不得漏刷。底子胶采用非水溶性胶粘剂时，宜按同类胶粘剂加入其重量 10% 的 65 号汽油和 10% 的醋酸乙酯（或乙酸乙酯），并搅拌均匀；若采用水溶性胶粘剂时，宜加水，并搅拌均匀。然后根据不同的铺贴地点选用相应的胶粘剂，若用乳液型胶粘剂，应在地板上刮胶的同时在塑料板背面刮胶；若用溶剂型胶粘剂，只在地面上刮胶即如图 2-57 所示。

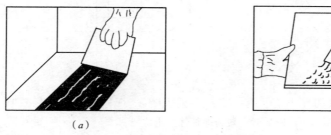

图 2-57　刮胶
（a）地面刮胶；（b）塑料板背面刮胶

铺贴塑料地面：

1）塑料板的粘贴：铺贴是塑料地板施工操作的关键工序。铺贴塑料地板主要控制三个问题：一是塑料板要贴牢固，不得有脱胶、空鼓现象；二是缝格顺直，避免错缝发生；三是表面平整、干净，不得有凹凸不平及破损与污染。铺贴前用干净布将塑料板的背面灰尘清擦干净。应从十字线往外粘贴，铺贴塑料板块时，应先将边角对齐粘合，轻轻地用橡胶滚筒将地板伏地粘贴在地面上，准确就位后，用橡胶滚筒压实赶气，如图 2-58 所示；或用橡皮锤子敲实。用橡皮锤敲打应从中间向四周敲击，将气泡赶净。块材每贴一块后，将挤出的余胶要及时用棉丝清理干净，然后进行第二块铺贴方法同第一块，以后逐块进行，在墙边出现非整块地板时，应在准确量出尺寸后，现场裁割。裁剪后再按上述方法一并铺贴。对于接缝处理，粘接坡口做成同向顺坡，搭接宽度不小于300mm。对缝铺贴的塑料板，缝子必须做到横平竖直，十字缝处缝子通顺无歪斜，对缝严实，缝隙均匀。

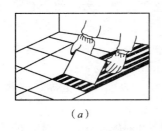 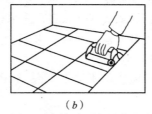 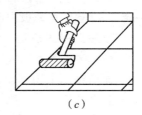

(a) (b) (c)

图 2-58 铺贴压实示意

(a) 地板一端对齐；(b) 橡胶滚筒赶气；(c) 压实

2）软质聚氯乙烯板地面的铺贴：铺贴前先对板块进行预热处理，宜放入 75℃ 的热水浸泡 10~20min，待板面全部松软伸平后，取出晾干待用，但不得用炉火或电热炉预热。当板块缝隙需要焊接时，宜在铺贴 48h 以后方可施焊，亦可采用先焊后铺贴。焊条成分、性能与被焊的板材性能要相同。

3）塑料卷材铺贴：预先按已计划好的卷材铺贴方向及房间尺寸裁料，按铺贴的顺序编号，PVC 地面卷材应在铺贴前 3~6d 进行裁切，并留有 0.5% 的余量，因为塑料在切割后有一定的收缩。刷胶铺贴时，将卷材的一边对准所弹的尺寸线，用压滚压实，要求对线连接平顺，不卷不翘。然后依以上方法铺贴。

铺贴塑料踢脚板：地面铺贴完后，弹出踢脚上口线，并分别在房间墙面下部的两端铺贴踢脚后，挂线粘贴，应先铺贴阴阳角，后铺贴大面，用滚子反复压实，注意踢脚上口及踢脚与地面交接处阴角的滚压，并及时将挤出的胶痕擦净，侧面应平整、接槎应严密，阴阳角应做成直角或圆角。

擦光上蜡：铺贴好塑料地面及踢脚板后，用布擦干净、晾干，然后用砂布包裹已配好的上光软蜡，满涂 1~2 遍（重量配合比为软蜡：汽油 = 100：20~30），另掺 1%~3% 与地板相同颜色的颜料，稍干后用净布擦拭，直至表面光滑、光亮。

铺贴完毕后，应及时清理塑料地板表面，特别是施工过程中因手触摸留下的胶印。使用水性胶粘剂时可用湿布擦净，使用溶剂型胶粘剂时，应用松节油或汽油擦除胶痕。

铺装完毕，要及时清理地板表面。

### 5.3.3 成品保护

养护：塑料地板铺贴完毕，要有一定的养护时间（1~3d）。养护期间避免沾污。

（1）塑料地面铺贴完后，房间应设专人看管，禁止行人在刚铺过的地面大量行走；必须进入室内工作时，应穿拖鞋。

（2）塑料地面铺贴完后，及时用塑料薄膜覆盖保护好，以防污染。严禁用水清洗表面或在面层上放置油漆容器。

（3）电工、油工等工种操作时所用木梯、凳腿下端头，要包泡沫塑料或软布头保护，防止划伤地面。

### 5.4 橡胶、塑料类地板施工质量检验与评定

5.4.1 橡胶、塑料类地板质量标准

（1）塑胶类板块和塑料卷材的品种、规格、颜色、等级必须符合设计要求和国家现行有关标准的规定，粘接料应与之配套。塑料板、块应平整、光滑、无裂纹、色泽均匀、厚薄一致、边缘平直，板内不允许有杂物和气泡，并须符合相应产品的各项技术指标。

（2）粘贴面层的基底表面必须平整、坚硬、光滑、干燥、密实、洁净。不得有裂纹、胶皮和起砂，含水率不应大于8%。

（3）面层粘结必须牢固，不翘边，不脱胶，粘接无溢胶。表面平整洁净、光滑、无皱纹并不得翘边和鼓泡、色泽一致。

（4）表面洁净，图案清晰，色泽一致，接缝均匀严密，四边顺直，拼缝处的图案、花纹吻合，无胶痕，与墙边交接严密，阴阳角收边方正。与管道接合处应严密、牢固、平整。

（5）踢脚线表面洁净，粘结牢固，接缝平整，出墙厚度一致，上口平直。

（6）地面镶边用料尺寸准确，边角整齐，拼接严密，接缝顺直。

（7）焊缝应平整光滑、清洁、无焦化变色、无斑点、无焊瘤和起鳞等现象，凹凸不得大于0.6mm。

5.4.2 橡胶、塑料类地板质量验收与评定

（1）主控项目

1）面层所用的塑料板块和卷材的品种、规格、颜色、等级应符合设计要求和现行国家标准的规定。

检验方法：观察检查和检查材质合格证明文件及检测报告。

2）面层与下一层的粘结应牢固，不翘边、不脱胶、无溢胶。

检验方法：观察检查和用敲击及钢尺检查。

注：卷材局部脱胶处面积不应大于20cm²，且相隔间距不小于50cm可不计；凡单块板块料边角局部脱胶每自然间（标准间）不超过总数的5%者可不计。

（2）一般项目

1）塑料板面层应表面洁净，图案清晰，色泽一致，接缝严密、美观。拼缝处的图案、花纹无胶痕；与墙边交接严密，阴阳角收边方正。

检验方法：观察检查。

2）板块的焊接，焊缝应平整、光洁，无焦化变色、斑点、焊瘤和起鳞等缺陷，其凹凸允许偏差为±0.6mm。焊缝的抗拉强度不得小于塑料板强度的75%。

检验方法：观察检查和检查检测报告。

3）镶边用料应尺寸准确、边角整齐、拼缝严密、接缝顺直。

检验方法：用钢尺和观察检查。

4）塑料板面层的允许偏差应符合表2-11的规定。

检验方法：应按表2-11中的检验方法检验。
（3）质量验收记录
1）塑料板面层工程设计和变更等文件。
2）塑料板面层施工质量控制文件。
3）采用的无机非金属建筑材料的放射性指标检测报告；室内用胶粘剂中总挥发性有机化合物和游离甲醛、苯的含量以及聚氨酯胶粘剂应测定其的含量。

塑料板地面允许偏差　　　　　表2-11

| 序号 | 项目 | 允许偏差（mm） | 检验方法 |
| --- | --- | --- | --- |
| 1 | 表面平整度 | 2.0 | 用2m靠尺和楔形塞尺检查 |
| 2 | 缝格平直 | 3.0 | 拉5m线，不足5m拉通线检查 |
| 3 | 接缝高低差 | 0.5 | 尺量和楔形塞尺检查 |
| 4 | 踢脚线上口平直 | 2.0 | 拉5m直线检查，不足5m拉通线检查 |
| 5 | 相邻板块排缝宽度 | — | 尺量检查 |

## 5.5　施工质量通病与防治

### 5.5.1　塑料地板鼓泡，与基层分离

（1）现象

塑料地板局部面层起鼓，掀压有气泡起翘，有的能整块移动。

（2）原因分析

1）基层强度低，水泥砂浆强度未达到1.2MPa，质量差，有空鼓、起砂、起皮等缺陷。

2）基层含水率大于9%，或基层渗水潮湿。

3）塑料板脱脂去蜡工艺控制不严。

4）粘贴方法不对，粘贴时整块下贴，面层板块与基层间空气未排除。

5）涂胶不均匀，压实不够。

6）粘贴时环境温度低，湿度大，影响粘结效果。

7）使用胶粘剂质量差或使用了过期、变质的胶粘剂，影响粘结强度。

### 5.5.2　塑料地板褪色、污染、划伤

（1）现象

目测板块颜色深浅不一，有污染，局部有划印。

（2）原因分析

1）塑料板块材颜色稳定性差，见光后泛色，形成色差。

2）在铺贴整料板时，未及时清除外溢的胶粘剂，形成板面污染。

3）在施工过程或使用过程中，未注意产品保护，有锋口或毛糙的硬物在地上拖拉，造成板面损伤。

## 课题6 其他地面的施工

### 6.1 其他地面的构造

#### 6.1.1 地毯地面的构造

化纤地毯的构造如图 2-59 所示。

固定式满铺地毯构造如图 2-60 所示。

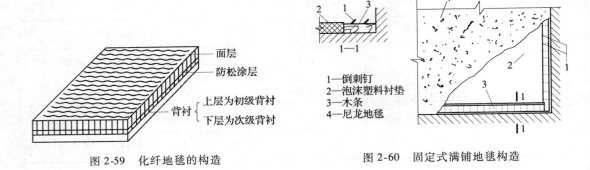

图 2-59 化纤地毯的构造　　　　　图 2-60 固定式满铺地毯构造

#### 6.1.2 玻璃地面的构造

镭射玻璃砖建筑楼面装修是当代最新型高档装修之一。这种楼面具有三维空间的立体感,在各种光源的照耀下,会产生一种物理衍射的七彩光,彩影缤纷,变化无穷。人在其上,从不同的角度看去,可看到不同的图形和色彩;会出现不同的色影和奇妙的"动感",五颜六色,千变万化,梦幻迷人,故这种楼面特别适用于豪华宾馆、高级舞厅、超级商场、高级娱乐场所、游艺厅、科学馆、豪华住宅及儿童卧室等。

玻璃地面构造如图 2-61 所示。

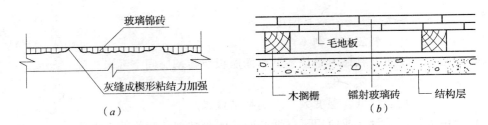

图 2-61 玻璃地面的构造
(a) 玻璃锦砖地面;(b) 镭射玻璃砖地面

### 6.2 施工前的准备工作

#### 6.2.1 材料的选择

(1) 常见材料的种类及其特性

1) 地毯的品种、规格、颜色、花色、胶料和辅料及其材质必须符合设计要求和国家现行地毯产品标准的规定。地毯的图案如图 2-62 所示。

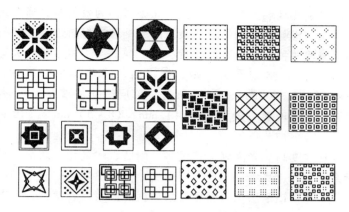

图 2-62　地毯的图案

2）地毯按材质的不同可分为下列五类。

（a）羊毛地毯：有手工编织、机织、无纺羊毛地毯等。具有弹性大、拉力强、色泽鲜艳、质地厚实、经久耐用等特点。用于宾馆、会堂、舞台等公共建筑的楼地面上。

（b）混纺地毯：品种繁多，指在毛纤维中加入各种合成纤维混纺，耐磨性比纯羊毛地毯要好。用途似纯羊毛，适合于会客室、会议厅等。

（c）化纤地毯：品种极多，常用的材料有：锦纶、涤纶、腈纶等。外观及触感均像羊毛，耐磨而富有弹性。宾馆、饭店等可代替羊毛地毯使用，如图 2-63 所示。

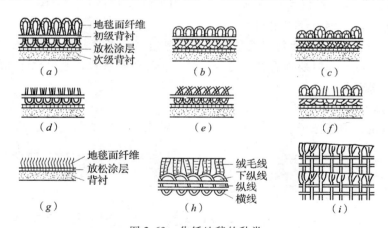

图 2-63　化纤地毯的种类

（a）簇绒；（b）平圈簇绒；（c）高低簇绒；（d）割式簇绒；（e）起绒；（f）平圈割绒；（g）针刺；（h）威尔顿机织；（i）波斯结

（d）塑料地毯：用聚氯乙烯树脂、增塑剂等多种辅助材料、经均匀混炼、塑制而成一种新型轻质地毯。具有质地柔软、色彩鲜艳、自熄、不燃、可冲洗等特点，适用于宾馆、商场、舞台、浴室等公共建筑。

（e）剑麻地毯：用植物纤维剑麻为原料，经纺纱、涂胶、硫化等工序制成。花饰品种多，具有耐酸碱、耐摩擦、无静电等特点，较羊毛地毯经济实用，唯弹性较差，可用于楼堂、馆、所等公共建筑及家庭地面。

镭射玻璃砖：以钢化玻璃为基材，以全息光栅材料为效果材，通过特种工艺合成加工而成。它是当代激光技术与艺术相结合的最新的高档装饰材料之一。镭射玻璃砖有单层钢化玻璃、夹层钢化玻璃两种，花色有红、黄、蓝、绿、茶、白、黑白大理石、花岗石、彩方纹、水波纹等图案。规格则有方、矩、圆、扇、三角等形，尺寸一般为 500mm × 500mm、600mm × 600mm、600mm × 1000mm 等。单层钢化玻璃厚度一般为 8mm，用于有毛地板的建筑楼面。夹层玻璃一般为（8＋4）mm、（8＋5）mm、（10＋5）mm，多用于无毛地板者。

镭射玻璃砖具有强度高、光泽好、花色多、耐磨、耐老化、防滑、防潮等特点，其强度可与花岗石媲美。

镭射玻璃砖背面有带铝箔层及水泥砂浆层或树脂砂浆层者两种，前者适用于以胶粘剂粘铺于楼面，后者适用于以高标号水泥砂浆粘铺。

(2) 材料的鉴别与选择

地毯的选择方法：

1) 地毯的绒头密度：用手去触摸地毯，密度丰满的绒头质量高，地毯弹性好、耐踩踏、耐磨损、舒适耐用。但是采取挑选长毛绒的方法来挑选地毯，看起来绒绒乎乎好看，但绒头稀松，易倒伏变形，这样的地毯不抗踩踏，易失去地毯特有的性能，不耐用。

2) 色牢度：选择地毯时，可用手或试布在毯面上反复摩擦数次，看其手或试布上是否粘有颜色，以免地毯在铺设使用中易出现变色和掉色。

3) 地毯背衬剥离强度：簇绒地毯的背面用胶乳粘有一层网格底布，背衬按标准规定剥离强力指标≥25N。在挑选该类地毯时，可用手将底布轻轻撕一撕，看看粘接力的程度，如粘接力不高，则地毯不耐用。

4) 看外观质量：查看地毯毯面是否平整、毯边是否平直、有无瑕疵、油污斑点、色差，尤其选购簇绒地毯时要查看毯背是否有脱衬、渗胶等现象，避免地毯在铺设使用中出现起鼓、不平等现象。

### 6.2.2 施工机具的选择

常用工具由：地毯撑子、刮胶抹子、电锤、冲击钻头等如图 2-64、图 2-65 所示。

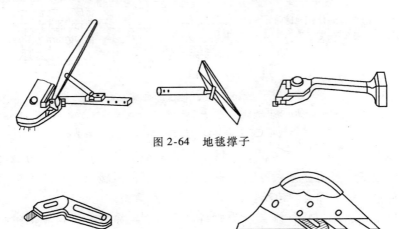

图 2-64 地毯撑子

图 2-65 地毯裁毯刀

## 6.3 其他面层地面的施工程序

### 6.3.1 地毯地面的施工程序

地毯有块毯和卷材地毯两种形式，采用不同的铺设方式和铺设位置，可以分为活动式铺设、固定式铺设。活动式铺设是指将地毯直接浮搁在基层上，不需将地毯与基层固定。固定式铺设有两种固定方法，一种是卡条式固定，使用倒刺板拉住地毯；一种是粘接法固定，使用胶粘剂把地毯粘贴在地板上。

（1）地毯铺设施工工艺

1）卡条式固定方式

基层清扫处理→地毯裁割→钉倒刺板→铺垫层→接缝缝合→固定地毯、收边→修理、清扫。

2）粘贴法固定方式

基层地面处理→实量放线→裁割地毯→刮胶晾置→铺设→清理、保护。

（2）施工过程

1）卡条式固定方式

地毯裁割：在铺装前必须进行实量，测量墙角是否规方，准确记录各角角度。量准房间实际尺寸，按房间长度加长20mm下料，根据计算的下料尺寸在地毯背面弹线、裁割。地毯的经线方向应与房间一致。地毯宽度应扣去地毯边缘后计算（一般离地毯边约5cm处有一彩线，铺设前须沿此线裁边）。根据计算的下料尺寸在地毯背面弹线。大面积地毯用裁边机裁割，小面积地毯用手握裁或手推裁刀裁割。为保证切口平整。刀刃不锋利的必须及时更换。裁好的地毯卷成卷与铺设位置对应编号。裁割地毯时应沿地毯经纱裁割，只割断纬纱，不割经纱，对于有背衬的地毯，应从正面分开绒毛，找出经纱、纬纱后裁割。圈绒地毯裁切的时候应从环毛的中间剪断，平绒地毯则应注意切口的绒毛整齐，另外准备拼缝的两块地毯，应在缝边注明方向。

钉倒刺板：距离踢脚板8mm处沿墙边或柱边应用钢钉（水泥钉）钉倒刺板如图2-66所示。相邻两个钉子的距离控制30～40cm。大面积铺地毯，建议沿墙、柱钉双道倒刺板，两条倒刺板之间净距离约2cm。钉倒刺板时应注意不损坏踢脚板，必要时可用薄钢板保护墙面。倒刺板加工示意图如图2-67所示。

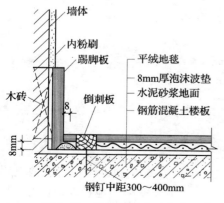

图2-66 倒刺板固定示意

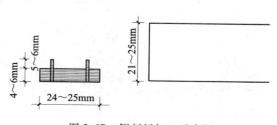

图2-67 倒刺板加工示意图

铺垫层：垫层应按倒刺板之间的净间距下料，避免铺设后垫层皱折、覆盖倒刺板或远离倒刺板。设置垫层拼缝时应考虑到与地毯拼缝至少错开15cm。

地毯拼缝：绒毛地毯多用缝接，即将地毯翻过来先用直针在地毯背面隔一定距离临时固定几针，然后用大针满缝后刷5~6cm宽的一道白胶，再贴上牛皮纸，地毯编织的方向在拼缝前要判断好，以避免缝两边的地毯绒毛排列方向不一致。为此在地毯裁下之前应用箭头在背面注明经线方向。麻布衬底的化纤地毯多用粘接，即将地毯胶刮在麻布上，然后将地毯对缝粘平。在地毯拼缝位置的地面上弹一直线，按线将胶带铺好，两侧地毯对缝压在胶带上，然后用熨斗在胶带上熨烫使胶质熔化，随熨斗的移动立即把地毯紧压在胶带上。接缝处不齐的绒毛要先修齐，并反复揉搓接缝处绒毛，至表面看不出接缝痕迹为止。

固定地毯、收边：将地毯短边的一角用扁铲塞进踢脚板下缝隙，然后用撑子把这一短边撑平后，再用扁铲把整个短边都塞进踢脚板下缝隙。大撑子承脚顶住地毯固定端的墙或柱，用大撑子扒齿抓住地毯另一端，接装连接管，通过大撑子头的杠杆伸缩，将地毯张拉平整。大撑子张拉力量应适度，张拉后的伸长量一般控制在（1.5~2）cm/m，即1.5%~2%，过大易撕破地毯，过小则达不到张平的目的；伸张次数视地毯尺寸不同而变化，以将地毯展平为准。

地毯的收口部位在重要处一般均采用铝合金收口条，房门口采用2mm厚左右的铝合金门压条，如图2-68所示，将长边一面用固定在地面，并将地毯毛边塞入将压片轻轻压下。此外还有铝合金L形倒刺条，带刺圆角锑条等收口条。收口条与基层的连接可以采用水泥钉钉固，也可以钻孔打入模或尼龙胀塞以螺钉固定，如图2-69所示。

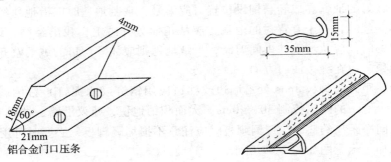

图2-68 铝合金收口条

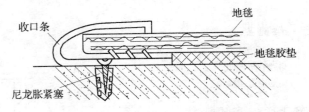

图2-69 收口条与基层的连接

2）粘贴法固定方式：将粘接剂用刮板均匀地涂在基层后晾置5~10min，待胶液变得干粘时，地毯铺平后从中间向四周粘贴，用毡辊压出气泡，用胶粘贴的地毯，24h内不许随意踩踏。

### 6.3.2 玻璃地面的施工程序

（1）玻璃地面施工工艺

基层处理→铺钉地板搁栅→铺钉毛地板→弹线→选砖、试铺→铺纸→镭射玻璃砖粘铺→清理、嵌缝

（2）施工过程

铺钉地板搁栅：木搁栅的具体作法与木地板大致相同，地板搁栅与墙面之间的缝隙，应留出不小于30mm，如图2-70所示。

铺钉毛地板：铺毛地板前，必须将地板搁栅空档内的垃圾、木屑等清理干净。按设计要求确定毛地板下地板搁栅空档内填否隔声材料。以胶合板为毛地板，铺钉于地板搁栅上，胶合板的两长边必须均落于地板搁栅中心线上，否则应将胶合板加以裁切，使其符合要求，铺钉时钉长应为胶合板厚度的2.5倍，钉距150mm左右，钉子距胶合板边不得大于15mm，钉帽应打扁，送入板面0.5~1.0mm，钉眼用油性腻子抹平。相邻两板钉位应互相错开。胶合板应钉牢钉实，不得有钉裂、钉空之

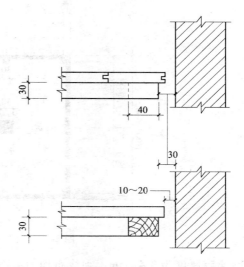

图2-70 地板搁栅与墙面之间的缝隙

处，必要时可先钻眼再钉。毛地板的铺钉方向应使其长边与地板搁栅平行。胶合板与胶合板的接缝应错开。毛地板与墙面之间，应留10~20mm缝隙，镭射玻璃砖与墙面之间，亦须留10~15mm缝隙，该缝隙用踢脚板封盖。

弹线：在毛地板上用灰线弹出每块镭射玻璃砖的定位线，并将镭射玻璃地面标高线弹于周边墙上，然后以房间中心为中心，弹出互相垂直并分别与房间纵横墙面平行的标准十字线两条，以便铺贴镭射玻璃砖时，由标准十字线中心开始，向四方辐射铺装。

选砖、试铺：镭射玻璃砖用胶粘剂铺装地面时应用背面带有铝箔层者，无铝箔层者不得使用，试铺前应根据具体设计的镭射玻璃砖地面造型所规定的砖的规格、花色进行选砖，选砖时应特别注意，凡有缺棱、掉角、裂纹、损伤、砖边不直、角度或弧度不对，以及背面铝箔层损坏脱落者，均应剔除不用，并远离工地，以免施工铺装时混淆、错用。选砖完毕，应根据具体设计及所弹灰线进行试铺，试铺后将镭射玻璃砖编号，堆放备用。

铺纸：将毛地板上所有垃圾、杂物等清理干净，在毛地板上与镭射玻璃砖之间干铺石油沥青油纸一层，但在涂大力胶胶点之处，应将油毡纸剪去（按胶点大小剪去油纸部分）。工序应随同下列工序，每粘铺一块或两块镭射玻璃砖前，先干铺石油沥青油纸一层。毛地板表面凡与大力胶粘结、接触之处，均须预先打磨净，将浮松物及所有不利于粘结之物，清除净尽，以利粘结。过于光滑之处，应预先磨糙。然后将毛地板、石油沥青油纸及镭射玻璃砖等各边各面彻底清扫干净，不得有任何灰尘、钉头、颗粒、杂屑、垃圾存在。

镭射玻璃砖铺贴：严格按照产品要求调制大力胶。调制时应即调即用，调制数量应按照大力胶施工有效时间内使用的数量调制。凡超过施工有效时间者，不得继续使用。在镭射玻璃砖背面进行点式涂胶，点涂如图2-71所示。

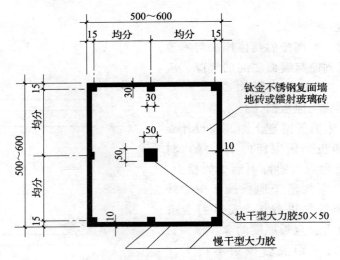

图2-71 镭射玻璃砖背面点式涂胶

涂胶厚度为3～4mm，须涂布均匀，不得有厚薄不均之处。按照具体设计及锚射玻璃砖地面的施工控制线，按镭射玻璃砖的试铺编号，顺序水平就位，进行粘铺。利用玻璃砖背面中间的快干型大力胶点，使锚射玻璃砖临时固定，然后迅速将镭射玻璃砖与相邻各砖调平调直，并将砖压平压实，应将各砖对缝严密，横平竖直（如系弧形砖时，弧缝应严密平滑），各砖与毛地板粘结牢固，砖面标高一致。不得有空鼓不实、参差不齐、对缝弯曲、砖面高低不平之处。锚射玻璃砖粘铺完毕，应及时详加检查，如有粘结不牢、表面不平、砖与邻砖或与主体地面铺地材料表面标高不一致，高低不齐，对缝不严、不直、弧度不对、曲率不圆等等问题均应彻底修正。

清理、嵌缝：将板面清理、擦拭干净，进行嵌缝。

## 6.4 地面面层施工质量检验与评定

### 6.4.1 质量标准

（1）楼梯表面应冲洗干净、干燥。

（2）每段地毯的长度，应按楼梯实际测量的长度再加上450～600mm的余量，以便今后在使用中可挪动受磨损的位置。

（3）地毯的品种、材质、规格、颜色应符合设计、住户的要求。

（4）基层必须平整、干燥、清洁、无油污。

（5）地毯应固定牢固，毯面平整，不起包，不凹陷，不打皱，不翘边，拼缝处密实平整。

（6）图案连续，绒面顺光一致，表面干净，无油污损伤。

（7）地毯收口合理、顺直，收口压条牢固。

### 6.4.2 质量检验

（1）主控项目

1）地毯的品种的规格、颜色、花色、胶料和辅料及其材质必须符合设计要求和国家地毯产品标准的规定。

检验方法：观察检查和检查材质合格记录。

2）地毯表面应平服、拼缝处粘贴牢固、严密平整、图案吻合。

检验方法：观察检查。

（2）一般项目

1）地毯表面不应起鼓、起皱、翘边、卷边、显拼缝、露线和无毛边，绒面毛顺光一致，蓝图干净，无污染和损伤。

检验方法：观察检查。

2）地毯同其他面层连接处、收口处和墙边、柱子周围应顺直、压紧。

检验方法：观察检查。

### 6.5 施工质量通病与防治

（1）地毯皱折

1）现象

目测地毯不平，有皱折。

2）原因分析

（a）地毯铺设时两边用力不一致或用力快慢不一致，使地毯摊开过程中方向偏移，出现局部皱折。

（b）地毯受潮产生胀缩现象，导致地毯皱折。

（c）在铺设时未把地毯绷紧，或在烫地毯时未绷紧，因而出现皱折。

（2）地毯接缝明显

1）现象

地毯搭接处缝隙明显。

2）原因分析

（a）在裁割时产生尺寸偏差或不顺直，致使在接缝处出现稀缝。

（b）因地面不平，在板块地毯铺设时，出现稀缝。

（c）地毯接缝处未烫平，因而在铺设时出现稀缝。

## 实训课题3　木地板铺设施工实训练习

1. 准备工作

（1）现场准备：弹好墙面 +50mm 水平基准线。

（2）材料准备：硬木长条地板、毛地板、木搁栅、剪刀撑、沿橡木、垫木、圆钉、防腐剂、油毡。

（3）工具准备：平刨机床、压刨机床、圆锯机床、手提电刨、木工手工工具、漆刷。

2. 练习要求

（1）实训要求

数量：12m²/组（4～6人一组）。操作时间：20课时。质量要求及评分标准，见实表2-12。

(2) 实训注意要点

1) 地面施工过程中，不得污染已完工的地面或其他装饰，凡遭污染的部位，应立即用擦布擦干净。

2) 硬木长条地板施工中不得有金属硬物冲撞。

3) 新铺设的地面，在保护期内不得堆物、上人行走。

(3) 施工现场清理。

1) 刨削结束后，现场进行清理，收拾工具，退还多余材料。

2) 注意成品养护，保持现场整洁干净。

3．评分标准：

见实表2-12。

木地板质量要求及评分标准　　　　　　　　　　实表2-12

| 序号 | 测定项目 | 分项内容 | 满分 | 评定标准 | 检测点 1 | 2 | 3 | 4 | 5 | 得分 |
|---|---|---|---|---|---|---|---|---|---|---|
| 1 | 标高 | 平整 | 10 | 尺量、查点不少于10点 | | | | | | |
| 2 | 平整度 | 平直、一致 | 10 | 大于2mm每超1mm扣1分 | | | | | | |
| 3 | 木地板表观 | 光滑无龇槎 | 10 | 每处扣1分 | | | | | | |
| 4 | 木搁栅 | 间距符合要求 | 20 | ±3mm每超1mm扣1分 | | | | | | |
| 5 | 毛地板 | 条缝，顶头缝 | 20 | 符合设计要求 | | | | | | |
| 6 | 工艺 | 符合操作规范 | 20 | 错误无分，部分错递减扣分 | | | | | | |
| 7 | 安全施工 | 安全生产、现场清理 | 4 | 重大事故本次实习不合格，一般事故扣4分，事故苗头扣2分，善后现场清理未做无分，清理不完全扣2分 | | | | | | |
| 8 | 工效 | 操作时间 | 6 | 开始时间：<br>结束时间： | | | | | | |
| | 合　计 | | 100 | 总　　分 | | | | | | |

姓名_____ 班级_____ 指导教师_____ 日期_____

## 实训课题4　地面砖铺贴施工实训练习

1．准备工作

(1) 现场准备

用木板或铁皮保护好门框。弹好墙面+50mm水平基准线。绘制大样图，按图分类、选配面砖。

(2) 材料准备

水泥、砂、地面砖。

(3) 工具准备

小铲刀、水平尺、木锤、拍板、墨斗、切割机等。

2．练习要求

(1) 实训要求

数量：$2m^2$/人。操作时间：4小时。质量要求及评分标准见实表2-13。

（2）实训注意要点

1）地面施工过程中，水泥砂浆不得污染已完工的地面或其他装饰，凡遭水泥砂浆污染的部位，应立即用擦布擦干净。

2）陶瓷地面砖施工中不得有金属硬物冲撞。

3）新铺设的地面，在保护期内不得堆物、上人行走。

（3）施工现场清理

1）检查其表面平整度，若超标，应取出重新铺贴。

2）清理干净所铺贴面砖表面的油污、垃圾等污染。

3）注意成品养护，保持现场整洁干净。

3．评分标准

见实表2-13。

**地面砖质量要求及评分标准** 　　　　　　　　　实表2-13

| 序号 | 测定项目 | 分项内容 | 满分 | 评定标准 | 检测点 1 | 2 | 3 | 4 | 5 | 得分 |
|---|---|---|---|---|---|---|---|---|---|---|
| 1 | 表面 | 平整 | 10 | 允许偏差3mm | | | | | | |
| 2 | 缝隙 | 平直、一致 | 20 | 大于3mm每超1mm扣2分 | | | | | | |
| 3 | 嵌缝深浅 | 一致 | 10 | 深浅不一每条扣2分，毛糙每处扣1分 | | | | | | |
| 4 | 相邻接缝 | 无高低 | 20 | 大于1mm每块扣1分 | | | | | | |
| 5 | 粘贴 | 牢固 | 20 | 起壳每块扣4分 | | | | | | |
| 6 | 工艺 | 符合操作规范 | 10 | 错误无分，部分错递减扣分 | | | | | | |
| 7 | 安全施工 | 安全生产、现场清理 | 4 | 重大事故本次实习不合格，一般事故扣4分，事故苗头扣2分，善后现场清理未做无分，清理不完全扣2分 | | | | | | |
| 8 | 工效 | 操作时间 | 6 | 开始时间：<br>结束时间： | | | | | | |
| 合计 | | | 100 | 总　分 | | | | | | |

姓名_____ 班级_____ 指导教师_____ 日期_____

# 思考题与习题

1. 地面面层施工前，装饰施工图为什么要进行翻样？
2. 建筑装饰平面图的具体识图步骤有哪些？
3. 施工图翻样时应注意哪些要点？
4. 简述绘制施工翻样图的方法和基本要求。
5. 如图2-2所示，绘制花岗石拼花图案的施工翻样图。
6. 建筑地面的整体面层一般有哪几类？
7. 水泥砂浆地面的一般构造做法是什么？
8. 地面面层施工时，为何应先在周边墙、柱面上弹出水平基准线？
9. 水泥砂浆地面的常用材料及其质量要求。
10. 简述水泥砂浆地面的施工过程。

11. 简述水磨石地面的施工过程。
12. 怎样控制水磨石地面面层的打磨？
13. 如何进行水磨石地面分格条的安装？
14. 简述整体面层地面的施工质量标准及验收方法。
15. 简述整体面层地面的施工中质量通病与防治方法。
16. 地面石材面层地面的一般构造做法？
17. 地面陶瓷类面层地面的一般构造做法？
18. 常见陶瓷类面层的材料有哪几类？
19. 陶瓷类面层的材料的鉴别方法有哪些？
20. 简述地面陶瓷类面层地面的施工过程。
21. 简述石材面层地面的施工中应注意的问题。
22. 如何进行地面石材、陶瓷类面层的成品保护？
23. 地面石材、陶瓷类面层安装的注意要点？
24. 简述地面石材面层地面的施工质量标准及验收方法。
25. 竹、木地板地面的一般构造做法？
26. 竹、木地板的一般构造做法？
27. 竹、木地板的材料有哪几类？
28. 如何进行竹、木地板的收边？
29. 简述竹、木地板地面的施工过程。
30. 怎样控制竹、木地板地面面层的安装？
31. 如何进行竹、木地板地面木搁栅的安装？
32. 简述竹、木地板地面的施工质量标准及验收方法。
33. 简述竹、木地板地面的施工质量通病与防治方法。
34. 橡胶、塑料类地板地面的一般构造做法？
35. 简述塑料类地板的施工过程？
36. 简述橡胶、塑料类地板地面的施工质量标准及验收方法？
37. 铺射玻璃地面的一般构造做法？
38. 地毯地面的一般构造做法是什么？
39. 常见地毯的材料有哪几类？
40. 如何进行地毯的收边？
41. 简述地毯地面的施工过程。
42. 简述镭射玻璃地面的施工过程。
43. 怎样控制镭射玻璃地面面层的安装？
44. 如何进行镭射玻璃地面木搁栅的安装？
45. 简述地毯地面的施工质量标准及验收方法。
46. 简述地毯地面的施工质量通病与防治方法。

# 主要参考文献

1. 建筑装饰基础技能实训. 陆化来主编. 北京：高等教育出版社，2002
2. 建筑装饰识图. 中国建筑装饰协会培训中心编写. 北京：中国统计出版社，2003
3. 建筑装饰识图与构造. 闫立红主编. 北京：中国建筑工业出版社，2004
4. 怎样看懂室内装饰施工图. 张书鸿主编. 北京：机械工业出版社，2003
5. 建筑装饰识图与放样. 熊培基主编. 北京：中国建筑工业出版社，2000
6. 建筑幕墙与采光顶设计施工手册. 张芹主编. 北京：中国建筑工业出版社，2003
7. 建筑工程质量通病防治手册. 彭圣浩主编. 北京：中国建筑工业出版社，2003
8. 建筑工程质量控制与验收. 上海市建筑业联合会与工程建设监督委员会编. 北京：中国建筑工业出版社，2003
9. 建筑结构施工识图与放样. 张明正主编. 北京：中国建筑工业出版社，1998
10. 建筑装饰实际操作. 孙倜，张明正主编. 北京：中国建筑工业出版社，1998
11. 当代建筑装修构造施工手册. 陈世霖主编. 北京：中国建筑工业出版社，1999
12. 建筑装饰工程手册. 张清文主编. 南昌：江西科学技术出版社，2000
13. 装饰工程施工手册. 雍本编著，北京：中国建筑工业出版社，1992
14. 建筑装饰工程施工. 李永盛，丁洁民主编. 上海：同济大学出版社，2001
15. 建筑装饰施工技术. 顾建平主编. 天津：天津科学技术出版社，1997
16. 装饰工程手册（第二版）. 王朝熙主编. 北京：中国建筑工业出版社，1994
17. 建筑装修装饰涂料与施工技术. 高淑英编著. 北京：金盾出版社，2002
18. 室内装饰工程手册（第三版）. 王海平编著. 北京：中国建筑工业出版社，1998